高等学校计算机科学与技术教材

Flash CS5 互动多媒体制作

矫桂娥　黄理旻　编著

清 华 大 学 出 版 社
北京交通大学出版社
·北京·

内容简介

本书通过实例详细介绍各种类型Flash动画的设计及RIA交互应用程序的制作，内容包括四部分：第1部分为Flash基础篇，介绍Flash CS5的基本知识和基本操作；第2部分为基本绘制篇，介绍在Flash中如何使用绘图工具绘制矢量图形，各种绘图工具的相关属性，各种文本的使用及图片、音视频等外部素材的加载；第3部分为动画制作篇，介绍Flash中三大元件的概念、各种补间动画的制作、遮罩的运用等；第4部分为交互动画篇，介绍交互设计中常用的一些事件效果，并通过实际商业案例项目，讲解ActionScript 3.0在Flash应用程序中的应用。

本书可作为应用型本科院校计算机类、数字媒体类专业的教材，也可供学习交互式应用程序开发的读者参考使用。

图书在版编目（CIP）数据

Flash CS5互动多媒体制作/矫桂娥，黄理旻编著. —北京：清华大学出版社；北京交通大学出版社，2012.4
（高等学校计算机科学与技术教材）
ISBN 978-7-5121-0964-3

Ⅰ.①F…　Ⅱ.①矫…　②黄…　Ⅲ.①动画制作软件，Flash CS5-高等学校-教材　Ⅳ.①TP391.41

中国版本图书馆CIP数据核字（2012）第060061号

责任编辑：解　坤　　特邀编辑：秦　璇
出版发行：清华大学出版社　　邮编：100084　　电话：010-62776969　　http://www.tup.com.cn
　　　　　北京交通大学出版社　　邮编：100044　　电话：010-51686414　　http://press.bjtu.edu.cn
印 刷 者：北京鑫海金澳胶印有限公司
经　　销：全国新华书店
开　　本：185×260　　印张：16.5　　字数：412千字
版　　次：2012年5月第1版　　2012年5月第1次印刷
书　　号：ISBN 978-7-5121-0964-3/TP·686
印　　数：1～3000册　　定价：29.00元

本书如有质量问题，请向北京交通大学出版社质监组反映。对您的意见和批评，我们表示欢迎和感谢。
投诉电话：010-51686043，51686008；传真：010-62225406；E-mail：press@bjtu.edu.cn。

前言

读者在这里可以先思考一个问题：我们为什么要学 Flash？相信大家的回答应该是因为 Flash 动画好看，也想自己学会制作以增添生活的乐趣。除此之外，学习 Flash 还有没有其他的理由？除了增添乐趣，Flash 还有什么用处呢？其实，如果能从更广泛的层面了解 Flash，就会发现它是一种应用广泛且大有发展前途的实用技术。

2002 年，被 Adobe 收购的 Macromedia 公司创造了“富 Internet 应用程序（RIA）”一词。RIA 将桌面应用程序的灵活性、响应度和易用性与网络的广度结合在一起。“富”的概念包含两方面，分别是数据模型的丰富和用户界面的丰富。RIA 提供一种丰富、引人入胜、交互式的动态网络体验。目前，RIA 的主流技术有 3 种，包括 Adobe 公司的 Flash、微软公司的 Silverlight 和 Java 阵营的 JavaFX。Flash 由于有 Flex SDK 作为铺垫，很早就从单纯的动画转入 RIA 领域，Flash 的普及使它已经占了市场先机。Flash 平台技术是一套全方位的应用程序编程技术，外围是一个由支持程序、业务合作伙伴和热情的用户社区构成的可靠的生态系统。它们共同提供为最广的潜在观众创建和交付引人入胜的应用程序、内容和视频所需的一切。使用 Flash Platform 进行开发提供了 3 个关键因素：范围、表现力和跨平台一致性，有助于确保项目取得成功。

本书通过丰富的商业项目案例，向读者详细介绍各种类型 Flash 动画的设计及 RIA 交互应用程序的制作，内容包括 4 个部分：Flash 基础篇、基本绘制篇、动画制作篇及交互动画篇。

第 1 部分：第 1 章，介绍 Flash Professional CS5 的基本知识和基本操作。主要由程凯编写。

第 2 部分：第 2～5 章，介绍在 Flash 中如何使用绘图工具绘制矢量图形及各种绘图工具的相关属性，还包括各种文本的使用及图片、音视频等外部素材的加载。第 2、3 章由杨磊编写，第 4、5 章由矫桂娥编写。

第 3 部分：第 6～8 章，介绍 Flash 中三大元件的概念、各种补间动画的制作、遮罩的运用等。第 6、7 章由矫桂娥编写，第 8 章由程祺编写。

第 4 部分：第 9、10 章，介绍交互设计中常用的一些事件效果，并通过实际商业案例项目，讲解 ActionScript 3.0 在 Flash 应用程序中的应用。由黄理旻编写。

本书涉及的知识点、知识面较广，几乎涵盖了 Flash 动画设计制作的各个方面，主要介绍动画制作的方法和技巧。在 RIA 应用程序方面，主要是通过实际商业案例项目，让读者掌握 Flash 动画设计及 RIA 应用程序的制作规律，以便于进入交互式应用开发的领域，体会富媒体产业的吸引力，故实际的代码讲解比较少。

本书由矫桂娥、黄理旻负责整体规划和最后的统稿，参加编写的人员包括黄理旻、矫桂娥、程祺、魏东亮、程凯、马斌杰、杨磊、陆伟、沈伟禄等。感谢复旦科技园创业中心实训基地复尚教育公司提供了大力支持。感谢上海建桥学院信息技术学院的各位领导和老师的帮助和指导。对编写过程中所参阅的一些文献资料和网络资源的相关作者，在此一并表示衷心的感谢。

由于编者水平有限，加上时间仓促，书中不妥之处在所难免，还望广大读者批评指正。书中案例讲解所需的素材可登录出版社网站在该书详细信息界面的“相关资源”处下载。

编　者

2012 年 3 月

目录

第1部分 Flash基础篇

第2部分 基本绘制篇

第3部分 动画制作篇

第4部分 交互动画篇

第 1 部分

Flash 基础篇

Flash Professional CS5概述

本章介绍了Flash Professional CS5的基本知识和基本操作。通过本章的学习，学生对Flash Professional CS5会有初步的认识和了解，并能够掌握软件的基本操作方法和技巧，为以后的学习打下坚实的基础。

1.1 Flash的用途

Flash Professional CS5较之前的版本，增加了许多功能，使用它可以创建许多类型的应用程序。

（1）动画：包括横幅广告、贺卡、卡通画等。许多其他类型的Flash应用程序也包含动画元素。

（2）游戏：许多游戏都是使用Flash构建的。游戏通常结合了Flash的动画功能和ActionScript的逻辑功能。

（3）用户界面：许多Web站点设计人员使用Flash设计用户界面。它可以是简单的导航栏，也可以是很复杂的页面。

（4）消息区域：设计人员使用Web页中的这些区域显示不断变化的信息。例如，火车站网站上的实时消息区域，显示每天的发车时间表。

（5）Internet应用程序：包括多种类别的应用程序，它们提供丰富的用户界面，用于通过Internet显示和操作远程存储的数据。Internet应用程序可以是一个日历应用程序、价格查询应用程序、购物目录、教育和测试应用程序，或者任何其他使用丰富图形界面提供远程数据的应用程序。

1.2 Flash的优越特性

Flash被称为“最为灵活的前台”，由于其独特的时间片段分割（TimeLine）和重组（MC嵌套）技术，结合ActionScript的对象和流程控制，灵活的界面设计和动画设计成为可能，同时它也是最为小巧的前台。Flash具有跨平台的特性（这点和Java一样），所以无论自己处于何种平台，只要安装了Flash Player，就可以保证它们的最终显示效果一致，而不必像在以前的网页设计中那样为IE或NetSpace等不同浏览器设置不同版本。同Java一样，它有很强的可移植性。最新的Flash还具有手机支持功能，可以让用户为自己的手机设计喜爱的功能。当然首先要有支持Flash的智能手机，同时它还可以应用于Pocket PC。

1. 应用程序开发

Flash 独特的跨平台特性、灵活的界面控制功能及多媒体特性的使用，使得用 Flash 制作的应用程序具有很强的生命力。在与用户的交流方面具有其他任何方式都无法比拟的优势。当然，某些功能可能还要依赖于 XML 或者其他诸如 JavaScript 的客户端技术来实现。但目前的现状是，少数人具备运用 Flash 进行应用程序开发的丰富经验。但这个难度会随着时间的推移而逐步减弱。事实上，对于大型项目而言，此时使用 Flash 未免有些言之过早，因为它意味着很大的风险。当然，在最早的时间掌握和积累这方面的经验无疑是一种很大的竞争力。可以将这种技术运用在项目中的小部分或者小型项目中，以减少开发的风险。

2. 软件系统界面开发

Flash 对于界面元素的可控性和它所表达的效果无疑具有很大的诱惑。对于一个软件系统的界面，Flash 所具有的特性完全可以为用户提供一个良好的接口。

3. 手机领域的开发

手机领域的开发对精确（像素级）的界面设计和 CPU 使用分布的操控能力会有更高的要求，但同时也意味着更加广泛的使用空间。事实上手机和 Pocket PC 的分界已越来越不明显，开发者必须为每一款手机（或 Pocket PC）设计一个不同的界面，因为它们的屏幕大小各有不同。开发过程中，所要注意的是各类手机的 CPU 的计算能力和内存的大小。这无疑是些很苛刻的要求。

4. 游戏开发

事实上，Flash 中的游戏开发已经进行了多年的尝试。但至今仍然停留在对中、小型游戏的开发上。游戏开发的很大一部分都受限于它的 CPU 能力和大量代码的管理。不过，Flash Player 10 的性能提高了许多倍；而且最新的 Flash Professional CS5. 5 提供了项目管理和代码维护方面的功能，ActionScript 3. 0 的发布也使得程序更加容易维护和开发。

5. Web 应用服务

互联网日益成为应用程序开发的主要平台。随着 Web 应用程序的复杂性越来越高，传统的 Web 应用程序已经渐渐不能满足 Web 浏览者的要求，这就是所谓的“体验问题（Experience Matters）”。RIA 的出现，给出了解决上述问题的新思路。RIA 是 Rich Internet Applications 的缩写，译为丰富互联网应用程序。RIA 的目标是将桌面程序的表现力与浏览器程序的方便、快捷结合在一起。开发者可以在浏览器程序上部署 C/S 客户端的程序，得到比传统 HTML 更强大的表现力。

Flex 是一个高效、免费的开放源框架，可用于构建具有丰富表现力的 Web 应用程序，这些应用程序利用 Flash Player 和 Adobe AIR，运行时跨浏览器、桌面和操作系统实现一致的部署。

6. 站点建设

事实上，现在只有极少数人掌握了使用 Flash 建立全 Flash 站点的技术。因为它意味着开发者要有更高的界面维护能力和开发者整站架构能力。但它带来的好处也异常明显，全面的控制、无缝的导向跳转、更丰富的媒体内容、更体贴用户的流畅交互、跨平台的支持及与其他 Flash 应用方案无缝连接集成等。

7. 多媒体娱乐

其实，在这个方面无须再多说什么。尽管它的发展速度没有像当初预言的那样迅速，但它仍然还在不断前进。Flash 本身就以多媒体和可交互性而广为推崇。它所带来的亲切氛围相信每一位用户都会喜欢。

Flash 影片的后缀名为 . swf，该类型文件必须有 Flash 播放器才能打开，因占用硬盘空间少，现在被广泛应用于游戏。

1.3 Flash 平台技术介绍

Flash 平台是一套全方位的技术，外围是一个由支持程序、业务合作伙伴和热情的用户社区构成的可靠的生态系统，如图 1－1 所示。它们共同提供了为最广的观众群创建和交付最引人注目的应用程序、内容和视频所需的一切。

图 1－1 应用程序、开发工具

Flash 平台实现了多平台间的高工作效率和用户接受程度。首先，其中 Flex 在企业级应用中非常重要，企业出于“性能、框架成熟度及健壮的工具”等原因会选择使用 Flex，确保可以交付富于表现力、健壮的应用，保证 Flex 成为企业级 RIA 应用的首选。其次，出色的 Web 应用程序、内容和视频在市场中被用户广为接受。Adobe Flash 平台的出现使得在 Web 上构建、发布、播放顶级的游戏并通过游戏盈利变得更加轻松。而且 Adobe AIR 为制作这些 Web 游戏的桌面离线版本也即新时代的移动领域版本提供了一个捷径。

各种应用能够更好地适应 Flash Platform 包含的客户端运行时、开发人员工具、框架、服务和技术的不同组合。

1.3.1 Flash Platform 运行时

Flash Platform 包含两种运行时：Flash Player 和 Adobe AIR。

1. Flash Player

Flash Player 是一个提供多平台客户端运行时的浏览器插件。借助此插件，无论玩家使用的是 Internet Explorer、Firefox 或任何其他浏览器，而且无论它们是在 Mac、PC 或 Linux 平台上，游戏都能一如既往地正常运行。随着 Open Screen Project 合作伙伴不断地推陈出新，玩家将能够使用越来越多的设备，如上网本、手机和电视。

Flash Player 播放的内容已经被编译为 SWF 文件。要将游戏创建为 SWF 文件的形式，需要使用能够编译 SWF 字节码的开发工具。

Flash Player 是完全免费的，而且下载体积相对较小。最终用户开始玩游戏后，不存在任何额外的开销。引领潮流的游戏开发者通常是第一个使用新特性的人，但不能让需要升级成为阻止新客户进入的门槛。Flash Player 新版本的使用率的增长速度更胜以往，因此用户能够紧跟时代，使用其中的新特性。

2. Adobe AIR

通过 Flash Player 可以查看嵌入在浏览器中的 SWF 内容，而 Adobe AIR 支持从桌面运行浏览器之外的内容，即便处于离线状态也是如此。正如需要安装 Flash Player 插件才能查看浏览器中的 SWF 内容一样，需要安装 AIR 运行时才能运行浏览器之外的 AIR 文件。和 Flash Player 一样，AIR 运行时对于最终用户也是免费的。安装运行时之后，用户可以安装和运行任意 AIR 文件（就是和一些其他内容打包在一起的 SWF 文件，用于桌面），它们就会像任何其他桌面应用程序一样出现在用户的计算机上。可以在网站上放置一个 AIR Install Badge，以方便应用程序的安装。

用于创建 SWF 的工具也可以创建 AIR 文件。因为无论是创建基于 Web 的还是基于桌面的应用程序，所使用的工具和语言（ActionScript 和 MXML）均相同，所以在各个项目间共享代码很容易。没有进行任何特定被 AIR 程序调用的语句，也可以真正创建出编写一次、随处运行的游戏（或者功能有所减弱，而依赖于这些调用的功能只在 AIR 版本中可用）。

如果要求游戏在没有联网时（如在没有 Wi - Fi 访问的长途飞机上）也能够运行，就只有通过 Adobe AIR 来解决。

1.3.2 Flash Platform 开发环境

创建基于 SWF 游戏的两种主要开发工具是 Flash Professional CS5 和 Flash Builder 4。

1. Flash Professional CS5

Flash Professional CS5 是一个可视化的编辑环境，在其中创建的内容可在 Flash Player 中回放。借助 Flash Professional CS5，无须任何编程经验便可创建丰富的图形和动画。可以使用各种绘制和形状工具及滤镜和效果创建出令人惊艳的矢量图形。但最重要的功能是时间线，它以可视化的方式列出了动画的所有帧，控制起来也十分方便。还有很多其他的功能，如动作编辑器、Bone 工具和基于对象的动画，它们让 Flash Professional CS5 成为一种易用且功能十分强大的动画工具。

作为一种可视化工具，Flash Professional CS5 允许用户在进行处理时查看自己的布局和动画。因此，它在创建可视动画的开发人员中十分流行。初学者只需要编写极少的代码，就能很快做出一些有用的内容，而经验丰富的开发人员可以利用丰富的工具和 ActionScript 编程语言编写游戏逻辑，并且实现更加高级的效果。

如果要进行全面的代码开发，很可能考虑使用 Flash Builder 4，但很多游戏开发人员的选择是 Flash Professional CS5，因为它在可视化设计与代码设计之间取得了较好的平衡。

2. Flash Builder 4

Flash Builder 4 是一个以开发人员为中心的集成开发环境（Integrated Development Environment，IDE）。Flash Professional CS5 是一个可视化程度更高的工具，对于艺术家和图形设计者很有吸引力，而 Flash Builder 4（以前叫做 Flex Builder）更适合程序员。此 IDE 构建于 Eclipse 之上，因此 Java 开发人员，甚至使用 Microsoft Visual Studio 的开发人员都会感到很亲切。它是一个功能丰富的代码编辑器，具备开发所需要的一切功能，比如语法着色、代码完成、代码重构等。它还包含一个交互式的单步调试器，支持设置断点、检查变量、查看调用堆栈和单步调试代码等功能。通过项目的形式可以轻松管理所有的代码文件和其他内容。

Flash Professional CS5 的优点在于能够快速启动和运行，但当游戏变得越来越复杂时（或者对于恰好是喜欢直接处理代码的开发者），应该选择 Flash Builder 4。

当然，开发游戏时并不限定必须使用哪一种工具。在一种工具中创建内容，将它导出为 SWF 文件，然后导入另一种工具中使用，这种情况十分常见，而且容易做到。例如，图形艺术家可以使用 Flash Professional CS5 设计游戏的图形元素（字符、地图、效果等），而开发人员更希望在 Flash Builder 4 中对游戏逻辑进行编程。

1.3.3 Flash Platform 语言与 Flex 框架

Flex 框架和 ActionScript 及 MXML 一起构成了 Flash Platform 的基石，并为 Web 游戏开发奠定了基础。

1. ActionScript

ActionScript 是 Flash 的语言。它是一种基于 ECMAScript（JavaScript 的标准化）的脚本语言，如果熟悉 JavaScript，学习 ActionScript 则会很容易。刚刚开始使用 ActionScript 的开发人员应该了解，ActionScript 2.0（有时称为 AS2）和 ActionScript 3.0（有时称为 AS3）之间存在重大的语言重构。

与前一个版本相比，ActionScript 3.0 的结构化和面向对象的程度更高。原本使用其他语言的开发人员很容易喜欢上 ActionScript 3.0 中更为严格的类型检查系统、经过改进的类继承系统、更好的调试功能，以及统一的事件处理。对于很多学习 ActionScript 2.0 的非开发人员而言，转换到 ActionScript 3.0 可能有点困难，因为使用 ActionScript 2.0 编写的大多数代码示例都不能与 ActionScript 3.0 兼容。

从 Flash Player 9 开始，Flash Player 就支持两个虚拟机，从而同时支持新的 ActionScript 3.0 和 ActionScript 2.0 及 ActionScript 1.0 内容。如果对于 Flash Platform 的编程不熟悉，可以从一开始就学习 ActionScript 3.0。如果已经熟知并习惯了 ActionScript 2.0 中的游戏编程，也可以继续使用它，因为 Flash Player 和代码仍然是向后兼容的。然而，有充分的理由说明应该花时间学习 ActionScript 3.0。大多数开发人员进行选择时的主要动机是性能。在创建优秀的基于浏览器的游戏时，游戏开发人员往往会把性能摆在首位。使用 ActionScript 3.0 编写的代码运行速度是 ActionScript 2.0 代码的 10 倍。ActionScript 3.0 已开始支持硬件加速，可以极大地改进性能。

2. Flex 和 MXML

Flex 是 Adobe 发布的一个框架（许可证是开源的），用于辅助开发 SWF 或 AIR 应用程序。它既是一种支持快速构建丰富用户界面的编程模型，也是一个用于连接各种数据服务的框架。

MXML 是一种 XML 语言，主要用于展示用户界面组件。MXML 标签对应于 ActionScript 类，而且当编译应用程序时，Flex 会使用 MXML 组件生成相应的用于生成 SWF 的 ActionScript 代码。

Flex 有一个全面的类库，可用于生成窗口、对话框、窗体、按钮和其他用户界面元素。它还包含一些可轻松连接到各种数据服务的组件，从简单的 HTTP 请求到更加复杂的服务如 LiveCycle Data Services。对于游戏开发人员而言，Flex 是一种强大的工具，可以帮助他们生成菜单系统和对话框，甚至是处理数据服务连接，所有这些功能都是有代价的。Flex 框架体积不小，这会增加应用程序的加载时间。如果游戏的加载时间或内存占用变成了问题，就要仔细评估是否需要把整个框架包含进来，如果只是使用它显示一个按钮或窗体，则无须这样做。

1.4 Flash Professional CS5 的主界面

Flash Professional CS5 的操作界面由菜单栏、主工具栏、工具箱、时间轴、场景和舞台、属性面板及浮动面板几部分组成，如图 1－2 所示。

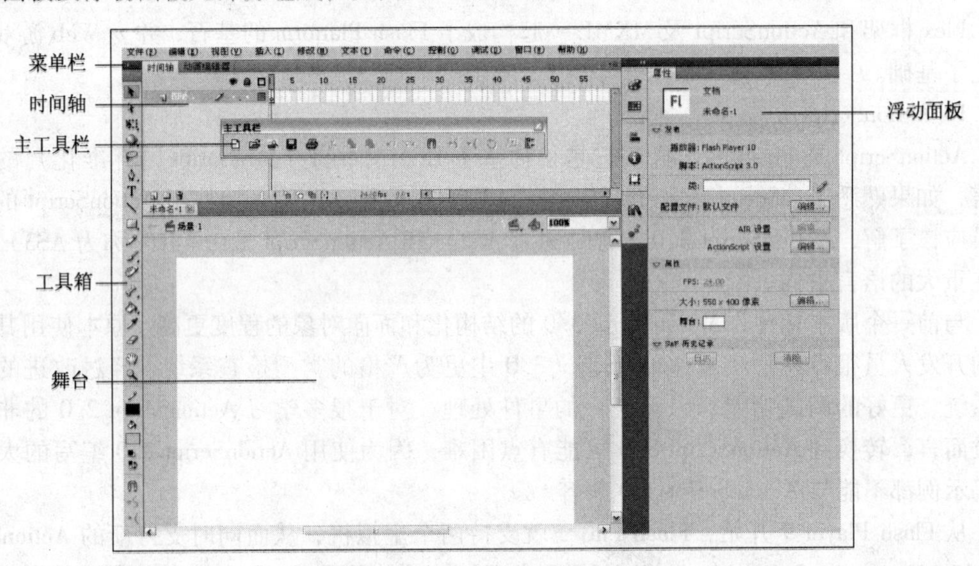

图 1－2 Flash Professional CS5 主界面

1.4.1 菜单栏

菜单栏如图 1－3 所示。

文件(F) 编辑(E) 视图(V) 插入(I) 修改(M) 文本(T) 命令(C) 控制(O) 调试(D) 窗口(W) 帮助(H)

图 1－3 菜单栏

（1）“文件”菜单：主要功能是创建、打开、保存、打印、输出动画，以及导入外部图形、图像、声音、动画文件，以便在当前动画中进行使用。

（2）“编辑”菜单：主要功能是对舞台上的对象和帧进行选择、复制、粘贴，以及自定义面板、设置参数等。

（3）“视图”菜单：主要功能是进行环境设置。

（4）“插入”菜单：主要功能是向动画中插入对象。

（5）“修改”菜单：主要功能是修改动画中的对象。

（6）“文本”菜单：主要功能是修改文字的外观、对齐及对文字进行拼写检查等。

（7）“命令”菜单：主要功能是保存、查找、运行命令。

（8）“控制”菜单：主要功能是测试播放动画。

（9）“调试”菜单：主要功能是对动画进行调试。

（10）“窗口”菜单：主要功能是控制各功能面板是否显示及面板的布局设置。

（11）“帮助”菜单：主要功能是提供 Flash Professional CS5 在线帮助信息和支持站点的信息，包括教程和 ActionScript 帮助。

1.4.2 主工具栏

为方便使用，Flash Professional CS5 将一些常用命令以按钮的形式组织在一起，置于操作界面的上方。主工具栏按钮依次是：“新建”、“打开”、“转到 Bridge”、“保存”、“打印”、“剪切”、“复制”、“粘贴”、“撤销”、“重做”、“对齐对象”、“平滑”、“伸直”、“旋转与倾斜”、“缩放”及“对齐”，如图 1－4 所示。选择“窗口→工具栏→主工具栏”命令，可以调出主工具栏，还可以通过鼠标拖动改变工具栏的位置。如图 1－4 所示。

图 1－4 主工具栏

（1）“新建”按钮：新建一个 Flash 文件。

（2）“打开”按钮：打开一个已存在的 Flash 文件。

（3）“转到 Bridge”按钮：用于打开文件浏览窗口，从中可以对文件进行浏览和选择。

（4）“保存”按钮：保存当前正在编辑的文件，不退出编辑状态。

（5）“打印”按钮：将当前编辑的内容送至打印机输出。

（6）“剪切”按钮：将选中的内容剪切到系统剪贴板中。

（7）“复制”按钮：将选中的内容复制到系统剪贴板中。

（8）“粘贴”按钮：将剪贴板中的内容粘贴到选定的位置。

（9）“撤销”按钮：取消前面的操作。

（10）“重做”按钮：还原被取消的操作。

（11）“对齐对象”按钮：选择此按钮进入贴紧状态，用于绘图时调整对象准确定位；设置动画路径时能自动粘连。

（12）“平滑”按钮：使曲线或图形的外观更光滑。

(13)“伸直”按钮：使曲线或图形的外观更平直。

(14)“旋转与倾斜”按钮：改变舞台对象的旋转角度和倾斜变形。

(15)“缩放”按钮：改变舞台中对象的大小。

(16)“对齐”按钮：调整舞台中多个选中对象的对齐方式。

1.4.3 工具箱

工具箱提供了图形绘制和编辑的各种工具，分为“工具”、“查看”、“颜色”、“选项”4个功能区，如图1-5所示。选择“窗口→工具”命令，可以调出工具箱。

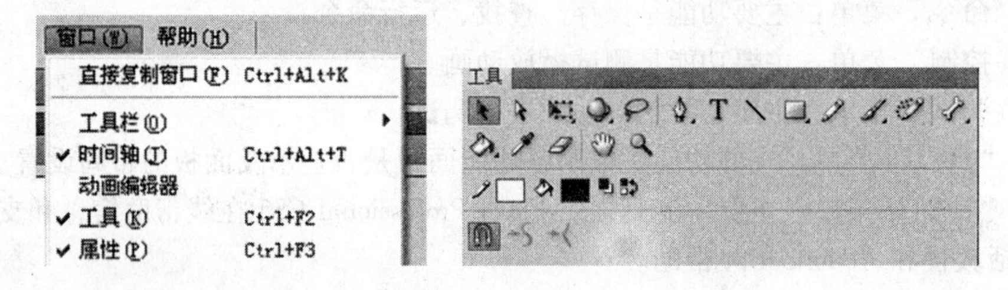

图1-5 工具箱

1. “工具”区

提供选择、创建、编辑图形的工具，各工具名称及功能如下。

(1)“选择”工具：选择和移动舞台上的对象，改变对象的大小和形状等。

(2)“部分”选取工具：用来抓取、选择、移动和改变形状路径。

(3)“任意变形”工具：对舞台上选定的对象进行缩放、扭曲、旋转变形。

(4)“渐变变形”工具：对舞台上选定对象的填充渐变色变形。

(5)“套索”工具：在舞台上选择不规则的区域或多个对象。

(6)“钢笔”工具：绘制直线和光滑的曲线，调整直线长度、角度及曲线曲率等。

(7)“文本”工具：创建、编辑字符对象和文本窗体。

(8)“线条”工具：绘制直线段。

(9)“矩形”工具：绘制矩形向量色块或图形。

(10)“椭圆”工具：绘制椭圆形、圆形向量色块或图形。

(11)“铅笔”工具：绘制任意形状的向量图形。

(12)“刷子”工具：绘制任意形状的色块向量图形。

(13)“3D旋转”工具：可以在3D空间中旋转影片剪辑实例。在使用该工具选择影片剪辑后，3D旋转控件出现在选定对象之上。x轴为红色、y轴为绿色、z轴为蓝色。使用橙色的自由旋转控件可同时绕x和y轴旋转。

(14)“3D平移”工具：可以在3D空间中移动影片剪辑实例。在使用该工具选择影片剪辑后，影片剪辑的x、y和z 3个轴将显示在舞台上对象的顶部。x轴为红色、y轴为绿色，而z轴为黑色。应用此工具可以将影片剪辑分别沿着x、y或z轴进行平移。

(15)“基本矩形”工具：绘制基本矩形，此工具用于绘制图元对象。图元对象是允许用户在属性面板中调整其特征的形状。可以在创建形状之后，精确地控制形状的大小、边角半径及其他属性，而无须从头开始绘制。

(16)“基本椭圆”工具：绘制基本椭圆形，此工具用于绘制图元对象。图元对象是允许用户在属性面板中调整其特征的形状。可以在创建形状之后，精确地控制形状的开始角度、结束角度、内径及其他属性，而无须从头开始绘制。

(17)“多角星形”工具：绘制等比例的多边形（单击矩形工具，将弹出多角星形工具）。

(18)“喷涂刷”工具：可以一次性地将形状图案“刷”到舞台上。默认情况下，喷涂刷使用当前选定的填充颜色喷射粒子点。也可以使用喷涂刷工具将影片剪辑或图形元件作为图案应用。

(19)“Deco”工具：可以对舞台上的选定对象应用效果。在选择 Deco 工具后，可以从“属性”面板中选择要应用的效果样式。

(20)“骨骼”工具：可以向影片剪辑、图形和按钮实例添加 IK 骨骼。

(21)“绑定”工具：可以编辑单个骨骼和形状控制点之间的连接。

(22)“颜料桶”工具：改变色块的色彩。

(23)“墨水瓶”工具：改变向量线段、曲线、图形边框线的色彩。

(24)“吸管”工具：将舞台图形的属性赋予当前绘图工具。

(25)“橡皮擦”工具：擦除舞台上的图形。

2. “查看”区

改变舞台画面以便更好地观察，各工具名称及功能如下。

(1)“手形”工具：移动舞台画面以便更好地观察。

(2)“缩放”工具：改变舞台画面的显示比例。

3. “颜色”区

选择绘制、编辑图形的笔触颜色和填充色，各工具名称及功能如下。

(1)“笔触颜色”按钮：选择图形边框和线条的颜色。

(2)“填充色”按钮：选择图形要填充区域的颜色。

(3)“黑白”按钮：系统默认的颜色。

(4)“交换颜色”按钮：可将笔触颜色和填充色进行交换。

4. “选项”区

不同工具有不同的选项，通过“选项”区为当前选择的工具进行属性选择。

1.4.4 时间轴

时间轴用于组织和控制文件内容在一定时间内播放。按照功能的不同，时间轴窗口分为左右两部分，分别为层控制区、时间线控制区，如图 1-6 所示。时间轴的主要组件是层、帧和播放头。

1. 层控制区

层控制区位于时间轴的左侧。层就像堆叠在一起的多张幻灯胶片一样，每个层都包含一个显示在舞台中的不同图像。在层控制区中，可以显示舞台上正在编辑作品的所有层的名称、类型、状态，并可以通过工具按钮对层进行操作。

(1)“新建图层”按钮：增加新层。

(2)“新建文件夹”按钮：增加新图层文件夹。

(3)“删除”按钮：删除选定层。

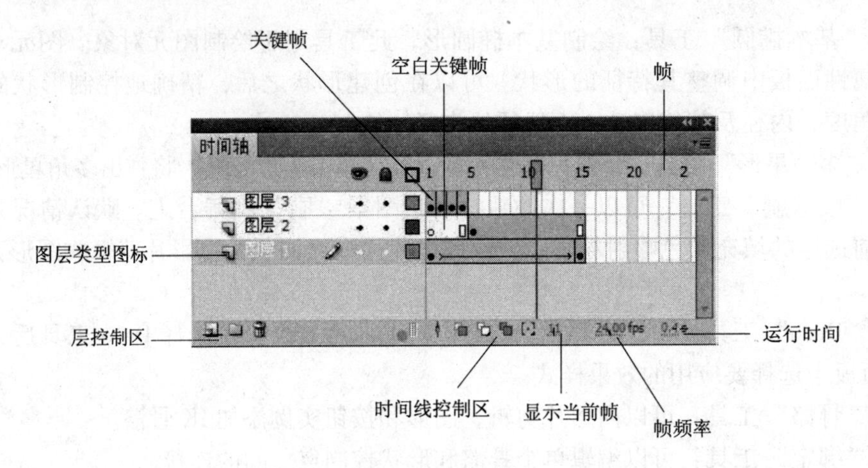

图 1-6　时间轴

（4）“显示或隐藏所有图层”按钮：控制选定层的显示/隐藏状态。

（5）“锁定或解除锁定所有图层”按钮：控制选定层的锁定/解锁状态。

（6）“将所有图层显示为轮廓”按钮：控制选定层的显示图形外框/显示图形状态。

2. 时间线控制区

时间线控制区位于时间轴的右侧，由帧、播放头和多个按钮及信息栏组成。与胶片一样，Flash 文档也将时间长度分为帧。每个层中包含的帧显示在该层名右侧的一行中。时间轴顶部的时间轴标题指示帧编号。播放头指示舞台中当前显示的帧。信息栏显示当前帧编号、动画播放速率及到当前帧为止的运行时间等信息。时间线控制区按钮的基本功能如下。

（1）“帧居中”按钮：将当前帧显示到控制区窗口中间。

（2）“绘图纸外观”按钮：在时间线上设置一个连续的显示帧区域，区域内的帧所包含的内容同时显示在舞台上。

（3）“绘图纸外观轮廓”按钮：在时间线上设置一个连续的显示帧区域，除当前帧外，区域内的帧所包含的内容仅显示图形外框。

（4）“编辑多个帧”按钮：在时间线上设置一个连续的显示帧区域，区域内的帧所包含的内容可同时显示和编辑。

（5）“修改绘图纸标记”按钮：单击该按钮会显示一个多帧显示选项菜单，定义 2 帧、5 帧或全部帧内容。

注意： 在播放动画时，将显示实际的帧频；如果计算机不能足够快地计算和显示动画，则该帧频可能与文档的帧频设置不一致。

更改时间轴的外观，默认情况下，时间轴显示在主文档窗口下方。要更改其位置，将时间轴与文档窗口分离，然后在单独的窗口中使时间轴浮动，或将其停放在选择的任何其他面板上。也可以隐藏时间轴。

1.4.5　场景和舞台

场景是所有动画元素的最大活动空间，如图 1-7 所示。像多幕剧一样，场景可以不止一个。要查看特定场景，可以选择“视图→转到”命令，再从其子菜单中选择场景的名称。

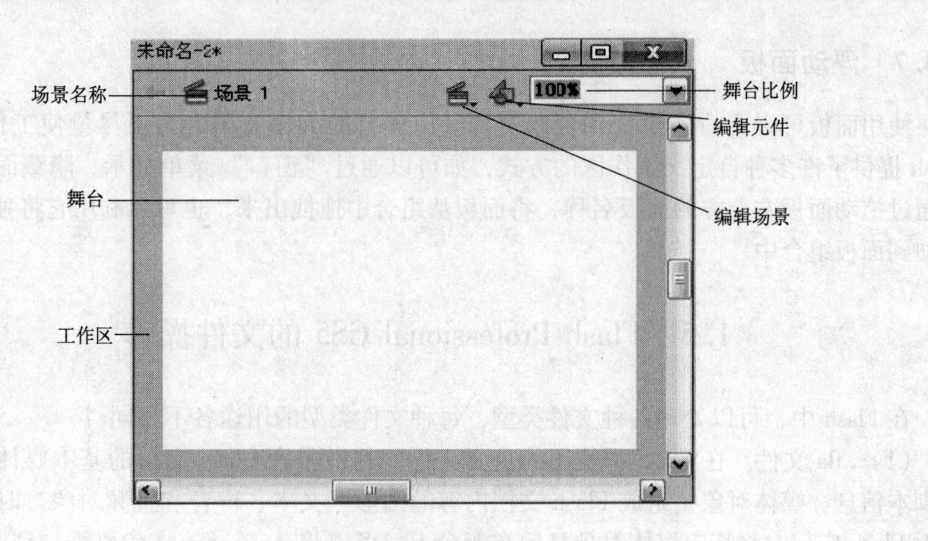

图 1-7 场景和舞台

场景也就是常说的舞台，是编辑和播放动画的矩形区域。在舞台上可以放置、编辑向量插图、文本框、按钮、导入的位图图形、视频剪辑等对象。舞台包括大小、颜色等设置。

在舞台上可以显示网格和标尺，帮助制作者准确定位。显示网格的方法是选择“视图→网格→显示网格”命令。显示标尺的方法是选择“视图→标尺”命令。

在制作动画时，还常常需要辅助线来作为舞台上不同对象的对齐标准。需要时可以从标尺上向舞台拖动鼠标以产生蓝色的辅助线，它在动画播放时并不显示。不需要辅助线时，从舞台上拖动辅助线到标尺来进行删除。还可以通过“视图→辅助线→显示辅助线”来完成。

1.4.6 “属性”面板

对于正在使用的工具或资源，使用“属性”面板，可以很容易地查看和更改它们的属性，从而简化文档的创建过程。当选定单个对象时，如文本、组件、形状、位图、视频、组、帧等，“属性”面板可以显示相应的信息和设置，如图 1-8 所示。当选定了两个或多个不同类型的对象时，“属性”面板会显示选定对象的总数。

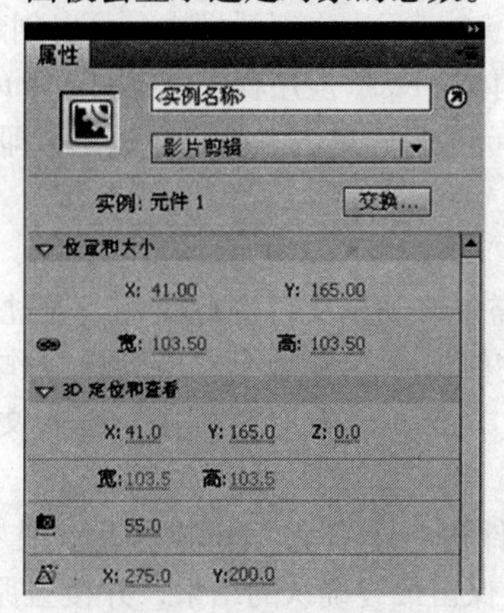

图 1-8 “属性”面板

1.4.7 浮动面板

使用面板可以查看、组合和更改资源。但屏幕的大小有限，为了尽量使工作区最大，Flash 提供了许多种自定义工作区的方式，如可以通过“窗口”菜单显示、隐藏面板，还可以通过拖动面板左上方的面板名称，将面板从组合中拖拽出来，也可以利用它将独立的面板添加到面板组合中。

1.5 Flash Professional CS5 的文件操作

在 Flash 中，可以处理各种文件类型，每种文件类型的用途各不相同。

（1）.fla 文件。在 Flash 中使用的主要文件，其中包含 Flash 文档的基本媒体、时间轴和脚本信息。媒体对象是组成 Flash 文档内容的图形、文本、声音和视频对象。时间轴用于告诉 Flash 应何时将特定媒体对象显示在舞台上。可以将 ActionScript 代码添加到 Flash 文档中，以便更好地控制文档的行为并使文档对用户交互作出响应。

（2）.swf 文件。FLA 文件的编译版本，在网页上显示的文件。发布 FLA 文件时，Flash 将创建一个 SWF 文件。Flash SWF 文件格式是其他应用程序所支持的一种开放标准。

（3）.as 文件。ActionScript 文件，使用这些文件将部分或全部 ActionScript 代码放置在 FLA 文件之外，这对于代码组织和有多人共同参与开发的 Flash 的项目很有帮助。

（4）.swc 文件。包含可重用的 Flash 组件。每个 SWC 文件都包含一个已编译的影片剪辑、ActionScript 代码及组件所要求的任何其他资源。

（5）.asc 文件。用于存储 ActionScript 的文件，ActionScript 将在运行 Flash Media Server 的计算机上执行。这些文件提供了实现与 SWF 文件中的 ActionScript 结合使用的服务器端逻辑的功能。

（6）.jsfl 文件。JavaScript 文件，可用来向 Flash 创作工具添加新功能。

1.5.1 新建文件

新建文件是使用 Flash Professional CS5 进行设计的第一步。选择“文件→新建”命令，弹出“新建文档”对话框，如图 1－9 所示。在对话框中，可以创建各种 Flash 文档，设置 Flash 影片的媒体和结构。创建基于窗体的 Flash 应用程序，应用于 Internet；也可以创建用于控制影片的外部动作脚本文件等。选择完成后，单击“确定”按钮，即可完成新建文件的任务。

1.5.2 保存文件

编辑和制作完动画后，就需要将动画文件进行保存。通过“文件→保存”、“另存为”、“另存为模板”等命令可以将文件保存在磁盘上。当设计好作品进行第一次存储时，选择“保存”命令，弹出“另存为”对话框，在对话框中，输入文件名，选择保存类型，单击“保存”按钮，即可将动画保存。

当对已经保存过的动画文件进行了各种编辑操作后，选择“保存”命令，将不弹出“另存为”对话框，计算机直接保留最终确认的结果，并覆盖原始文件。因此，在未确定要放弃原始文件之前，应慎用此命令。

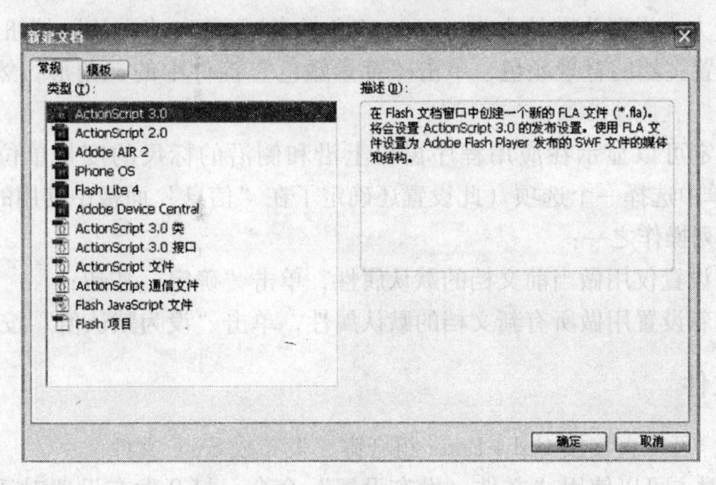

图 1－9 “新建文档”对话框

若既要保留修改过的文件，又不想放弃原文件，可以选择“文件→另存为”命令，弹出“另存为”对话框，在对话框中，可以为更改过的文件重新命名、选择路径、设定保存类型，然后进行保存。这样原文件保留不变。

1.5.3 打开文件

如果要修改已完成的动画文件，必须先将其打开。

选择“文件→打开”命令，弹出“打开”对话框，在对话框中搜索路径和文件，确认文件类型和名称。然后单击“打开”按钮，或直接双击文件，即可打开所指定的动画文件。

在“打开”对话框中，也可以一次同时打开多个文件，只要在文件列表中将所需的几个文件选中，并单击“打开”按钮，系统将逐个打开这些文件，以免多次反复调用“打开”对话框。在“打开”对话框中，按住 Ctrl 键的同时，用鼠标单击可以选择不连续的文件。按住 Shift 键，用鼠标单击可以选择连续的文件。

1.5.4 设置新建文档或现有文档的属性

（1）在文档打开的情况下，选择“修改→文档”命令，即可打开“文档属性”对话框。

（2）要指定“帧频”，输入每秒显示的动画帧的数量。对于大多数计算机显示的动画，特别是网站中播放的动画，8 fps 到 15 fps 就足够了。更改帧速率时，新的帧速率将变成新文档的默认值。

（3）对于“尺寸”，就是要设置舞台大小。

① 若要指定舞台大小（以像素为单位），在“宽”和“高”框中输入值。最小为 1×1 像素，最大为 2 880×2 880 像素。

② 若要将“舞台尺寸”与舞台内容使用的间距量精确对应，即让舞台中的多个元件与舞台边缘距离匹配相同，请选择单击“匹配”右边的“内容”按钮。

③ 要将舞台大小设置为最大的可用打印区域，单击“打印机”。此区域的大小是指纸张大小减去“页面设置”对话框“页边界”区域中当前选定边距之后的剩余区域。

④ 要将舞台大小设置为默认大小（550×400 像素），单击“默认”按钮。

（4）若要设置文档的背景颜色，单击“背景颜色”控件中的三角形，然后从调色板中选择颜色。

（5）若要指定可以显示在应用程序窗口上沿和侧沿的标尺的度量单位，从左下角的“标尺单位”菜单中选择一个选项（此设置还确定了在“信息”面板中使用的单位）。

（6）执行下列操作之一：

① 若要将新设置仅用做当前文档的默认属性，单击“确定”按钮；

② 要将这些新设置用做所有新文档的默认属性，单击“设为默认值”按钮。

1.5.5 发布文件

一般情况下，可以直接按 Ctrl + Enter 组合键，发布成 SWF 文件。

有特殊需求时，可以使用“文件→发布设置”命令，打开发布设置对话框，在格式一栏中，可以选择发布的类型和文件发布的路径，如图 1 – 10 所示。

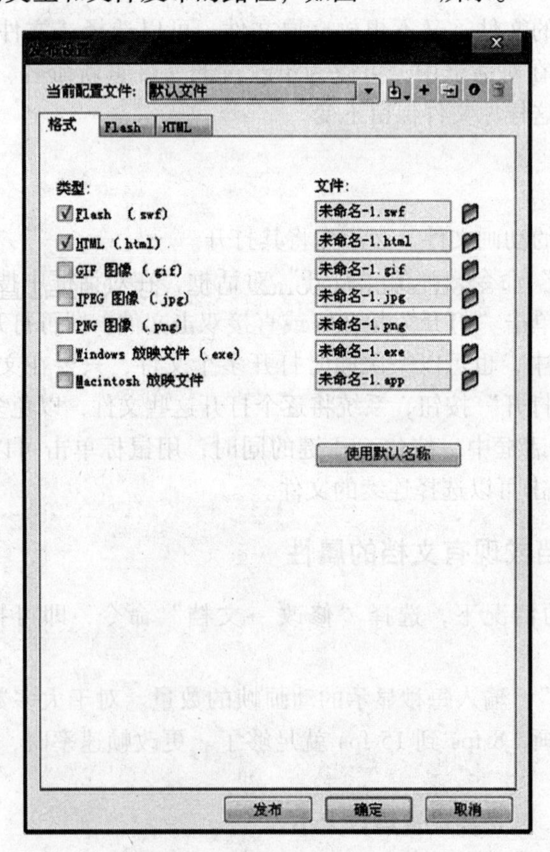

图 1 – 10 发布文件

Flash 里面的发布设置相当于一个转换器，将制作的 Flash 转换成不同的类型。Flash 制作出来的东西需要通过发布才能使用。作为不同的格式提供给不同需求的用户，如 SWF 格式的文件、EXE 格式的文件等。HTML 是用来将 Flash 嵌入到网页使用的。至于其他的格式，如它的后缀名，都是用于不同的用户需求。

使用发布设置对话框中的 Flash 面板可以对在发布过程中制作的 SWF 影像进行选项设置。在输出时可以有多个选项选择，包括图像及声音压缩设置，还有一个选项可以保护你的影像不被其他人输出利用。

一般情况都只会用到 HTML、SWF 及 EXE 这 3 种格式。

1.5.6 从 Flash 中导出

使用 Flash Professional CS5 可以创建能在其他应用程序中编辑的内容，并可以将 Flash 内容直接导出为单一的格式。

“导出”命令不会为每个文件单独存储导出设置，“发布”命令也一样。

“导出影片”将 Flash 文档导出为静止图像格式，为文档中的每一帧创建一个带编号的图像文件，并将文档中的声音导出为 WAV 文件。

（1）打开要导出的 Flash 文档，或在当前文档中选择要导出的帧或图像。

（2）选择“文件→导出→导出影片”或“文件→导出→导出图像”命令。

（3）输入输出文件的名称。

（4）选择文件格式并单击“保存”按钮。如果所选的格式需要更多信息，会出现一个“导出”对话框。

（5）为所选的格式设置导出选项。

（6）单击“确定”按钮，然后单击“保存”按钮。

1.6 Flash Professional CS5 的系统配置

应用 Flash 软件制作动画时，可以使用系统默认的配置，也可根据需要自己设定“首选参数”面板中的数值及浮动面板的位置。

1.6.1 “首选参数”面板

应用“首选参数”面板可以自定义一些常规操作的参数选项，在操作界面中选择“编辑→首选参数”命令或按 Ctrl + U 键，可以调出“首选参数”对话框。

“首选参数”面板依次分为“常规”选项卡、“ActionScript”选项卡、“自动套用格式”选项卡、“剪贴板”选项卡、“绘画”选项卡、“文本”选项卡、“警告”选项卡、“PSD 文件导入器”选项卡及“AT 文件导入器”选项卡，如图 1－11 所示。

1.“常规”选项卡

（1）“启动时”选项：指定在启动应用程序时打开的文档。

（2）“撤销”选项：文档层级撤销维护一个列表，其中包含对整个 Flash 文档的所有动作。对象层级撤销为针对文档中每个对象的动作单独维护一个列表。使用对象层级撤销可以撤销针对某个对象的动作，而无须另外撤销针对修改时间比目标对象更近的其他对象的动作。若要设置撤销或重做的级别数，输入一个介于 2 ～ 300 的值。撤销级别需要消耗内存；使用的撤销级别越多，占用的系统内存就越多。默认值为 100。

（3）工作区选项组：要在选择“控制”→“测试影片”→“测试”时打开应用程序窗口中的“新建文档”选项卡，选择“在选项卡中打开测试影片”。默认情况是在其窗口中打

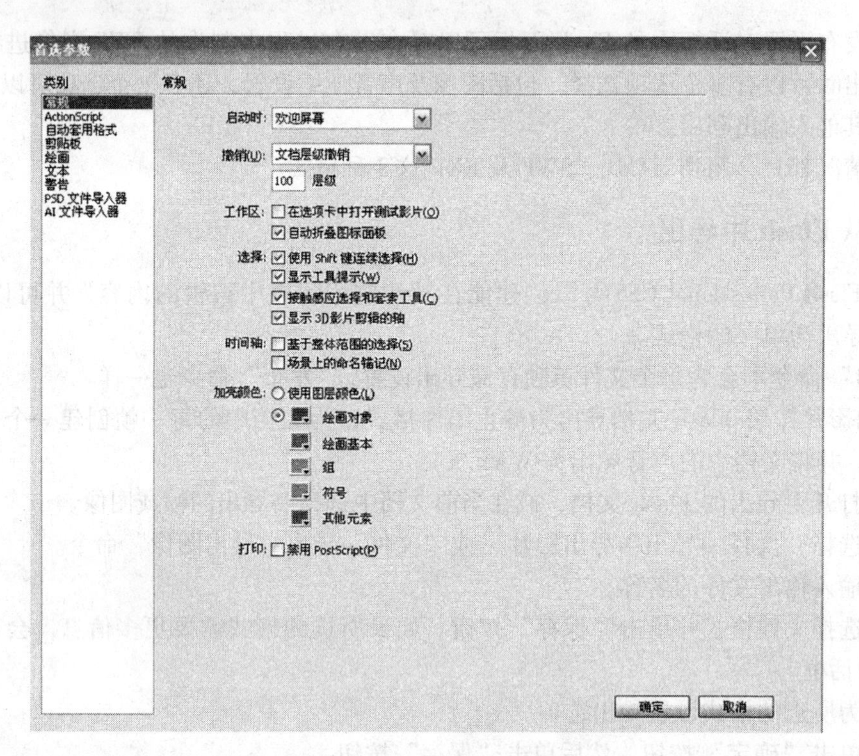

图 1－11 “首选参数”面板

开测试影片。若要在单击处于图标模式中面板的外部时使这些面板自动折叠，选择“自动折叠图标面板”。

（4）“选择”选项组：若要控制选择多个元素的方式，选择或取消选择“转换选择”。如果关闭了“转换选择”，单击附加元素可将它们添加到当前选择中。如果打开了“转换选择”，单击附加元素将取消选择其他元素，除非按住 Shift 键。“显示工具提示”复选框：当指针悬停在控件上时会显示工具提示。若要隐藏工具提示，取消选择此选项。接触感应当使用选取工具或套索工具进行拖动时，如果选取框矩形中包括了对象的任何部分，则对象将被选中。默认情况是仅当工具的选取框矩形完全包围了对象时，才选中对象。“显示 3D 影片剪辑的轴”复选框：在所有 3D 影片剪辑上显示 x、y 和 z 轴的重叠部分。这样就能够在舞台上轻松标识它们。

（5）“时间轴”选项组：若要在时间轴中使用基于整体范围的选择而不是默认的基于帧的选择，选择“基于整体范围的选择”。“场景上的命名锚记”复选框：将文档中每个场景的第一个帧作为命名锚记。命名锚记可以使用浏览器中的“前进”和“后退”按钮从一个场景跳到另一个场景。

（6）“加亮颜色”选项组：若要使用当前图层的轮廓颜色，从面板中选择一种颜色，或者选择“使用图层颜色”。

（7）“打印”选项（仅限 Windows）：若要在打印到 PostScript 打印机时禁用 PostScript 输出，选择“禁用 PostScript”。默认情况下，此选项处于取消选择状态。如果在打印到 PostScript 打印机时有问题，选择此选项；但是，此选项会减慢打印速度。

2.“ActionScript”选项卡

ActionScript 选项卡主要用于设置动作面板中动作脚本的外观。

3.“自动套用格式”选项卡

自动套用格式选项卡可以任意选择首选参数中的选项，并在“预览”窗口中查看效果。

4.“剪贴板”选项卡

用于设置在对影片编辑中的图形或文本进行剪贴操作时的属性选项。

（1）“位图”选项组：该选项只有 Windows 操作系统中才能使用。当剪贴对象是位图时，可以对位图图像的“颜色深度”和“分辨率”等选项进行选择。在“大小限制”文本框中输入数值，可以指定将位图图像放在剪贴板上时所使用的内存量，通常对较大或高分辨率的位图图像进行剪贴时，需要设置较大的数值。如果计算机的内存有限，可以选择“无”，不应用剪贴。

（2）“FreeHand”选项：选中“保持为块”复选框，可以使粘贴到 FreeHand 程序中的文本保持可以被继续编辑的属性。

5.“绘画”选项卡

“绘画”选项卡如图 1－12 所示。可以指定钢笔工具指针外观的首选参数用于在画线段时进行预览，或者查看选定锚记点的外观。并且还可以通过绘画设置来指定对齐、平滑和伸直行为，更改每个选项的“容差”设置，也可以打开或关闭每个选项。一般在默认状态下为正常。

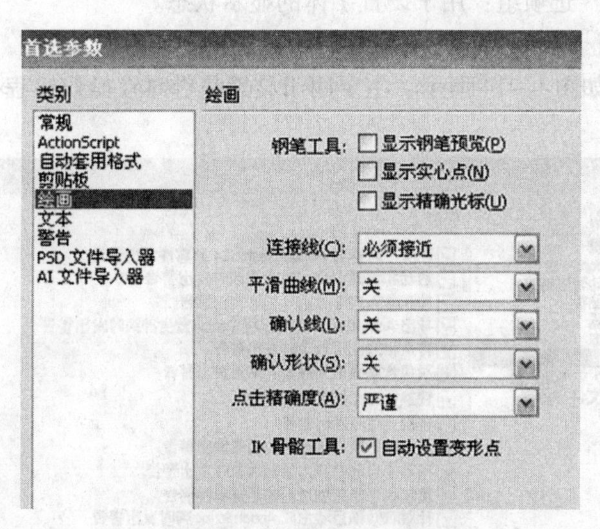

图 1－12 “绘画”选项卡

6.“文本”选项卡

用于设置 Flash 编辑过程中使用到“字体映射默认设置”、“垂直文本”、“输入方法”等功能时的基本属性，如图 1－13 所示。

（1）“字体映射默认设置”选项：用于设置在 Flash 中打开文档时替换缺失字体所使用的字体。

（2）“样式”选项：用于设置字体的样式。

（3）“字体映射对话框”复选框：勾选将显示缺少的字体。

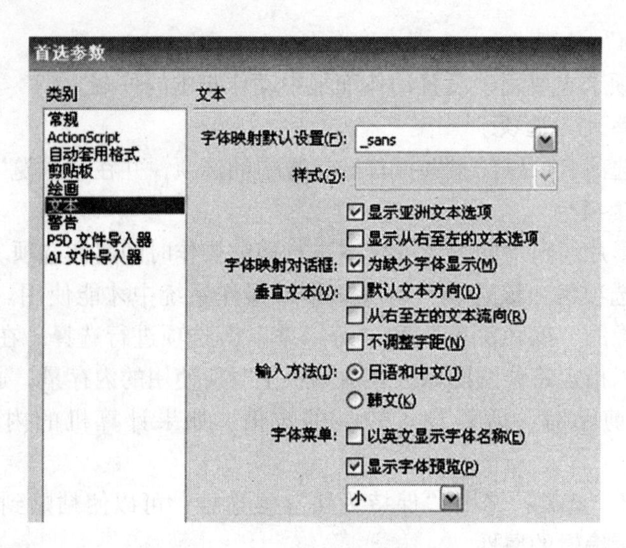

图 1-13 “文本”选项卡

（4）“垂直文本”选项组：对使用文字工具进行垂直文本编辑时的排列方向、文本流向及字距微调属性进行设置。

（5）“输入方法”选项组：选择输入语言的类型。

（6）“字体菜单”选项组：用于设置字体的显示状态。

7. “警告”选项卡

“警告”选项卡如图 1-14 所示，主要用于设置是否对在操作过程中发生的一些异常提出警告。

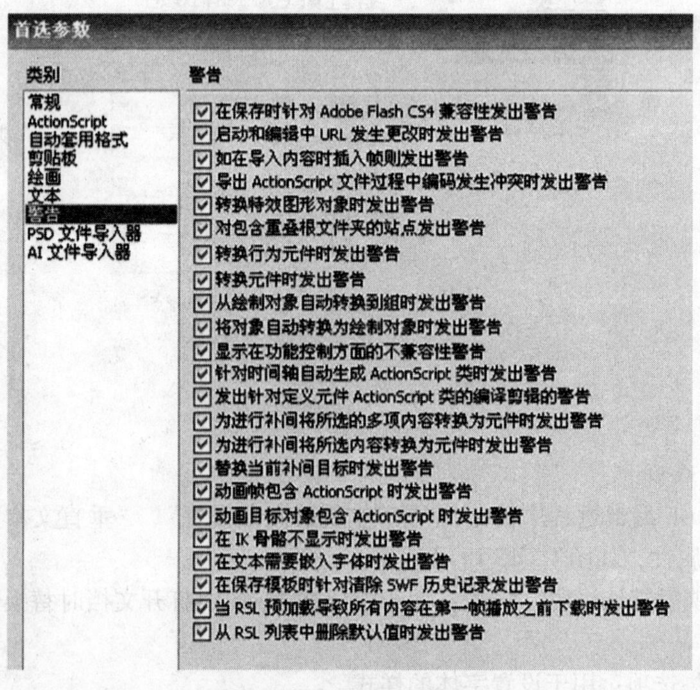

图 1-14 “警告”选项卡

8. “PSD 文件导入器” 选项卡

“PSD 文件导入器” 选项卡主要用于导入 Photoshop 图像时的一些设置。

9. “AI 文件导入器” 选项卡

“Al 文件导入器” 选项卡主要用于导入 Illustrator 文件时的一些设置。

1.6.2 “历史记录”面板

“历史记录” 面板用于记录对文档新建或打开以后的操作步骤，便于制作者查看操作的步骤过程。在面板中可以有选择地撤销一个或多个操作步骤，还可将面板中的步骤应用于同一对象或文档中的不同对象。系统默认的状态下，“历史记录” 面板可以撤销 100 次的操作步骤，还可以根据自身需要在 “首选参数” 面板中设置不同的撤销步骤数，数值的范围为 2 ~300。

注意：“历史记录” 面板中的步骤顺序是按照操作过程一一对应记录下的，不能进行重新排列。

选择 “窗口→其他面板→历史记录” 命令或按 Ctrl + F10 键，弹出 “历史记录” 面板，如图 1 - 15 所示。在文档中进行一些操作后，“历史记录” 面板将这些操作按顺序进行记录。其中滑块所在位置就是当前进行操作的步骤。

将滑块移动到操作过程中的某一个步骤时，该步骤下方的操作步骤将显示为灰色，如图 1 - 16 所示。这时，再进行新的步骤操作，原来为灰色部分的操作将被新的操作步骤所替代。在 “历史记录” 面板中，已经被撤销的步骤将无法重新找回。

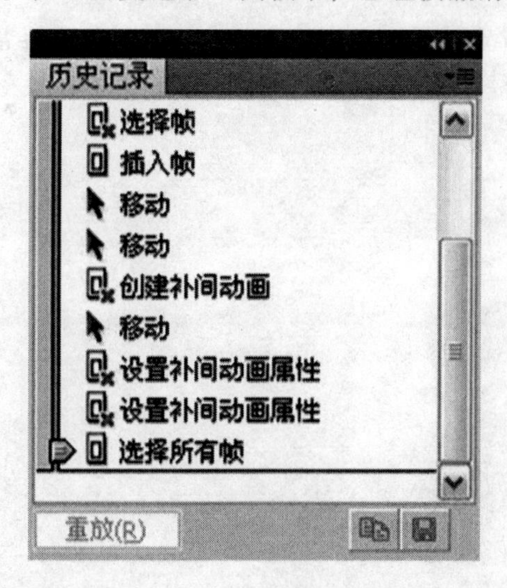

图 1 - 15 “历史记录” 面板

图 1 - 16 移动滑块后

在文档间复制和粘贴的步骤如下。

每个打开的文档都有自己的步骤历史记录。要从一个文档中复制步骤，然后将它们粘贴到另一文档中，使用 “历史记录” 面板选项菜单中的 “复制步骤” 命令。如果将步骤复制到文本编辑器中，这些步骤将会以 JavaScript 代码的形式存在。

（1）在包含要重复使用步骤的文档中，从 “历史记录” 面板中选择步骤。

（2）在“历史记录”面板的选项菜单中，选择“复制步骤”。

（3）打开要在其中粘贴步骤的文档。

（4）选择要应用步骤的对象。

（5）选择“编辑→粘贴”命令，步骤会在粘贴到文档的“历史记录”面板时重放。“历史记录”面板将这些步骤仅显示为一个步骤，称为“粘贴步骤”。

第 2 部分

基本绘制篇

图形的绘制与编辑

本章介绍 Flash Professional CS5 绘制图形的功能和编辑图形的技巧，讲解多种选择图形的方法及设置图形色彩的技巧。通过本章的学习，学生将掌握绘制图形、编辑图形的方法和技巧，能独立绘制出所需的各种图形效果并对其进行编辑，为进一步学习 Flash Professional CS5 打下坚实的基础。

2.1　绘制简单线段和形状

绘制简单线段和形状所需的工具包括线条工具（可以绘制不同颜色、宽度、线型的直线）、铅笔工具（可以像使用真实中的铅笔一样绘制出任意的线条和形状）、矩形与椭圆工具（可以绘制出不同样式的矩形、椭圆形和圆形）及刷子工具（可以像现实生活中的刷子涂色一样创建出刷子般的绘画效果，如书法效果就可使用刷子工具实现）。

2.1.1　线条工具

一次绘制一条直线段，选择线条工具╲，在舞台上按住鼠标左键不放，并向右拖动到需要的位置，绘制出一条直线，松开鼠标左键，得到直线效果。在线条工具的“属性”面板中（或者选择“窗口→属性”，打开属性）可以设置不同的线条颜色、线条粗细、线条类型，如图 2－1 所示。

设置不同的线条属性后，绘制出不同的线条，如图 2－2 所示。

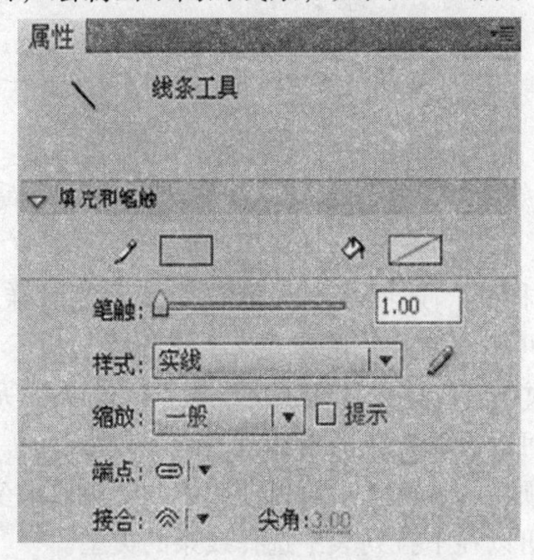

图 2－1　线条工具的属性

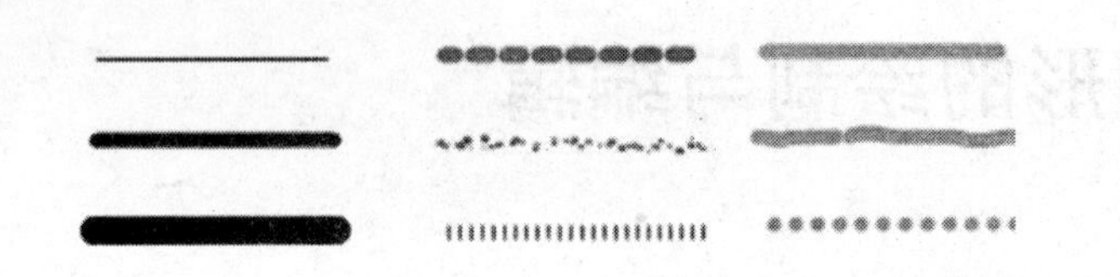

图 2－2　不同线条

注意： 无法为线条工具设置填充属性。

单击“工具”面板“选项”中的“对象绘制”按钮，以选择合并绘制模式或对象绘制模式。单击“对象绘制”按钮，线条工具处于对象绘制模式。

将指针定位在线条起始处，并将其拖动到线条结束处。若要将线条的角度限制为45°的倍数，按住 Shift 键拖动。

2.1.2　铅笔工具

若要绘制线条和形状，使用铅笔工具，绘画的方式与使用真实铅笔大致相同。

选择铅笔工具，在舞台上按住鼠标左键不放，在舞台上随意绘制出线条，松开鼠标，得到线条效果。在铅笔工具的“属性”面板中可以设置不同的线条颜色、线条粗细、线条类型，如图 2－3 所示。

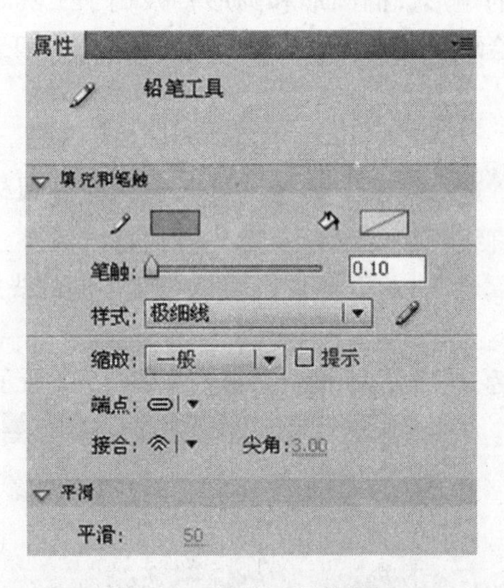

图 2－3　铅笔工具的属性

单击“属性”面板“样式”选项右侧的笔状“编辑笔触样式”按钮，弹出“笔触样式”对话框，在对话框中可以自定义笔触样式。

（1）“4 倍缩放”选项：可以放大 4 倍预览设置不同选项后所产生的效果。

（2）“粗细”选项：可以设置线条的粗细。

（3）“锐化转角”选项：勾选此选项可以使线条的转折效果变得明显。

（4）“类型”选项：可以在下拉列表中选择线条的类型。

若要在绘画时平滑或伸直线条和形状，可在工具箱下方的选项区域中为铅笔工具选择一种绘制模式，如图2－4所示。

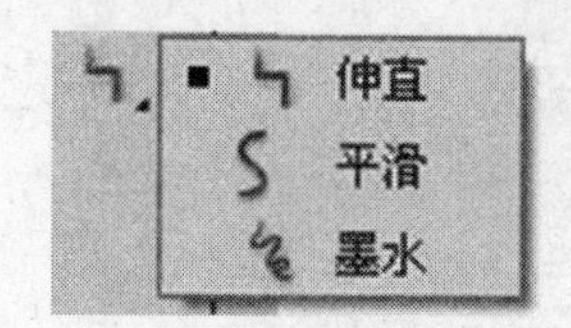

图2－4 铅笔工具绘制模式

（5）“伸直”选项：可以绘制直线，并将接近三角形、椭圆、圆、矩形和正方形的形状转换为这些常见的几何形状。

（6）“平滑”选项：可以绘制平滑曲线。

（7）“墨水”选项：可以绘制不用修改的手绘线条。

图2－5所示是3种绘制模式绘制的线条，另外使用铅笔工具绘制时，按住Shift键拖动可将线条限制为垂直或水平方向。

图2－5 铅笔工具的绘画效果

2.1.3 矩形工具与椭圆工具

这一组工具如图2－6所示。

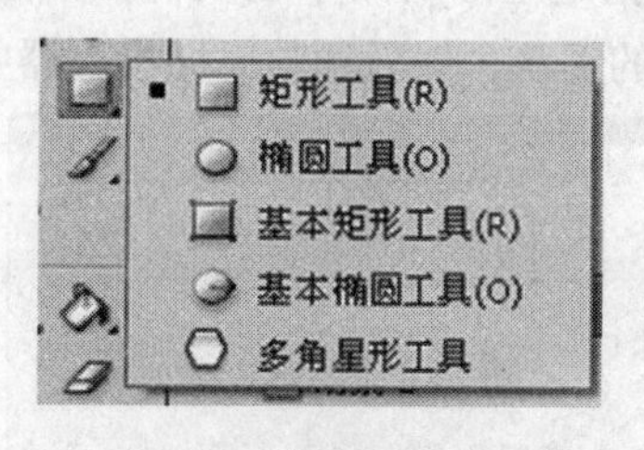

图2－6 形状工具

1. 绘制椭圆或矩形

选择椭圆工具，在舞台上按住鼠标左键不放，向需要的位置拖动鼠标，绘制出椭圆图形，松开鼠标。按住Shift键的同时绘制图形，可以绘制出正圆。矩形工具的绘制方法是一样的，可以根据需要选择“合并绘制”或“对象绘制”模式。

（1）“合并绘制”模式：重叠绘制图形时，图形会自动进行合并；填充色相同的融合在一起产生相加效果，填充色不同的部分产生剪切效果。

（2）“对象绘制”模式：制作成相对独立的对象，不会自动合并。

在椭圆工具“属性”面板中设置不同的边框颜色、边框粗细、边框线形和填充颜色，如图2－7所示。设置不同的边框属性和填充颜色后，绘制的图形如图2－8所示。

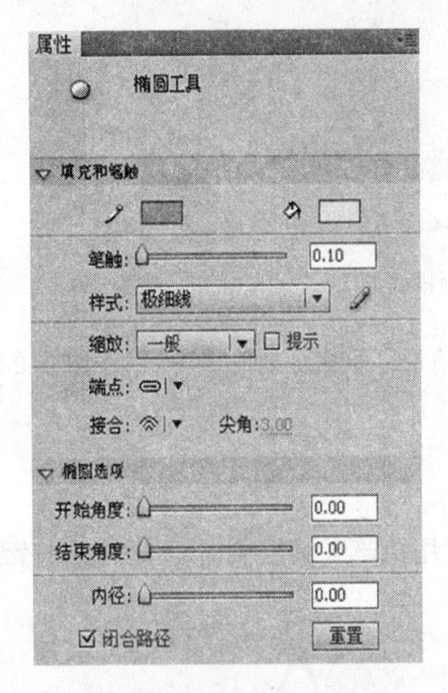

图2-7 椭圆工具的属性

图2-8 椭圆的不同形状

注意： 只要选中这两个基本对象绘制工具中的一个，"属性"面板就将保留上次编辑的基本对象的值。例如，在修改一个矩形然后绘制另一个矩形时。

2. 绘制基本矩形

使用基本矩形工具或基本椭圆工具创建矩形或椭圆时，与使用对象绘制模式创建的形状不同，Flash 会将形状绘制为独立的对象，也就是"图元对象绘制"模式。如图2-9所示，基本矩形的"属性"面板中的控件，指定矩形的角半径及椭圆的起始角度、结束角度和内径。创建基本形状后，可以选择舞台上的形状，然后调整属性检查器中的控件来更改半径和尺寸。

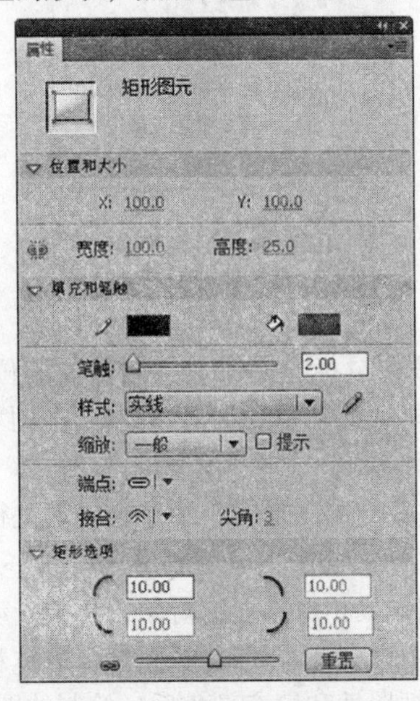

图2-9 基本矩形的属性

在矩形工具上单击并按住鼠标左键，在弹出菜单中选择基本矩形工具，在舞台上使用基本矩形工具拖动以创建基本矩形。

属性检查器的控件有以下两种。

（1）矩形角半径控件：用于指定矩形的角半径。可以在每个文本框中输入内径的数值。如果输入负值，则创建的是反半径。

（2）重置控件：重置基本矩形工具的所有控件，并将在舞台上绘制的基本矩形形状恢复为原始大小和形状。

若要对每个角指定不同的角半径，取消选择属性检查器“矩形选项”区域中的“挂锁”图标。锁定时，半径控件将受限制，每个角将使用相同的半径。

注意：若要在使用基本矩形工具拖动时更改角半径，按向上箭头键或向下箭头键。当圆角达到所需圆度时，松开箭头键。

3. 绘制基本椭圆

在矩形工具上单击并按住鼠标左键，选择基本椭圆工具。绘制方法与基本矩形一样。若要将形状限制为圆形，按住 Shift 键拖动。图 2－10 所示为基本椭圆的“属性”面板。

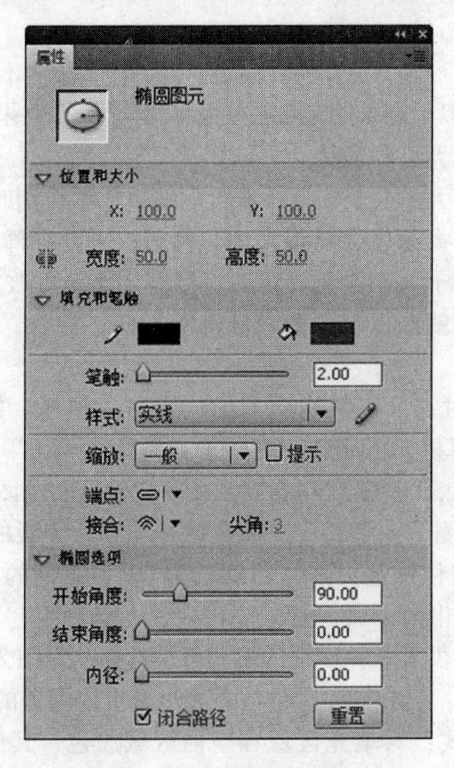

图 2－10　基本椭圆的属性

下面是属性检查器的控件。

（1）开始角度/结束角度控件：椭圆的开始点角度和结束点角度。使用这两个控件可以轻松地将椭圆和圆形的形状修改为扇形、半圆形及其他有创意的形状。

（2）内径控件：椭圆的内径（即内侧椭圆）。可以在框中输入内径的数值，或单击滑块相应地调整内径的大小。可以输入介于 0 ～ 99 的值，以表示删除填充区域的百分比。

（3）闭合路径控件：确定椭圆的路径（如果指定了内径，则有多条路径）是否闭合。如果指定了一条开放路径，但未对生成的形状应用任何填充，则仅绘制笔触。默认情况下选择闭合路径。

（4）重置控件：重置基本椭圆工具的所有控件，并将在舞台上绘制的基本椭圆形状恢复为原始大小和形状。

4. 绘制多边形和星形

在矩形工具上单击并按住鼠标左键，从弹出的菜单中选择多角星形工具。

选择“窗口→属性”命令，然后选择填充和笔触属性。

单击“选项”，然后执行以下操作：

（1）对于“样式”，选择“多边形”或“星形”；

（2）对于“边数”，输入一个介于 3 ～ 32 的数字。

（3）对于“星形顶点大小”，输入一个介于 0 ～ 1 的数字以指定星形顶点的深度。此数字越接近于 0，创建的顶点就越深（像针一样）。如果是绘制多边形，应保持此设置不变（不会影响多边形的形状）。单击“确定”按钮。在舞台上拖动以绘制出多边形或星形。

2.1.4 刷子工具

刷子工具可绘制类似于刷子的笔触。它可以创建特殊效果，包括书法效果。使用刷子工具功能键可以选择刷子大小和形状。

对于新笔触来说，刷子大小甚至在更改舞台的缩放比率级别时也保持不变，所以当舞台缩放比率降低时同一个刷子大小就会显得太大。例如，假设将舞台缩放比率设置为 100%，并使用刷子工具以最小的刷子大小涂色。然后，将缩放比率更改为 50% 并用最小的刷子大小再画一次。绘制的新笔触就比以前的笔触显得粗 50%。注意，更改舞台的缩放比率并不更改现有刷子笔触的大小。

在使用刷子工具涂色时，可以使用导入的位图作为填充。如果将压敏式电位板（如 Wacom 绘图板）连接到计算机，可通过使用刷子工具的“压力”功能键，在改变铁笔上的压力时改变刷子笔触的宽度。“斜度”功能键，在改变铁笔在绘图板上的角度时改变刷子笔触的角度。“斜度”功能键测量铁笔的顶（橡皮擦）端和绘图板的顶（北）边之间的角度。例如，如果垂直于绘图板握住钢笔，则“斜度”为 90°。铁笔的橡皮擦功能完全支持“压力”和“斜度”功能键。如图 2－11 所示。

系统在工具箱的下方提供了 5 种刷子的模式可供选择，如图 2－12 所示。

（1）“标准绘画”模式：会在同一层的线条和填充上以覆盖的方式涂色。

（2）“颜料填充”模式：对填充区域和空白区域涂色，其他部分（如边框线）不受影响。

（3）“后面绘画”模式：在舞台上同一层的空白区域涂色，但不影响原有的线条和填充。

（4）“颜料选择”模式：在选定的区域内进行涂色，未被选中的区域不能够涂色。

（5）“内部绘画”模式：在内部填充上绘图，但不影响线条。如果在空白区域中开始涂

图2－11 压力和斜度的绘制效果

色，该填充不会影响任何现有填充区域。应用不同模式绘制出的效果如图2－13所示。

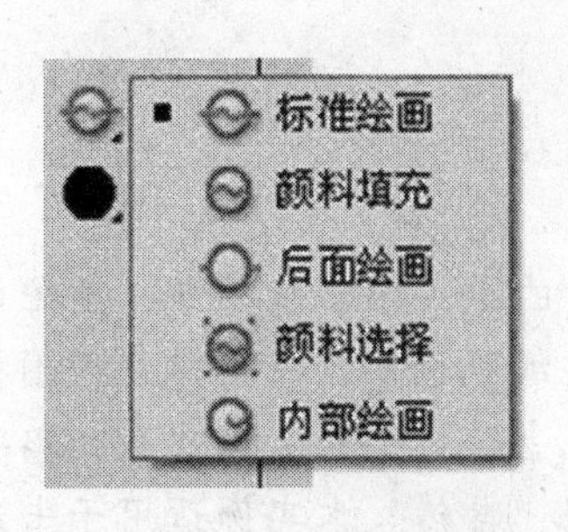

图2－12 刷子的绘制模式

图2－13 刷子的绘制效果

先为刷子选择放射性渐变色彩，当没有选择“锁定填充”按钮时，用刷子绘制线条，每个线条都有自己完整的渐变过程，线条与线条之间不会互相影响。当选择“锁定填充”按钮时，颜色的渐变过程形成一个固定的区域，在这个区域内，刷子绘制到的地方，就会显示出相应的色彩，如图2－14所示。

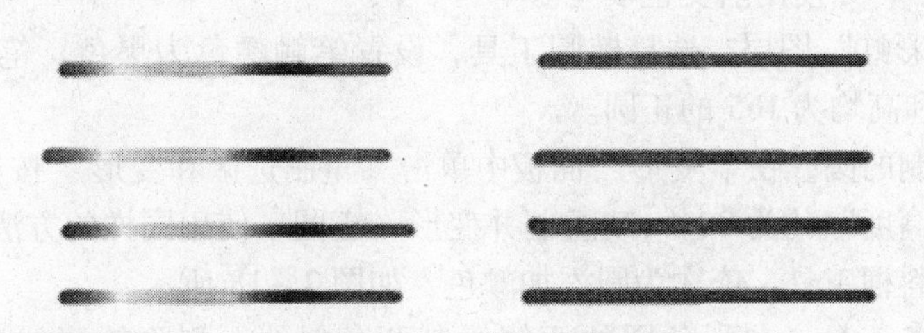

图2－14 锁定填充的效果

在使用刷子工具涂色时，可以使用导入的位图作为填充。

导入素材图片“莲花.bmp”（电子资料中的 example \ chapter2 \ example2.1.4 \ 莲花.bmp），效果如图2－15所示。选择“窗口→颜色”命令，弹出“颜色”面板，将“颜色类型”选项设为“位图填充”，用刚才导入的位图作为填充图案，如图2－16所示。选择“刷子”工具，在窗口中随意绘制一些笔触，效果如图2－17所示。

图 2－15　莲花图片

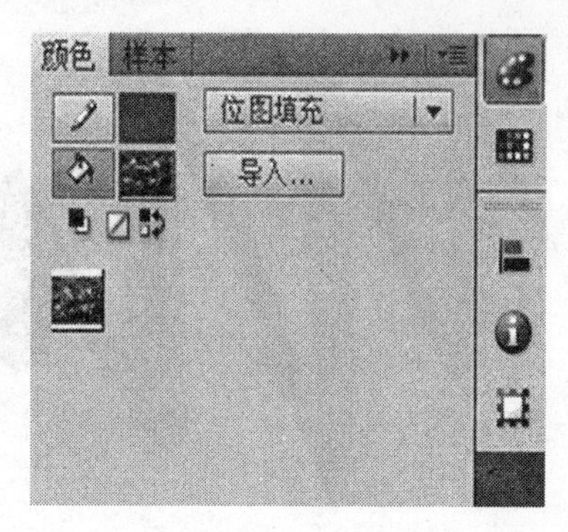

图 2－16　设置位图填充

图 2－17　随意绘制的效果

2.1.5　案例：制作现代建筑

案例描述

本实例设计的是一个现代建筑，高耸的建筑楼宇坐落在绿色的草地上，建筑周围被大树围绕，并配上蓝天、白云和彩虹，整个画面清新、明亮、自然。本实例适用于卡通类型的场景布置。

练习提示

打开电子资料中的 chapter \ 2.1 \ 现代建筑 . fla，进行下面的操作。

（1）将“图层 1”更名为“天空”图层，使用矩形工具在舞台上绘制一个宽为 550、高为 278 的蓝色矩形，并使用渐变色填充。

（2）新建“彩虹”图层，选择椭圆工具，设置笔触颜色为黑色，笔触高度为 1，在舞台上绘制一个宽和高均为 165 的正圆。

（3）选择绘制的圆，在“变形”面板中单击“重制选区和变形”按钮，设置“缩放宽度”和“缩放高度”均为 90%，“重制并变形”正圆。使用同样的方法再执行 5 次。

（4）使用颜料桶工具，依次为圆添加颜色，如图 2－18 所示。

（5）选择线条工具，在彩色圆的两侧绘制两条斜线。删除轮廓线条、多余的彩虹和斜线。

（6）新建“白云”图层，使用矩形工具和刷子工具，在舞台中绘制白云图形。

（7）新建“草地 1”图层，使用线条工具组合成封闭轮廓，并用渐变色为其填充。

（8）新建“路 1”图层，使用线条工具组合成封闭轮廓，并用渐变色为其填充。

（9）使用同样的方法，创建“草地 2”、“草地 3”、“路 2”、“路 3”图层并绘制，如图 2－19 所示。

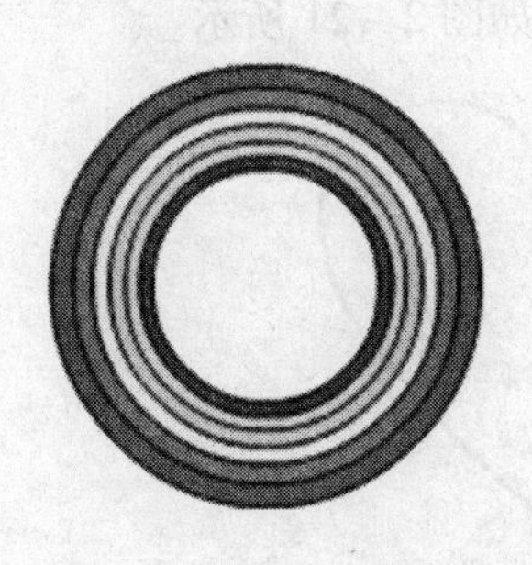

图2－18　绘制彩虹的圆轮廓

图2－19　彩虹、天空、云、地

（10）新建“楼1”图层，使用矩形工具，绘制楼房，并用渐变色填充。使用同样的方法创建“楼2”、“楼3”图层并绘制。

（11）在“楼3”图层上方新建“树1”图层，将库面板中的“树1”元件拖动至舞台中。在“路1”图层上方新建“树2”图层，将库面板中的“树2”元件拖动至舞台中。

2.2　图形的绘制与选择

应用绘制工具可以绘制多变的图形与路径。若要在舞台上修改图形对象，则需要先选择对象，再对其进行修改。绘制图形的工具包括钢笔工具（可以绘制精确的路径。如在创建直线或曲线的过程中，可以先绘制直线或曲线，再调整直线段的角度、长度及曲线段的斜率）、选择工具（可以完成选择、移动、复制、调整向量线条和色块的功能，是使用频率较高的一种工具）及套索工具（可以按需要在对象上选取任意一部分不规则的图形）。

2.2.1　选择工具

选择选择工具，工具箱下方选项区出现如图2－20所示的按钮，利用这些按钮可以完成以下工作。

图2－20　选择工具的选项按钮

（1）“贴紧至对象”按钮：自动将舞台上两个对象定位到一起，一般制作引导层动画时可利用此按钮将关键帧的对象锁定到引导路径上。此按钮还可以将对象定位到网格上。

（2）“平滑”按钮：可以柔化选择的曲线条。当选中对象时，此按钮变为可用。

（3）“拉伸”按钮：可以锐化选择的曲线条。当选中对象时，此按钮变为可用。

1. 变形对象

1）通过拖动边线来改变对象形状

打开素材图并打散，单击“选择工具”按钮，当指针移动到红心的边缘时，会变成带弧形的，此时按住左键拖动线条，可以改变线条的形状，如图2-21所示。

图2-21 选择工具的变形应用1

2）通过移动顶点来改变对象形状

单击“选择工具”按钮，当指针移动到对象的角或顶点时，会变成带角的，此时按住鼠标左键拖动，可以改变角或顶点的位置，如图2-22所示。

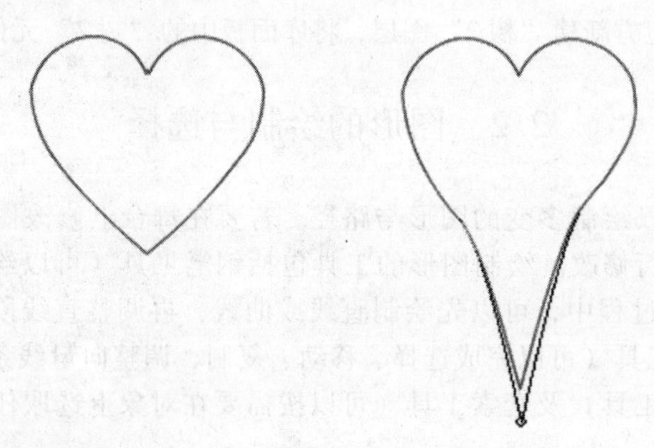

图2-22 选择工具的变形应用2

2. 复制对象

打开所需素材图片“书.bmp”（电子资料中的example \ chapter2 \ example2.2.1 \ 书.bmp）并打散，单击“选择工具”按钮，把素材图选中。

按住左键同时按住Alt键或Ctrl键进行拖动，当指针变成带加号时，会复制出另外一本书，如图2-23所示。

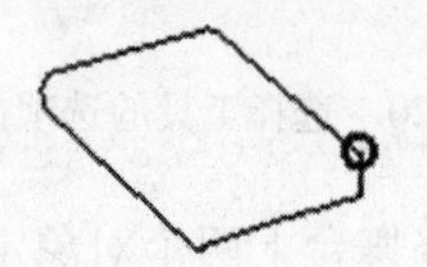

图2-23 复制对象

3. 平滑或拉直对象

打开素材并打散，可以看到左边的素材图线条很粗糙，可以使用平滑工具，让它更加平滑和精确。选择选择工具，单击素材图片“月亮.bmp”（电子资料中的example\chapter2\example2.2.1\月亮.bmp）将其选中。多次单击“平滑”按钮，可以将草图变为比较圆滑和精确的图形，如图2-24所示。

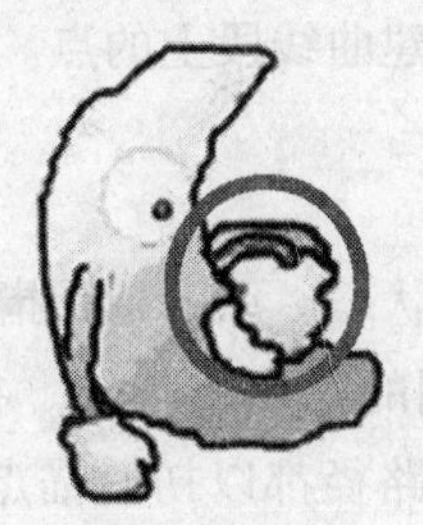
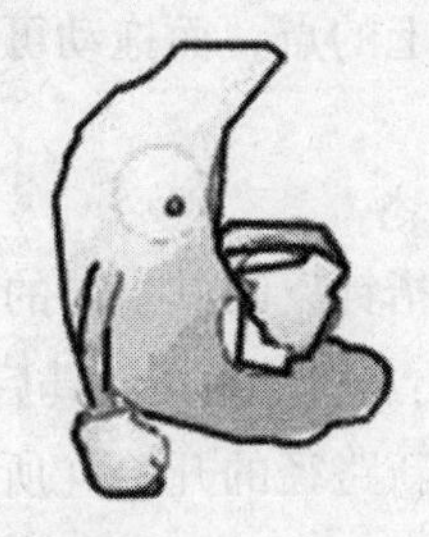

图2-24 平滑对象

“拉伸”按钮的使用方法与“平滑”按钮基本相同，可以对粗糙的线条进行优化，不过“拉伸”按钮是将曲线变成直线，而不是变平滑，如图2-25所示。

图2-25 拉伸对象

2.2.2 部分选取工具

部分选择工具用于对线条的节点进行操作。所谓“部分选择”，是指使用该工具只能选取图形的边框，显示边框的节点。

选择部分选择工具，单击图形的边框，这时图形的边框出现8个空心的点，这些点称为节点，如图2-26所示。使用部分选择工具，单击一个节点表示对该节点进行选择，选择后可以将该节点任意拖动。同时该节点上出现控制手柄，通过控制手柄可以改变曲线的形状，如图2-27所示。

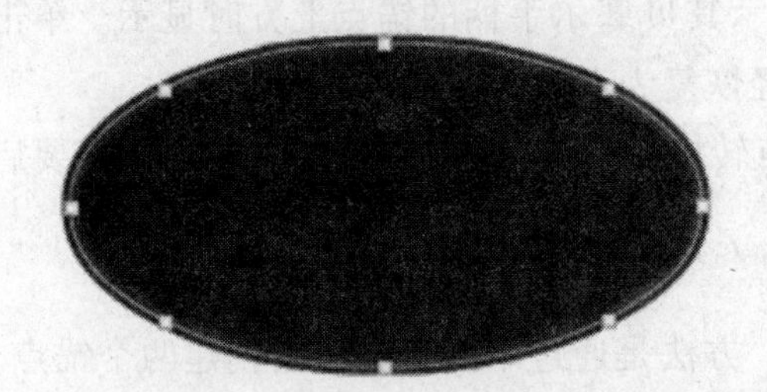

图2-26 查看节点

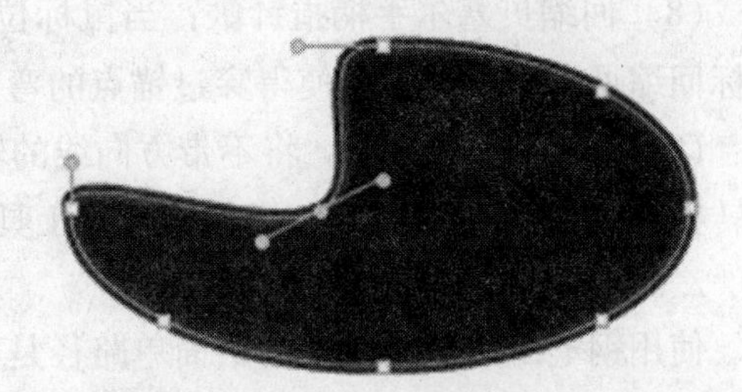

图2-27 拖动节点

2.2.3 钢笔工具

若要绘制精确的路径（如直线或平滑流畅的曲线），使用钢笔工具。使用钢笔工具绘制时，单击可以创建直线段上的点，而拖动可以创建曲线段上的点。可以通过调整线条上的点来调整直线段和曲线段。

1. 钢笔工具的绘制状态

钢笔工具显示的不同指针反映其当前的绘制状态。以下指针指示各种绘制状态。

（1）初始锚点指针：选中钢笔工具后看到的第一个指针。指示下一次在舞台上单击时将创建初始锚点，它是新路径的开始（所有新路径都以初始锚点开始），即终止任何现有的绘画路径。

（2）连续锚点指针：指示下一次单击时将创建一个锚点，并用一条直线与前一个锚点相连接。在创建所有用户定义的锚点（路径的初始锚点除外）时，显示此指针。

（3）添加锚点指针：指示下一次单击时将向现有路径添加一个锚点。若要添加锚点，必须选择路径，并且钢笔工具不能位于现有锚点的上方。根据其他锚点，重绘现有路径。一次只能添加一个锚点。

（4）删除锚点指针：指示下一次在现有路径上单击时将删除一个锚点。若要删除锚点，必须用选取工具选择路径，并且指针必须位于现有锚点的上方。根据删除的锚点，重绘现有路径。一次只能删除一个锚点。

（5）连续路径指针：从现有锚点扩展新路径。若要激活此指针，鼠标必须位于路径上现有锚点的上方。仅在当前未绘制路径时，此指针才可用。锚点未必是路径的终端锚点；任何锚点都可以是连续路径的位置。

（6）闭合路径指针：在正绘制的路径的起始点处闭合路径。只能闭合当前正在绘制的路径，并且现有锚点必须是同一个路径的起始锚点。生成的路径没有将任何指定的填充颜色设置应用于封闭形状，必须单独应用填充颜色。

（7）连接路径指针：除了鼠标不能位于同一个路径的初始锚点上方外，与闭合路径工具基本相同。该指针必须位于唯一路径的任一端点上方。可能选中路径段，也可能不选中路径段。

注意：连接路径可能产生闭合形状，也可能不产生闭合形状。

（8）回缩贝塞尔手柄指针：当鼠标位于显示其贝塞尔手柄的锚点上方时显示。单击鼠标回缩贝塞尔手柄，并使得穿过锚点的弯曲路径恢复为直线段。

（9）转换锚点指针：将不带方向线的转角点转换为带有独立方向线的转角点。若要启用转换锚点指针，使用 Shift 键切换钢笔工具。

2. 用钢笔工具绘制直线

使用钢笔工具可以绘制的最简单路径是直线，方法是通过单击钢笔工具创建两个锚点。继续单击可创建由转角点连接的直线段组成的路径。

将钢笔工具定位在直线段的起始点并单击，以定义第一个锚点。如果出现方向线，而意外地拖动了钢笔工具，则选择“编辑→撤销”，再次单击。

注意：单击第二个锚点后，绘制的第一条线段才可见（除非已在“首选参数”对话框的“绘制”类别中指定“显示钢笔预览”）。

在想要该线段结束的位置处再次单击（按住Shift键单击将该线段的角度限制为45°的倍数）。继续单击，为其他的直线段设置锚点，如图2－28所示。

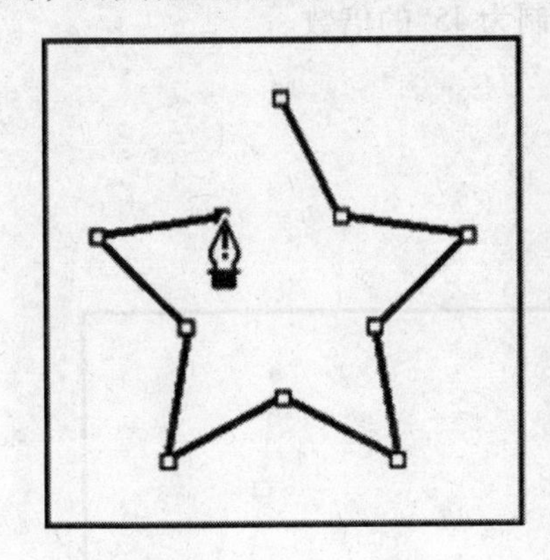

图2－28　钢笔绘制直线

单击钢笔工具将创建直线段。若要以开放或闭合形状完成此路径，执行下列操作。

（1）若要完成一条开放路径，双击最后一个点，或者单击“工具”面板中的钢笔工具，或者按住Ctrl键并单击路径外的任何位置。

（2）若要闭合路径，将钢笔工具定位在第一个（空心）锚点上。当位置正确时，钢笔工具指针变为 。单击或拖动以闭合路径。

（3）若要按现状完成形状，选择“编辑→取消全选”或在“工具”面板中选择其他工具。

3. 用钢笔工具绘制曲线

选择钢笔工具，将鼠标放置在舞台上想要绘制曲线的起始位置，然后按住左键不放。此时出现第一个锚点，并且钢笔尖光标变为箭头形状。松开左键，将鼠标放置在想要绘制的第二个锚点的位置，按住左键不放，绘制出一条直线段。将鼠标向其他方向拖动，直线转换为曲线。松开左键，一条曲线绘制完成，如图2－29所示。

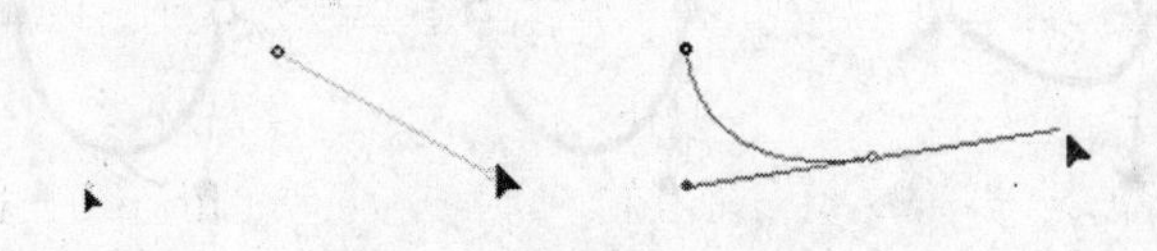

图2－29　钢笔绘制弧线

若要创建曲线，在曲线改变方向的位置处添加锚点，并拖动构成曲线的方向线。方向线的长度和斜率决定了曲线的形状。

如果使用尽可能少的锚点拖动曲线，可更容易编辑曲线并且系统可更快速显示和打印它们。使用过多点还会在曲线中造成不必要的凸起。通过调整方向线长度和角度绘制间隔宽的锚点和练习设计曲线形状。

1）选择钢笔工具

将钢笔工具定位在曲线的起始点，并按住鼠标左键。此时会出现第一个锚点，同时钢笔工具指针变为箭头（在 Photoshop 中，只有在开始拖动后指针才会发生变化）。

一般而言，将方向线向计划绘制的下一个锚点延长约三分之一距离（之后可以调整方向线的一端或两端）。按住 Shift 键可将工具限制为 45°的倍数。

2）绘制曲线的第一个点

（1）定位钢笔工具。

（2）开始拖动（按住鼠标左键）。

（3）拖动延长方向线，如图 2－30 所示。

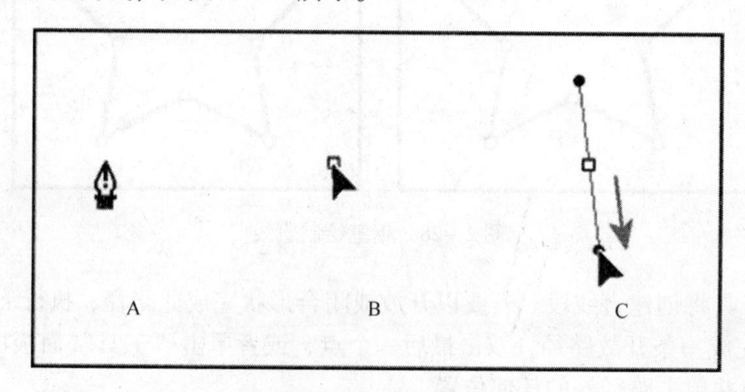

图 2－30　钢笔绘制曲线 1

将钢笔工具定位到曲线段结束的位置，执行下列操作。

3）绘制曲线中的第二个点

（1）开始拖动第二个平滑点。

（2）远离上一方向线方向拖动，创建 C 形曲线。

（3）松开鼠标左键后的结果，如图 2－31 所示。

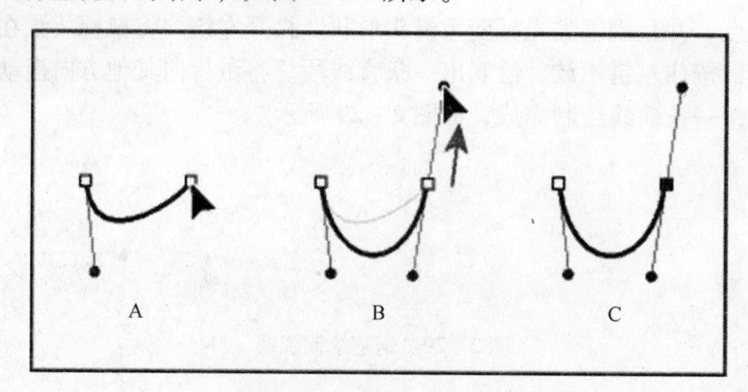

图 2－31　钢笔绘制曲线 2

4. 绘制 S 形曲线

（1）第一点创建同上 2)，开始拖动新的平滑点。

（2）往前一方向线的方向拖动，创建 S 形曲线。

（3）松开鼠标左键后的结果，如图 2－32 所示。

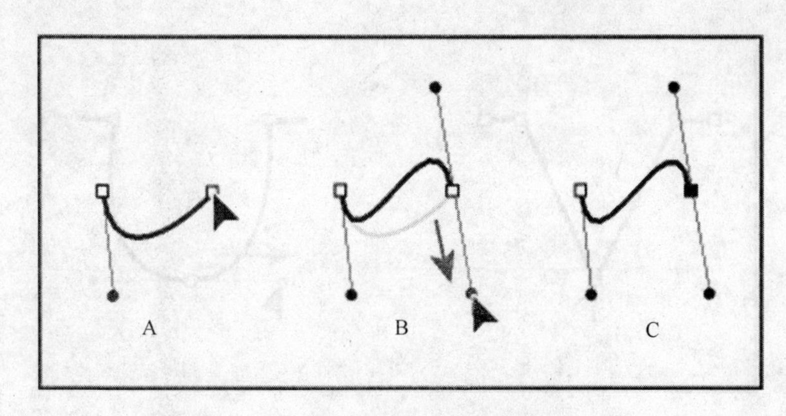

图 2-32 钢笔绘制 S 曲线

若要创建一系列平滑曲线，继续从不同位置拖动钢笔工具。将锚点置于每条曲线的开头和结尾，而不放在曲线的顶点。

若要断开锚点的方向线，按住 Alt 键拖动方向线。

若要完成路径，闭合或不闭合方法同绘制直线。

5. 添加或删除锚点

使用添加锚点工具可更好地控制路径，也可以扩展开放路径。但是，最好不要添加不必要的点。点越少的路径越容易编辑、显示和打印。若要降低路径的复杂性，删除不必要的点。删除曲线路径上不必要的锚点可以优化曲线并减小所得到的 SWF 文件的大小。

工具箱包含 3 个用于添加或删除点的工具：钢笔工具、添加锚点工具和删除锚点工具。

默认情况下，将钢笔工具定位在选定路径上时，它会变为添加锚点工具，单击添加锚点。或者将钢笔工具定位在锚点上时，它会变为删除锚点工具，单击删除锚点。

注意：不要使用 Delete 键、Backspace 键，或者“编辑→剪切”或“编辑→清除”命令来删除锚点，这些键和命令会删除点及与之相连的线段。

6. 调整路径上的锚点

在使用钢笔工具绘制曲线时，将创建平滑点（即连续的弯曲路径上的锚点）。在绘制直线段或连接到曲线段的直线时，将创建转角点（即在直线路径上或直线和曲线路径结合处的锚点）。

默认情况下，选定的平滑点显示为空心圆圈，选定的转角点显示为空心正方形。将方向点拖动出转角点以创建平滑点。如图 2-33所示。

7. 移动锚点

若要移动锚点，用部分选取工具来拖动该点。

若要轻推锚点，用部分选取工具选择锚点，然后使用箭头键进行移动。按住 Shift 键单击可选择多个点。

8. 在直线段和曲线段之间转换线段

若要将线条上的线段从直线段转换为曲线段，将转角点转换为平滑点。也可以反过来

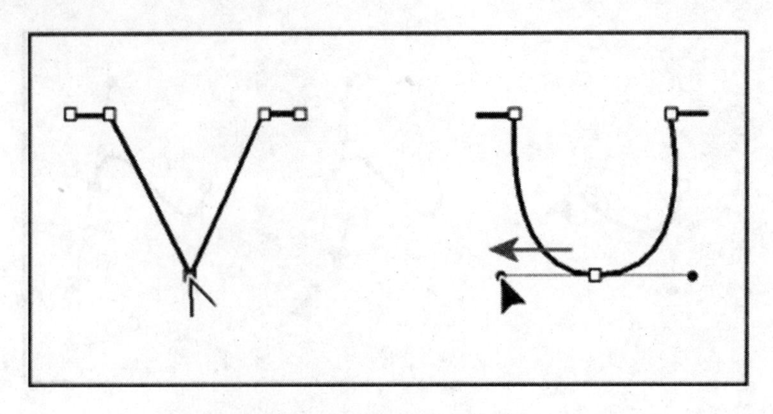

图 2－33　调整路径上的锚点

操作。

若要将转角点转换为平滑点，使用部分选取工具选择该点，然后按住 Alt 键（Windows）或 Option 键（Macintosh），并拖动该点以放置切线手柄。

若要将平滑点转换为转角点，可用钢笔工具单击相应的点。指针旁边的插入标记指示指针位于平滑点上方。

9. 调整线段

移动平滑点上的切线手柄时，可以调整该点两边的曲线。移动转角点上的切线手柄时，只能调整该点的切线手柄所在的那一边的曲线。

若要调整直线段，选择部分选取工具，然后选择直线段。使用部分选取工具可以将线段上的锚点拖动到新位置。

注意： 单击路径时，Flash 将显示锚点。使用部分选取工具调整线段会给路径添加一些点。

若要调整曲线上的点或切线手柄，选择部分选取工具，然后选择曲线段上的锚点。

若要调整锚点两边的曲线形状，拖动该锚点，或者拖动切线手柄；若要将曲线限制为倾斜 45°的倍数，按住 Shift 键并拖动；若要单独拖动每个切线手柄，按住 Alt 键拖动。如图 2－34所示，拖动锚点或拖移方向点。

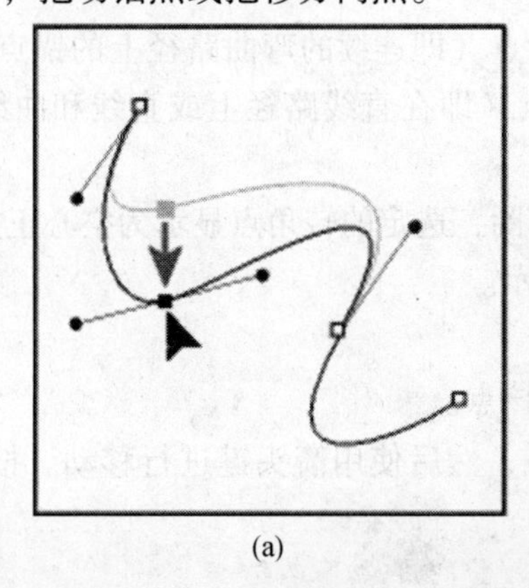

(a)

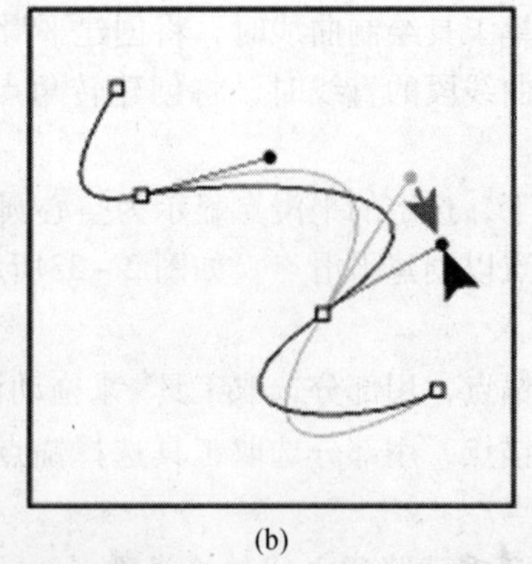

(b)

图 2－34　拖移锚点或拖移方向点

11. 钢笔工具的首选参数

指定钢笔工具指针外观的首选参数，用于在画线段时进行预览，并查看所选锚点的外观。所选线段和锚点使用出现这些线条和点的层的轮廓颜色。

选择钢笔工具，然后选择“编辑→首选参数”。在“类别”列表中选择“绘制”。

钢笔工具的选项设置如下。

（1）显示钢笔预览：在画线段时进行预览。在单击以创建线段的端点之前，在舞台周围移动指针时显示线段预览。如果未选择此选项，则只有在创建端点时才会显示线段。

（2）显示实心点：将选定的锚点显示为空心点，并将取消选定的锚点显示为实心点。如果未选择此选项，则选定的锚点为实心点，而取消选定的锚点为空心点。

（3）显示精确光标：指定钢笔工具指针以十字准线指针而不是以默认的钢笔工具图标的形式出现，这样可以提高线条的定位精度。若要显示默认的钢笔工具图标来代表钢笔工具，取消选择该选项。

注意：若要在十字准线指针和默认的钢笔工具图标之间进行切换，按 Caps Lock 键。

2.2.4 套索工具

套索工具主要用于选取不规则的物体，选中套索工具后，“绘图”工具栏的下方将出现如图 2－35 所示的选项框，具体如下。

（1）“魔术棒”按钮 ：该按钮不但可以用于沿对象轮廓进行较大范围的选取，还可对色彩范围进行选取。

（2）“魔术棒设置”按钮 ：该按钮主要对魔术棒选取的色彩范围进行设置，单击该按钮将打开如图 2－36 所示的对话框。

图 2－35 套索工具的选项按钮

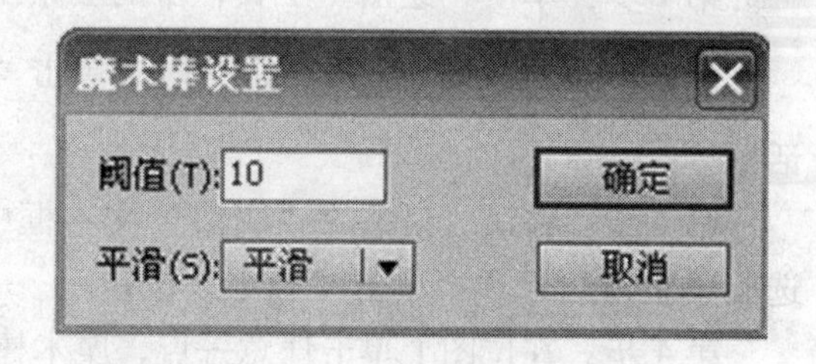

图 2－36 “魔术棒设置”对话框

“魔术棒设置”对话框中各选项的含义如下。

① 阈值：用于定义选取范围内的颜色与单击处像素颜色的相近程度，输入的数值越大，选取的相邻区域范围就越大。

② 平滑：用于指定选取范围边缘的平滑度，主要有像素、粗略、正常、平滑 4 个选项供选择。

（3）“多边形套索”按钮 ：该按钮主要用于对不规则图形进行比较精确的选取。

① 较大范围选取。打开电子资料中的 example \ chapter2 \ example2. 2. 4 \ 绿树 . jpg，然后进行下面的操作。

第 1 步：单击“绘图”工具栏中套索工具，在其选项框中单击魔术棒工具，在图形外时指针变为 形状。

第 2 步：确定要选中的图形为打散的图形，若为群组的图形，按 Ctrl + B 组合键将该图形打散。

注意：选中图形后执行“修改/取消组合”命令也可将图形打散。

第 3 步：按住左键可随意拖动指针，绘制如图 2－37 所示的选取范围。

注意：如果想绘制直线线段，按下 Alt 键，然后单击起始点和终点即可。

第 4 步：当绘制的曲线包含想选取的范围后松开左键即可，为了能明显地看到该操作的效果，将上面选取的块拖动到一边，如图 2－38 所示。

图 2－37　套索工具圈范围

图 2－38　拖动选中的范围

② 选取色彩范围。与选取较大范围一样，在选取色彩范围之前也要先确认图形已被打散，然后进行以下操作。

第 1 步：单击“绘图”工具栏中的套索工具，再单击选项框中的魔术棒工具。

第 2 步：当指针变为 形状时，单击“魔术棒设置”按钮，打开“魔术棒设置”对话框。

第 3 步：在该对话框的“阈值”文本框中输入色彩选取的范围，在“平滑”文本框中选取“正常”选项，单击“确定”按钮。

第 4 步：在位图上单击任意一点，魔术棒将选取与单击处颜色相近的区域，图 2－39 就是当阈值设置为“25”时，选择颜色后得到的效果。

图 2－39　设置阈值后的效果

③ 精确选取。打开电子资料中的 example \ chapter2 \ example2. 2. 4 \ 草莓 . jpg，进行下面的操作。

第 1 步：单击“绘图”工具栏中的套索工具。

第 2 步：单击选项框中的多边形套索工具，在对象中通过单击，选择一个起点。

第 3 步：拖动指针，有一条直线跟随指针移动，单击即可确定第一条线段的末端点。

第 4 步：再次移动指针，再次单击即可确定第二条线段的末端点，如此反复，绘制出其他各条边，组成一个多边形区域，如图 2 – 40 所示。

第 5 步：双击即可关闭选定区域，图 2 – 41 就是选取后的效果。

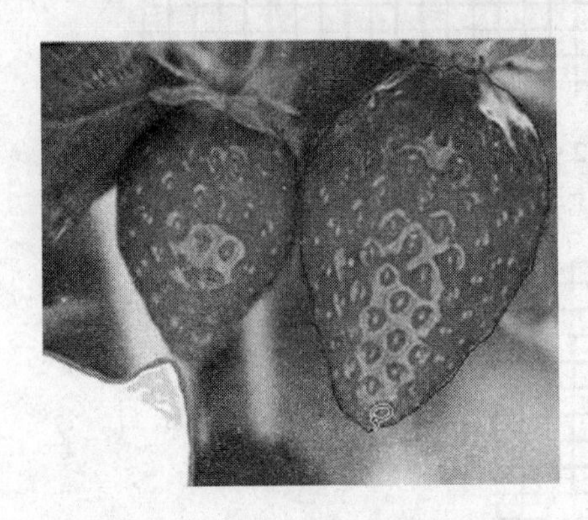

图 2 – 40　套索工具圈范围

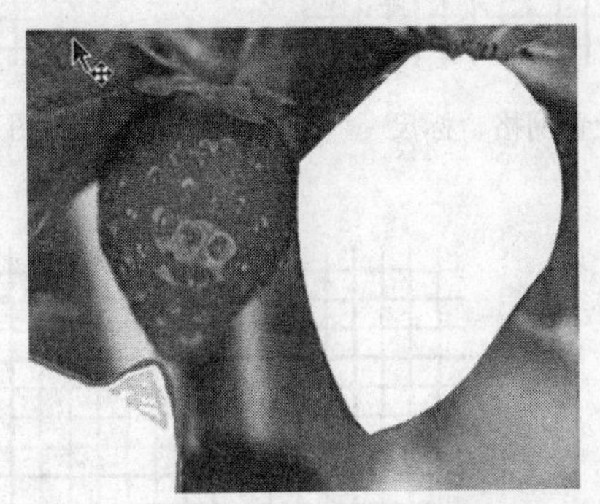

图 2 – 41　选定范围后拖动

注意：魔术棒工具只能用于选取打散了的位图，而不能选取矢量图。

2. 2. 5　案例：制作爱心

案例描述

本实例设计的是一个爱心，使用钢笔及标尺工具勾画爱心。本实例主要练习使用工具面板中的工具进行绘图制作。

练习提示

打开电子资料中的 chapter \ 2. 2 \ 爱心 . fla，进行以下操作。

（1）选择“视图→网格→显示网格”命令打开网格，选择“视图→网格→编辑网格”命令调整网格大小。选择“视图→标尺”命令打开标尺，拖放辅助线，左右间隔 6 格，上中间隔 4 格，中下间隔 7 格。如图 2 – 42 所示。

（2）选择钢笔工具，将鼠标指针移向在水平第一条辅助线的中点处下面的第一个网格点，按住鼠标左键，向左拖动 3 个网格的距离，再向上拖动 2 个网格的距离，松开左键。如图 2 – 43 所示。

（3）在左面第一条辅助线与水平第二条辅助线的交点处，按住鼠标左键，这时会出现一条曲线；拖动鼠标，向下移动 3 个网格距离，松开左键。如图 2 – 44 所示。

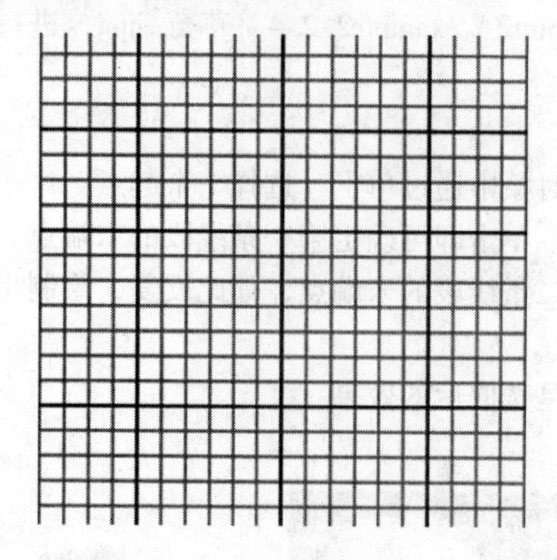

图 2－42　设置网格、标尺

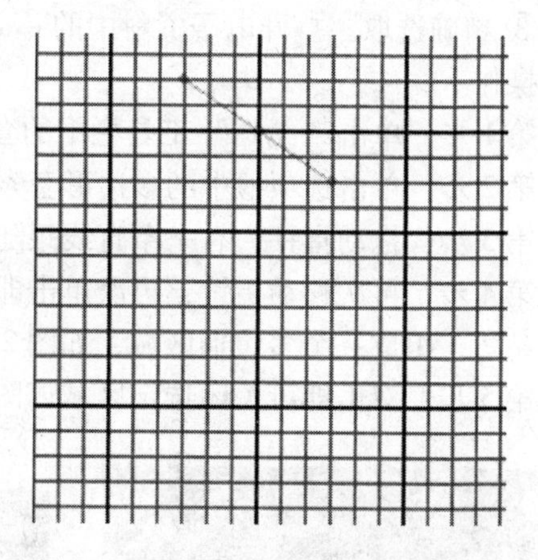

图 2－43　钢笔工具绘制第一个锚点

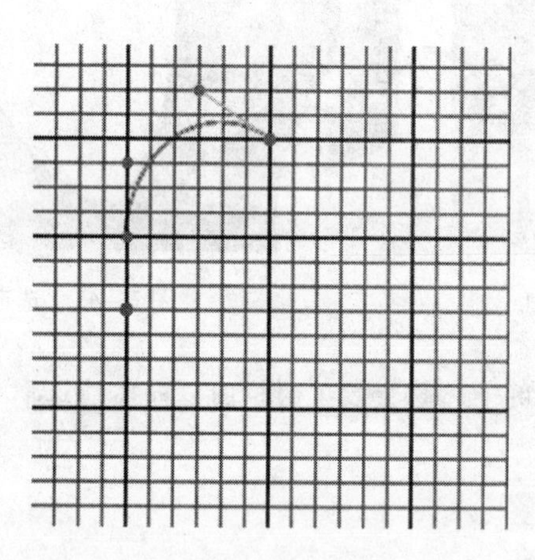

图 2－44　钢笔工具绘制第一条弧线

（4）在中间的垂直辅助线与水平第三条辅助线的交点处，单击。

（5）在右面垂直的第一条辅助线与水平第二条辅助线的交点处，按住鼠标左键，向上拖动 3 个网格距离，松开左键。

（6）在起始点位置按住鼠标左键，向下拖动 2 个网格距离，再向左拖动 3 个网格距离，松开左键。

（7）使用“颜料桶”工具填充颜色，并删除线条轮廓。

2.3　图形的编辑

图形的编辑工具可以改变图形的色彩、线条、形态等属性，可以创建充满变化的图形效果。图形的编辑工具包括颜料桶、滴管与墨水瓶工具（可以修改向量图形的填充色），橡皮擦工具（用于擦除舞台上无用的向量图形边框和填充色）及任意变形工具和渐变变形工具（可以改变选中图形的大小，还可旋转图形）。

2.3.1 墨水瓶工具、颜料桶工具与滴管工具

1. 墨水瓶工具

墨水瓶工具主要用于为填充色块加上边框，为矢量线段填充颜色。

(1) 用文本工具输入如图2-45所示的文字。单击“选择工具”选中该文字并按Ctrl+B组合键将其打散。

(2) 单击“绘图”工具栏中的“颜色”按钮，在弹出的颜色列表中选择一种将要作为填充色的颜色。

(3) 将鼠标指针移动到场景当中，指针变为墨水瓶形状，将指针移动到要填充的线段上，单击即可对该线条进行填充。在“属性”面板中设置不同的笔触和样式，进行填充的效果如图2-46所示。

图2-45 无边文字　　图2-46 有边文字

2. 颜料桶工具

颜料桶工具主要用于对矢量图的某一区域进行填充，下面以重新填充矩形颜色为例进行讲解，其操作步骤如下。

(1) 绘制一个矩形。

(2) 单击“绘图”工具栏“颜色”按钮，在弹出的颜色列表中选择一种需要的颜色。

(3) 单击“选项”栏中的按钮右下角的三角形按钮，在弹出的如图2-47所示的选择列表中选择对何种情况的图形进行填充。

(4) 将鼠标指针移至场景中，指针变为，在矩形区域中单击即可完成对该图形的填充，效果如图2-48所示。

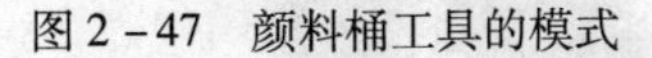
图2-47 颜料桶工具的模式

图2-48 颜料桶的效果

颜料桶工具的模式包括以下几种。

①“不封闭空隙”模式：选择此模式时，只有在完全封闭的区域颜色才能被填充。

②“封闭小空隙”模式：选择此模式时，当边线上存在小空隙时，允许填充颜色。

③“封闭中等空隙”模式：选择此模式时，当边线上存在中等空隙时，允许填充颜色。

④“封闭大空隙”模式：选择此模式时，当边线上存在大空隙时，允许填充颜色。

当选择“封闭大空隙”模式时，无论空隙是小空隙还是中等空隙，也都可以填充颜色。

“锁定填充”按钮可以对填充颜色进行锁定，锁定后填充颜色不能被更改。没有选择此按钮时，填充颜色可以根据需要进行变更，如图2－49所示。选择此按钮时，鼠标指针移动到填充颜色上，填充颜色被锁定，不能随意变更。

图2－49 填充按钮的效果

3. 滴管工具

使用滴管工具可以吸取向量图形的线型和色彩，然后利用颜料桶工具，快速修改其他向量图形内部的填充色。利用墨水瓶工具，快速修改其他向量图形的边框颜色及线型。

1）吸取填充色

选择滴管工具，将鼠标指针移动到左边图形的填充色上，指针变为，在填充色上单击，吸取填充色样本，如图2－50所示。

单击后，指针变为，表示填充色被锁定。在工具箱的下方，取消对“锁定填充”按钮的选取，指针变为颜料桶工具，在右边图形的填充色上单击并按住左键向右拖动后释放，图形的颜色被修改，如图2－51所示。

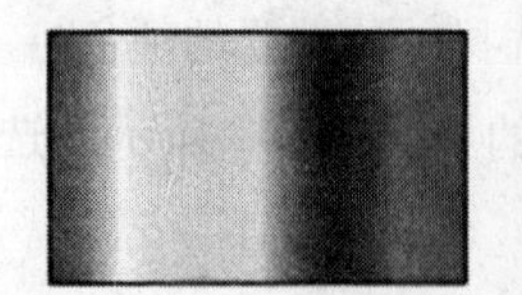

图2－50 吸取填充色样本

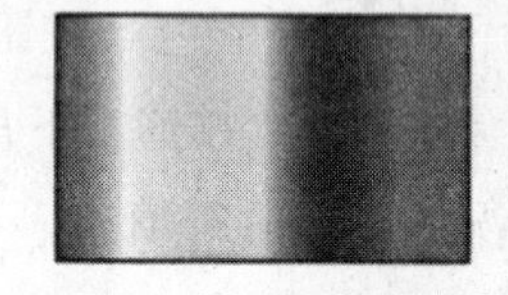

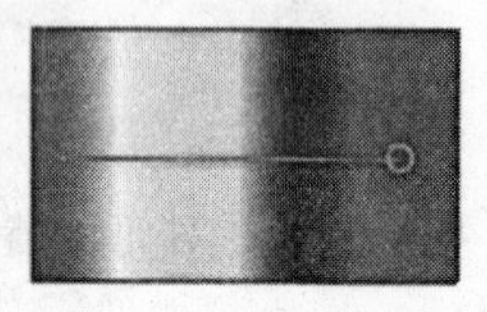

图2－51 填充颜色

2）吸取边框属性

选择滴管工具，将鼠标指针移动到左边图形的外边框上，指针变为，在外边框上单击，吸取边框样本，如图2－52所示。单击后，指针变为，在右边图形的外边框上单击，线条的颜色和样式被修改，如图2－53所示。

图2－52 吸取边框样本

图2－53 修改边框

3）吸取位图图案

滴管工具可以吸取外部引入的位图图案。导入荷花图片，如图 2－54 所示。按 Ctrl + B 组合键，将位图分离。绘制一个矩形图形，如图 2－55 所示。

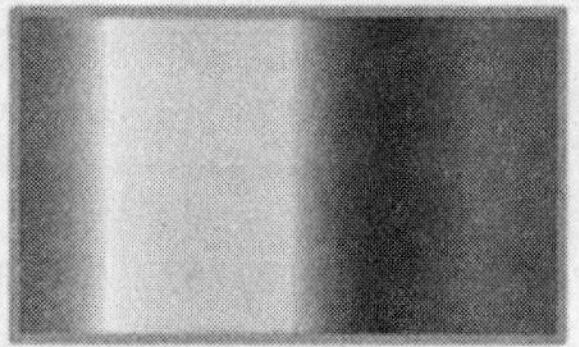

图 2－54　吸取位图图案

图 2－55　位图矩形

选择渐变变形工具，单击被填充图案样本的矩形，出现控制点，如图 2－56 所示。按住 Shift 键，将左下方的控制点向中心拖动。填充图案变小。

图 2－56　改变位图填充渐变色

2.3.2　橡皮擦工具

选择橡皮擦工具，在图形上想要删除的地方按住左键并拖动鼠标，图形被擦除。在工具箱下方的“橡皮擦形状”按钮的下拉菜单中，可以选择橡皮擦的形状与大小。

如果想得到特殊的擦除效果，系统在工具箱的下方设置了 5 种擦除模式可供选择，如图 2－57 所示。

（1）“标准擦除”模式：擦除同一层的线条和填充。选择此模式擦除图形的前后对照效果如图 2－58 所示。

（2）“擦除填色”模式：仅擦除填充区域，其他部分（如边框线）不受影响。选择此模式擦除图形的前后对照效果如图 2－59 所示。

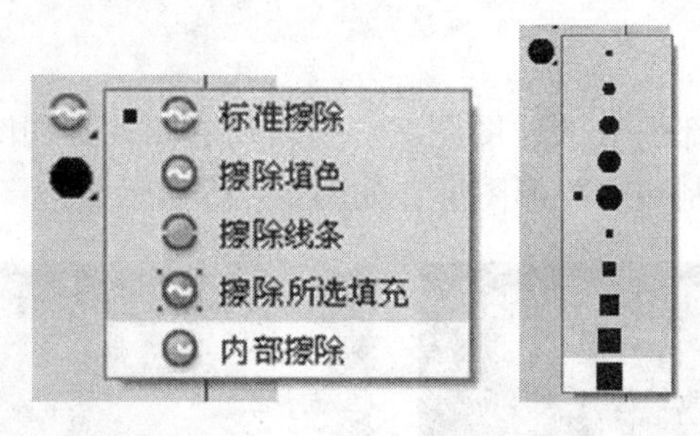

图 2－57　橡皮擦工具的模式

图 2－58　标准擦除

图 2－59　擦除填色

（3）“擦除线条”模式：仅擦除图形的线条部分，但不影响其填充部分。选择此模式擦除图形的前后对照效果如图 2－60 所示。

（4）“擦除所选填充”模式：仅擦除已经选择的填充部分，但不影响其他未被选择的部分（如果场景中没有任何填充被选择，那么擦除命令无效）。选择此模式擦除图形的前后对照效果如图 2－61 所示。

（5）“内部擦除”模式：仅擦除起点所在的填充区域部分，但不影响线条填充区域外的部分。选择此模式擦除图形的前后对照效果如图 2－62 所示。

图 2－60　擦除线条

图 2－61　擦除所选填充

图 2－62　内部擦除

要想快速删除舞台上的所有对象，在工具箱中双击橡皮擦工具即可。

要想删除向量图形上的线段或填充区域，可以选择橡皮擦工具，再选中工具箱中的“水龙头”按钮，然后单击舞台上想要删除的线段或填充区域即可。

因为导入的位图和文字不是向量图形，不能擦除它们的部分或全部，必须先选择“修改→分离”命令，将它们分离成向量图形，才能使用橡皮擦工具擦除它们的部分或全部。

2.3.3　任意变形工具和渐变变形工具

在制作图形的过程中，可以应用任意变形工具来改变图形的大小及倾斜度，也可以应用填充变形工具来改变图形中渐变填充颜色的渐变效果。

1. 任意变形工具

任意变形工具主要用于对图形进行缩放、旋转、倾斜、翻转、透视和封套等操作，其对象既可以是矢量图，也可以是位图、文字等。

打开电子资料中的 example \ chapter2 \ example2. 3. 3 \ 树枝 . jpg，进行下面的操作。

1）缩放对象

（1）单击“绘图”工具栏上的“任意变形工具”按钮，在要缩放的对象上单击，对象周围将出现如图 2 – 63 所示的 8 个控制点。中间的空心圆点是中心点也叫变形点，可以任意移动。

（2）将鼠标指针移动到四角的控制点上，指针变为双向箭头，向内向外拖动该箭头即可，如图 2 – 64 所示。向图形内部拖动鼠标缩小图形，向外拖动鼠标放大图形。

图 2 – 63　选择要缩放的对象

图 2 – 64　缩放对象

（3）用鼠标拖动水平和垂直平面上的 4 个控制点，可改变图形在水平或垂直方向上的大小。

（4）按住 Shift 键拖动四角的控制点可等比例地缩放图形。

（5）按住 Alt 键拖动四角的控制点可沿中心点规则地改变对象的大小。

此外，单击“绘图”工具栏中的“任意变形工具”按钮，在其下面出现的选项框中单击“缩放”按钮，也可以对图形进行中心缩放。

2）翻转对象

（1）单击“绘图”工具栏中的“任意变形工具”按钮。

（2）将鼠标指针移动到要翻转的图形上，指针变为 ，按住左键向下拖动，对象将沿鼠标拖动方向翻转，如图 2 – 65 所示。

图 2 – 65　翻转对象

（3）当按住左键任意拖动时，按住 Alt 键将使对象沿中心点翻转，按 Shift 键将使对象沿对称点翻转。

3）倾斜对象

（1）单击“绘图”工具栏中的“任意变形工具”按钮，在其下面出现的选项框中单击“旋转与倾斜”按钮。

（2）将鼠标指针移动到要倾斜的图形上，指针变为⇌，按住左键任意拖动，对象将沿鼠标拖动方向倾斜，图 2－66 所示是倾斜后的效果图。

图 2－66　倾斜对象

（3）当按住左键任意拖动时，若按住 Alt 键将使对象沿对称点倾斜，若按住 Shift 键将使对象沿中心点倾斜。

4）旋转对象

除了可以使对象翻转以外，还可以将对象进行旋转，其操作步骤如下。

（1）单击“绘图”工具栏中的“任意变形工具”按钮，在出现的选项框中单击“旋转与倾斜”按钮。

（2）将鼠标指针移动到要旋转的图形上，指针变为↶，拖动鼠标旋转对象，对象将沿鼠标拖动方向旋转，如图 2－67 所示。

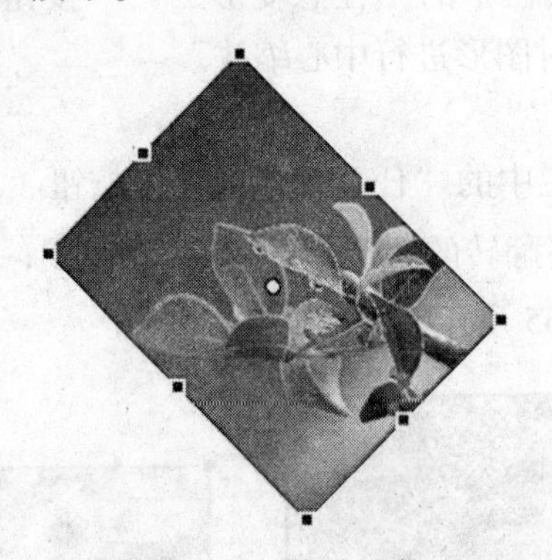

图 2－67　旋转对象

（3）当按住左键任意拖动时，按住 Alt 键将使对象沿对称点旋转，按 Shift 键将使对象沿中心点旋转。在选项框中除了有“缩放”按钮和“旋转与倾斜”按钮外，还有另外两个按钮，这两个按钮只对矢量图有效，而对位图和文字无效，它们的具体含义如下。

① 扭曲工具：用于使对象扭曲变形。操作时，只需单击该按钮，然后拖动对象外框上的控制柄即可。

② 套封工具：用于对对象进行更细微的变形。单击该按钮，当对象周围出现很多控制柄时，拖动这些控制柄即可进行细微的变形。

注意：在用任意变形工具改变图形形状时，如果按住 Alt 键可以使图形的一边保持不变，以便于用户定位。

2. 渐变变形工具

使用渐变变形工具可以改变选中图形中的填充渐变效果。当图形填充色为线性渐变色时，选择渐变变形工具，单击图形，出现 3 个控制点和 2 条平行线，如图 2－68 所示。向图形中间拖动方形控制点，渐变区域缩小，如图 2－69 所示。

将鼠标指针移动到旋转控制点上，指针变为旋转图标，拖动旋转控制点来改变渐变区域的角度，如图 2－70 所示。

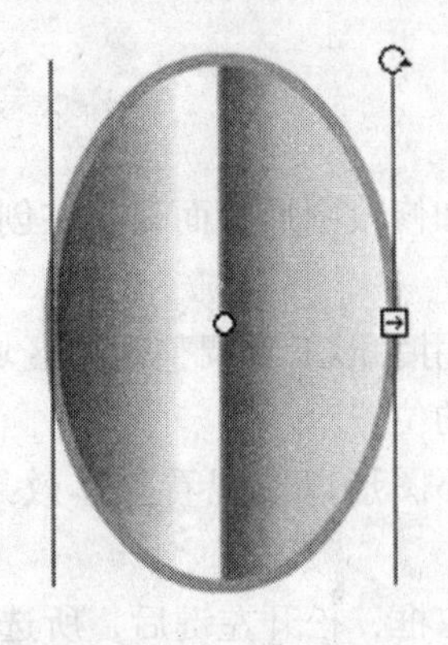

图 2－68 选择渐变对象

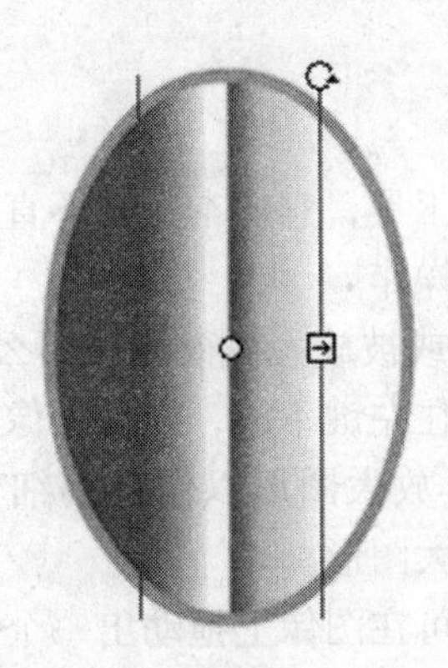

图 2－69 渐变区域缩小

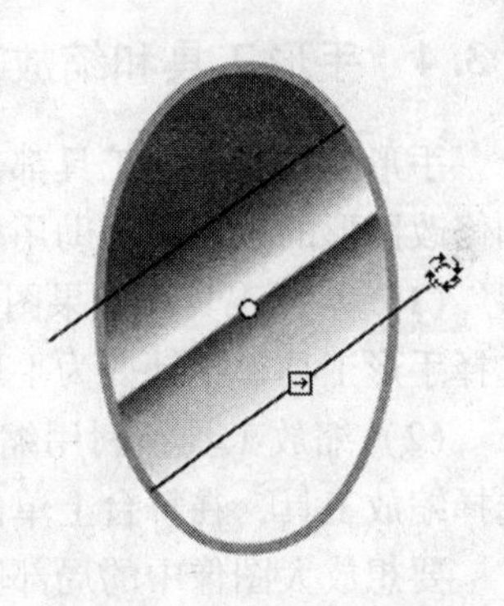

图 2－70 改变渐变区域角度

当图形填充色为放射状渐变色时，选择渐变变形工具，单击图形，出现 4 个控制点和 1 个圆形外框，如图 2－71 所示。向图形外侧水平拖动方形控制点，水平拉伸渐变区域，如图 2－72所示。

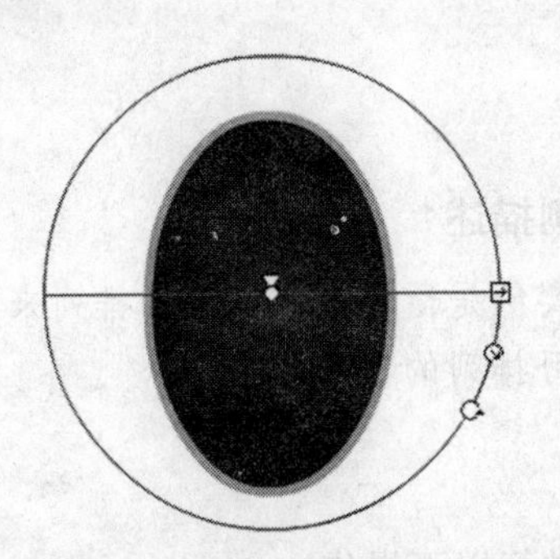

图 2－71 放射状渐变

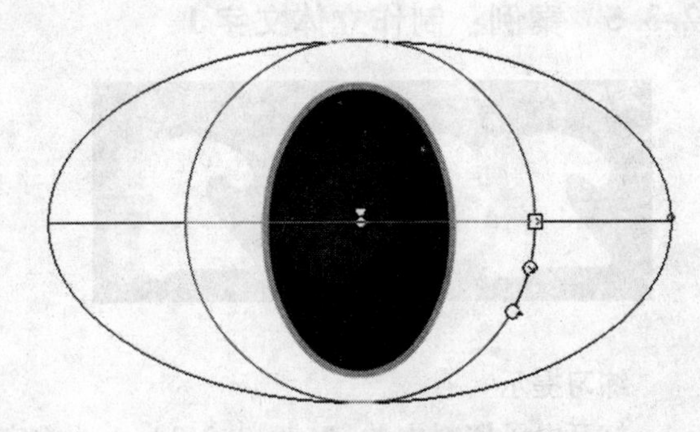

图 2－72 向外侧拖动

将鼠标指针移动到圆形边框中间的圆形控制点上，向图形内部拖动鼠标，缩小渐变区域，如图 2－73 所示。将鼠标指针移动到圆形边框外侧的圆形控制点上，向上旋转拖动控制点，改变渐变区域的角度，如图 2－74 所示。

通过移动中心控制点可以改变渐变区域的位置。

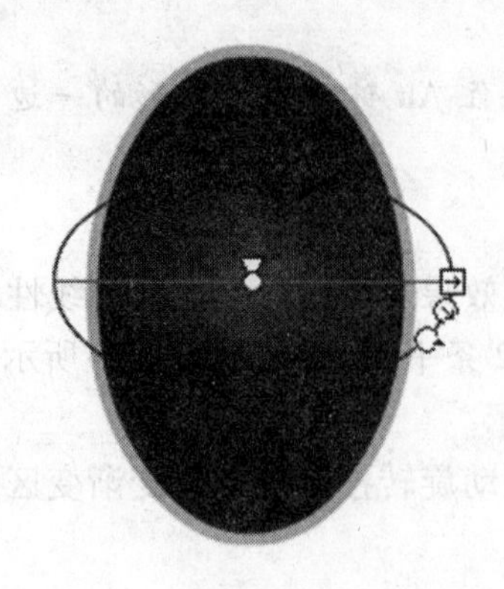

图 2-73 向内拖动

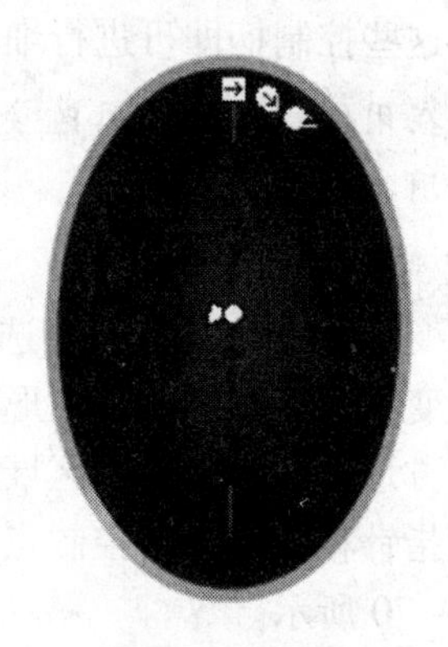

图 2-74 向上旋转拖动

2.3.4 手形工具和缩放工具

手形工具和缩放工具都是辅助工具，它们本身并不直接创建和修改图形，而只是在创建和修改图形的过程中辅助用户进行操作。

（1）手形工具：如果图形很大或被放大得很大，那么需要利用手形工具调整观察区域。选择手形工具，指针变为手形，按住左键不放，拖动图像到需要的位置

（2）缩放工具：利用缩放工具放大图形以便观察细节，缩小图形以便观看整体效果。选择缩放工具，在舞台上单击可放大图形。

要想放大图像中的局部区域，可在图像上拖动出一个矩形选取框，松开左键后，所选取的局部图像被放大。

选中工具箱下方的“缩小”按钮，在舞台上单击可缩小图像。

当使用“放大”按钮时，按住 Alt 键单击也可缩小图形。双击缩放工具，可以使场景恢复到 100% 的显示比例。

2.3.5 案例：制作立体文字 1

案例描述

本实例是通过文字的前后排列来实现的，主要练习排列的前后顺序。

练习提示

打开电子资料中的 chapter \ 2.3 \ 立体文字 . fla，进行以下操作。

（1）使用文本工具输入文字。

（2）复制并粘贴文本，选择原始文本，将其转换为图形元件。

（3）进入元件，选择复制的文本，在“属性”面板的颜色列表框中选择灰色。

（4）选择任意变形工具，将文本移至文本图形的位置，并向内拖动。

2.4 图形的色彩

根据设计的要求，可以应用“纯色”面板、“颜色”面板（可以设定纯色、渐变色及颜色的不透明度）、“样本”面板（可以选择系统设置的颜色，也可根据需要自行设定颜色）来设置所需要的纯色、渐变色、颜色样本等。

2.4.1 “纯色”面板

在工具箱中选择“填充颜色”按钮，弹出“纯色”面板，如图2－75所示。在面板中可以选择系统设置好的颜色，如想自行设定颜色，单击面板右上方的颜色选择按钮，弹出“颜色”对话框。如图2－76所示，在对话框右侧的颜色选择区中选择要自定义的颜色。滑动对话框右侧的滑动条来设定颜色的亮度。

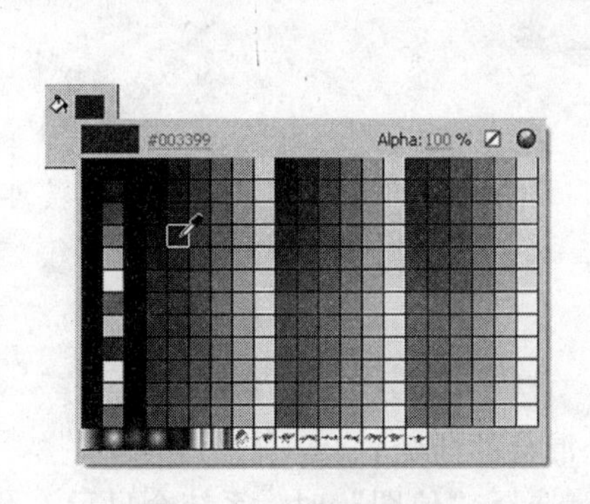

图2－75 “纯色”面板

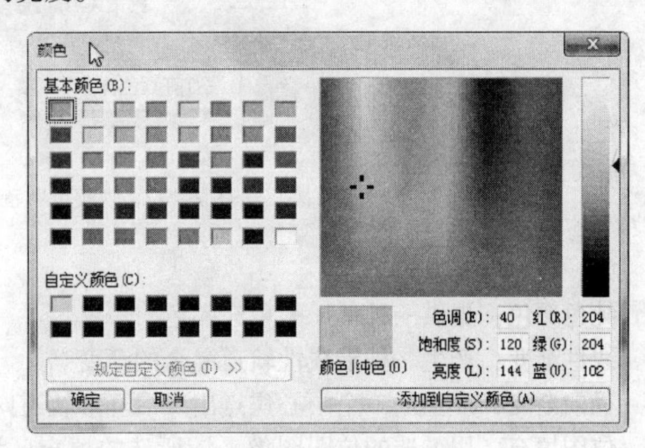

图2－76 自定义颜色

设定颜色后，可在“颜色/纯色”选项框中预览设定结果。单击对话框右下方的“添加到自定义颜色”按钮，将定义好的颜色添加到对话框左下方的“自定义颜色”区域中，单击“确定”按钮，自定义颜色完成。

2.4.2 “颜色”面板

“颜色”面板允许修改FLA的调色板并更改笔触和填充的颜色，选择“窗口→颜色”命令，弹出“颜色”面板，如图2－77所示。

“颜色”面板包含下列控件。

（1）笔触颜色：更改图形对象的笔触或边框的颜色。

（2）填充颜色：更改填充颜色。填充是填充形状的颜色区域。

（3）：功能依次为线条与填充色恢复为系统默认的状态；用于取消矢量线条或填充色块（当选择椭圆工具或矩形工具时，此按钮为可用状态）；将线条颜色和填充色相互切换。

（4）“颜色类型”选择：包括以下几种。

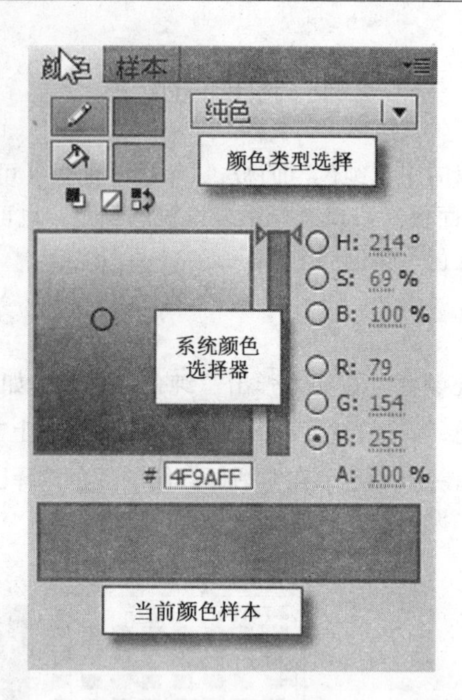

图 2－77 “颜色” 面板

无：删除填充或笔触。

纯色颜色：提供一种单一的填充颜色。

线性渐变：产生一种沿线性轨道混合的渐变。

径向渐变：产生从一个中心焦点出发沿环形轨道向外混合的渐变。

位图填充：用可选的位图图像平铺所选的填充区域。选择“位图”时，系统会显示一个对话框，可以通过该对话框选择本地计算机上的位图图像，并将其添加到库中。可以将此位图用做填充；其外观类似于形状内填充了重复图像的马赛克图案。

(5)“H”、“S”、“B”和“R”、“G”、“B”选项：可以用精确数值来设定颜色。“A”选项：用于设定颜色的不透明度，数值选取范围为 0 ～ 100。如果 Alpha 值为 0%，则创建的填充不可见（即透明）；如果 Alpha 值为 100%，则创建的填充不透明。

(6) 当前颜色样本：显示当前所选颜色。如果从填充“类型”菜单中选择某个渐变填充样式（线性或放射状），则“当前颜色样本”将显示所创建的渐变内的颜色过渡。

(7) 系统颜色选择器：能够直观地选择颜色。单击“系统颜色选择器”，然后拖动十字准线指针，直到找到所需颜色。

(8) 十六进制值：显示当前颜色的十六进制值。若要使用十六进制值更改颜色，键入一个新的值。十六进制颜色值（也叫做 HEX 值）是 6 位的字母、数字组合，代表一种颜色。

(9) 流：：流能够控制超出线性或放射状渐变限制进行应用的颜色。依次是扩展颜色（默认）、反射颜色和重复颜色。

扩展颜色：将指定的颜色应用于渐变末端之外。

反射颜色：利用反射镜像效果使渐变颜色填充形状。指定的渐变色以下面的模式重复：

从渐变的开始到结束，再以相反的顺序从渐变的结束到开始，再从渐变的开始到结束，直到所选形状填充完毕。

重复颜色：从渐变的开始到结束重复渐变，直到所选形状填充完毕。

“颜色”面板的使用方法如下。

（1）自定义纯色。在“颜色”面板的“颜色类型”选项中选择“纯色”选项。

（2）自定义线性渐变色。在“颜色”面板的“颜色类型”选项中选择“线性渐变”选项，面板如图2－78所示。将鼠标指针移动到滑动色带上，单击增加颜色控制点，并在面板下方为新增加的控制点设定颜色及明度。当要删除控制点时，只需将控制点向色带下方拖动即可。

（3）自定义径向渐变色。在“颜色”面板的“颜色类型”选项中选择“径向渐变”选项。用与定义线性渐变色相同的方法在色带上定义放射状渐变色，定义完成后，在面板的左下方显示出定义的渐变色，如图2－79所示。

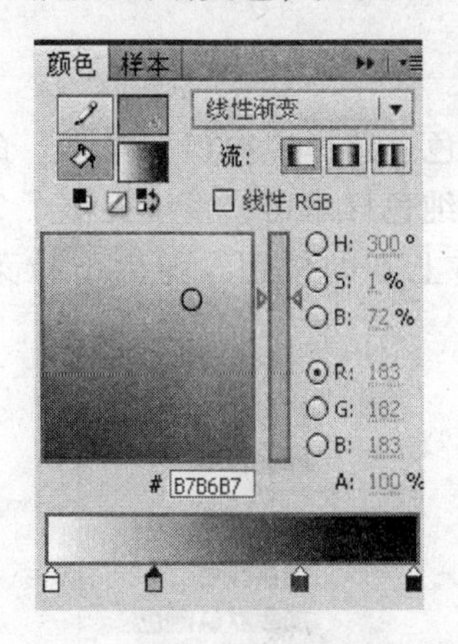

图2－78 “颜色”面板“线性渐变”

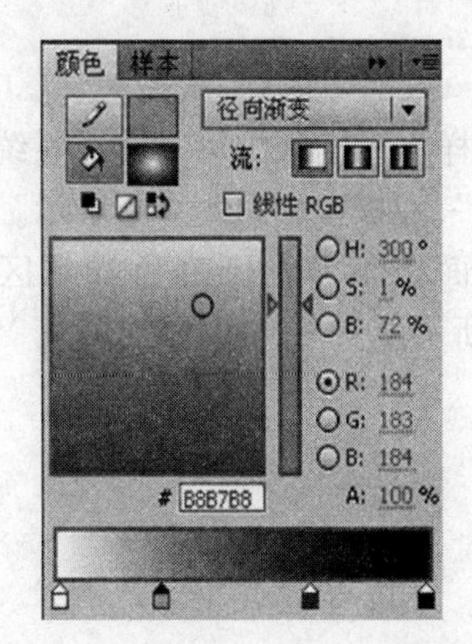

图2－79 “颜色”面板“径向渐变”

（4）自定义位图填充。在“颜色”面板的“颜色类型”选项中选择“位图填充”选项。弹出“导入到库”对话框，在对话框中选择要导入的图片，如图2－80所示。

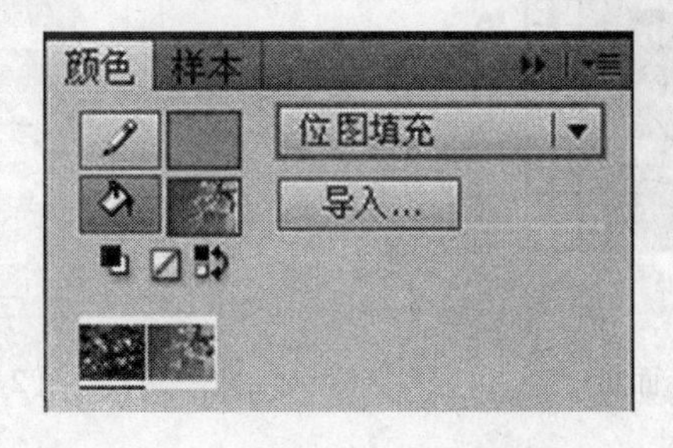

图2－80 “颜色”面板“位图填充”

单击“打开”按钮，图片被导入“颜色”面板中。选择椭圆工具，在场景中绘制出一个椭圆，椭圆被刚才导入的位图所填充，如图2－81所示。

选择渐变变形工具，在填充位图上单击，出现控制点。向外拖动左下方的方形控制点。松开鼠标后效果如图2－82所示。

向上拖动右上方的圆形控制点，改变填充位图的角度。松开左键后效果如图2－83

所示。

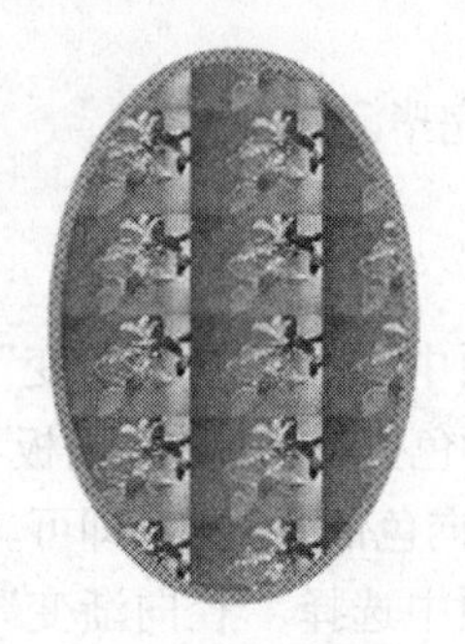
图 2-81 绘制位图填充色图形

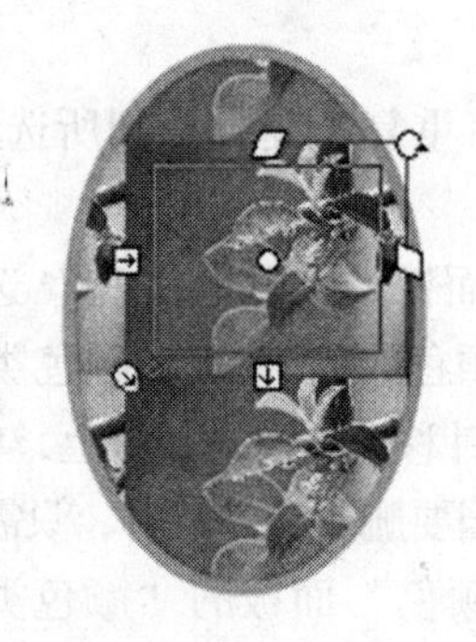
图 2-82 拖动位图填充色

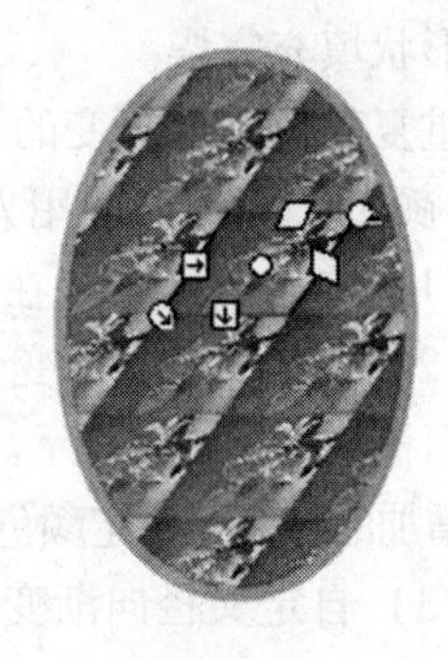
图 2-83 改变位图填充色角度

2.4.3 “样本”面板

在“样本”面板中可以选择系统提供的纯色或渐变色。选择“窗口→样本”命令，弹出“样本”面板，如图 2-84 所示。在控制面板中部的纯色样本区，系统提供了 216 种纯色。控制面板下方是渐变色样本区。单击控制面板右上方的按钮，弹出下拉菜单，如图 2-85所示。

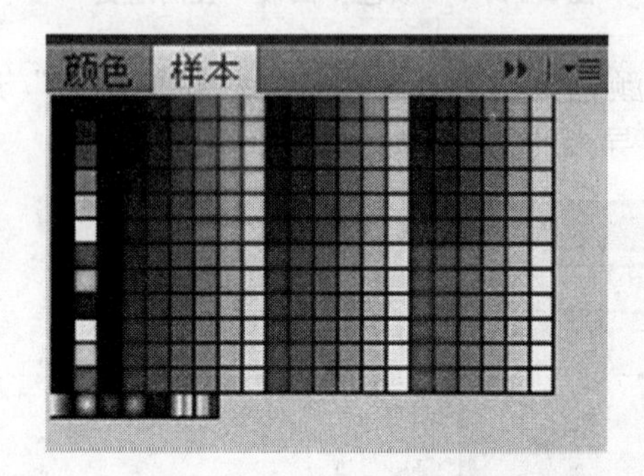

图 2-84 “样本”面板

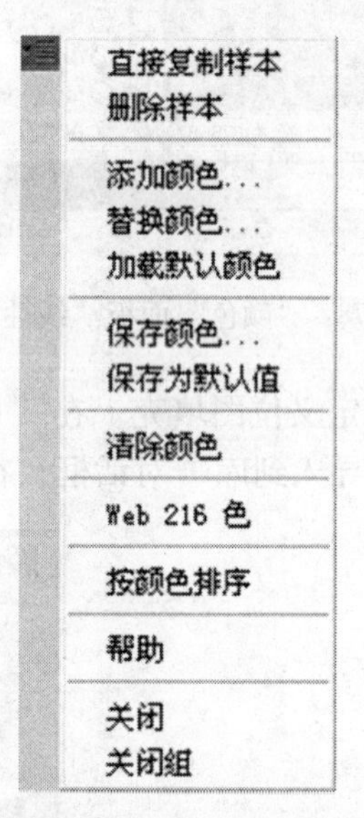

图 2-85 下拉菜单

下拉菜单中各命令的含义如下。

(1)“直接复制样本”命令：可以将选中的颜色复制出一个新的颜色。

(2)“删除样本”命令：可以将选中的颜色删除。

(3)“添加颜色...”命令：可以将系统中保存的颜色文件添加到面板中。

(4)“替换颜色...”命令：可以将选中的颜色替换成系统中保存的颜色文件。

(5)“加载默认颜色”命令：可以将面板中的颜色恢复到系统默认的颜色状态中。

(6)“保存颜色”命令：可以将编辑好的颜色保存到系统中，方便再次调用。

（7）“保存为默认值”命令：可以将编辑好的颜色替换系统默认的颜色文件，在创建新文档时自动替换。

（8）“清除颜色”命令：可以清除当前面板中的所有颜色，只保留黑色与白色。

（9）“按颜色排序”命令：可以将色标按色相进行排列。

（10）“帮助”命令：选择此命令，将弹出帮助文件。

2.4.4 案例：制作立体文字2

案例描述

本实例是通过设置文本的渐变填充颜色，并添加滤镜效果来实现的。本实例主要是针对面板的应用。

练习提示

打开电子资料中的 chapter \ 2.4 \ 立体文字2.fla，进行下面的操作。

（1）选中文本和文本图形，将其打散。

（2）对文字添加填充色，如图2－86所示。

（3）为文字填充渐变色。

（4）复制文字，并用钢笔工具勾出一条曲线分割文字，将下半部删除，如图2－87所示。

图2－86 文字

图2－87 弧形部分文字

（5）为文本填充渐变色，并转换为元件。

（6）在舞台中绘制多个椭圆图形，填充渐变色，并转换为影片剪辑元件。

（7）在“属性”面板中为其添加模糊滤镜和发光滤镜，如图2－88所示。

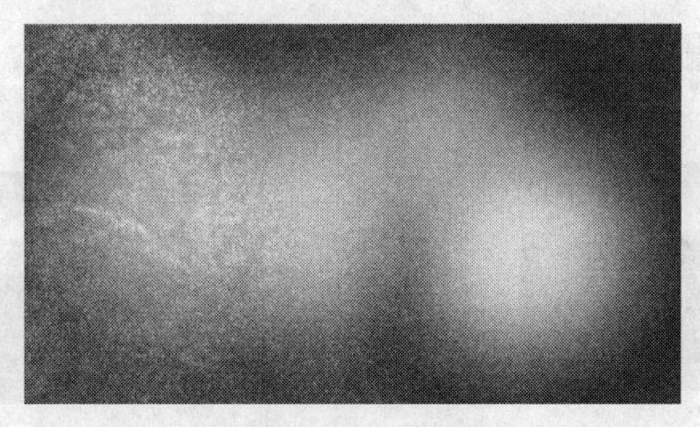

图2－88 发光背景

（8）将完成的元件依次拖入舞台，调整位置。

2.5 本章练习

1. 绘制灯泡

（1）使用椭圆工具绘制正圆，并添加渐变色，如图2-89所示。

（2）使用矩形工具，调整4个角的弧度，绘制矩形，并用线条工具分割。用椭圆工具绘制螺口尾端，使用渐变色为其填充颜色，如图2-90所示。

图2-89　绘制一个渐变的圆

图2-90　绘制螺口

（3）使用椭圆工具和线条工具绘制钨丝，如图2-91所示。

（4）改变渐变填充，并用椭圆工具加上外圈，成为发光灯泡，如图2-92所示。

2. 绘制电池、正负极

（1）用矩形工具调整4个角的弧度绘制，并使用渐变色填充，如图2-93所示。

（2）使用矩形工具绘制正负极端点，并使用渐变色填充，如图2-94所示。

图2-91　绘制钨丝

图2-92　改变灯泡渐变色

图2-93　绘制电池身躯部分

图2-94　绘制电池端点

(3) 使用钢笔工具绘制出闪电，放置于电池上，如图 2－95 所示。

图 2－95 绘制闪电

(4) 使用椭圆工具和线条工具绘制正极图标，如图 2－96 所示。
(5) 使用椭圆工具和线条工具绘制负极图标，如图 2－97 所示。

图 2－96 绘制正极图案

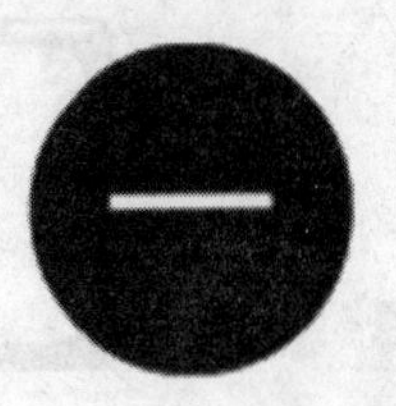

图 2－97 绘制负极图案

3. 绘制电路、电流

(1) 使用矩形工具，不使用填充色，笔触加粗，结合使用圆角绘制一个矩形框，如图 2－98所示。

图 2－98 绘制电路框架

(2) 用“修改→形状→将线条转换为填充”命令改变属性，并用钢笔工具勾出 4 个内圆角，如图 2－99 所示。

图 2－99 修改电路框架

(3) 用线条将4个角截断，如图2-100所示。

图2-100 增加断点线条

(4) 使用渐变改变填充色，如图2-101所示。

图2-101 修改为渐变色

(5) 将其他部分改变，并调整，如图2-102所示。

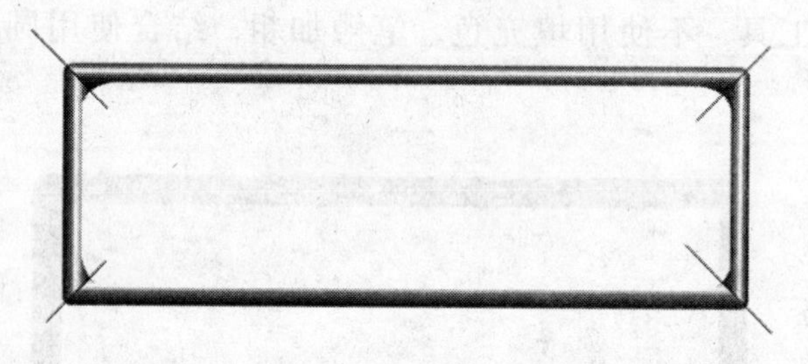

图2-102 将其他部分修改为渐变色

(6) 删除4个角的线条，在电路上方添加图层，用钢笔工具构出电流。并将电路和电流分别转换为图形元件，如图2-103所示。

图2-103 添加电流图案

4. 绘制开关

(1) 使用矩形工具的填充色绘制矩形，并使用线条将其截断，如图2-104所示。

（2）使用渐变色改变填充色，如图 2－105 所示。

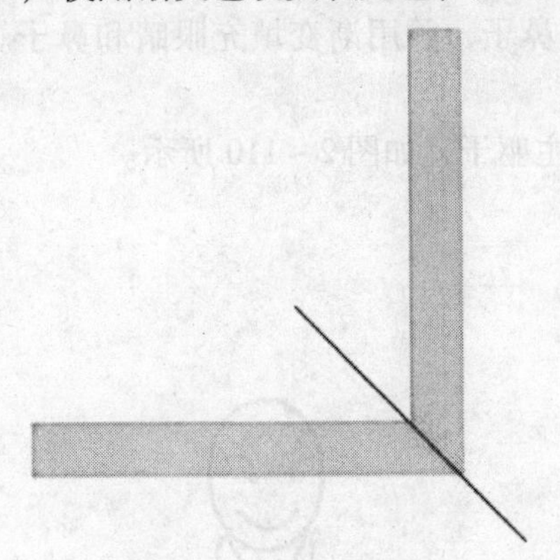

图 2－104　绘制开关轮廓

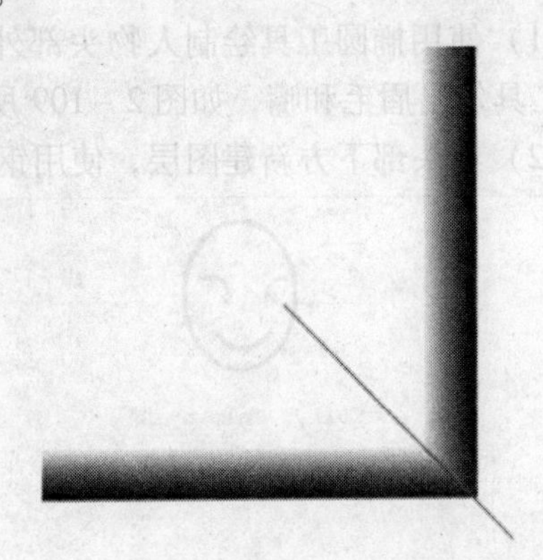

图 2－105　使用渐变色填充开关轮廓

（3）删除线条，使用矩形工具，调整 4 个角的弧线，不加填充色绘制矩形框架，放于适当位置，如图 2－106 所示。

（4）删除多余部分完成外壳，如图 2－107 所示。

图 2－106　绘制开关的外壳

图 2－107　删除多余的部分

（5）使用椭圆工具绘制开关的按钮，并使用颜料桶工具选择白色，填充空白部分，如图 2－108 所示。

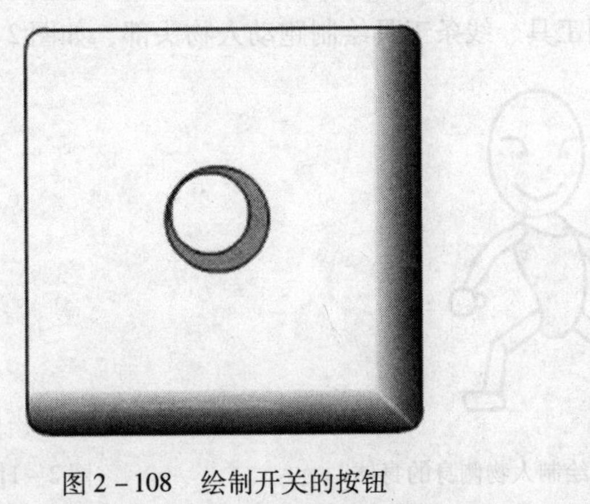

图 2－108　绘制开关的按钮

5. 绘制人物

（1）使用椭圆工具绘制人物头部外轮廓和眼睛鼻子，并用渐变填充眼睛和鼻子。使用钢笔工具勾出眉毛和嘴，如图 2－109 所示。

（2）在头部下方新建图层，使用钢笔工具绘制主躯干，如图 2－110 所示。

图 2－109　绘制人物的头部

图 2－110　绘制人物的身体

（3）在主躯干上方新建图层，使用椭圆工具和钢笔工具绘制一个手。复制完成的手，选择“修改→变形→水平翻转”命令对其修改，如图 2－111 所示。

（4）在主躯干上方新建图层，使用绘图工具绘制一个脚。复制完成的脚，选择“修改→变形→水平翻转”命令对其修改，如图 2－112 所示。

图 2－111　绘制人物的手部

图 2－112　绘制人物的腿部

（5）复制一个半蹲人物更改主躯干，使用渐变填充躯干。在主躯干上方新建图层，人物左手放于此图层，完成人物的站立状态，如图 2－113 所示。

（6）使用椭圆工具、线条工具绘制跑动人物头部，如图 2－114 所示。

图 2－113　绘制人物侧身的身体

图 2－114　绘制跑动人物的头部

（7）使用钢笔工具和椭圆工具绘制跑动人物的手部，如图2－115所示。

（8）使用椭圆工具和钢笔工具绘制抛物人物张嘴的头部，如图2－116所示。

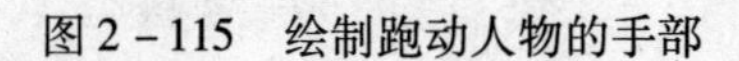

图2－115 绘制跑动人物的手部

图2－116 绘制抛物人物张嘴的头部

对象的修饰与编辑

应用变形命令可以对选择的对象进行变形修改，如扭曲、缩放、倾斜、旋转和封套等，还可以根据需要对对象进行组合、分离、叠放、对齐等一系列操作，从而达到制作的要求。

3.1 对象的变形与操作

应用变形命令可以对选择的对象进行变形修改，如扭曲、缩放、倾斜、旋转和封套等，还可以根据需要对对象进行组合、分离、叠放、对齐等一系列操作，从而达到制作的要求。

3.1.1 扭曲对象

导入电子资料中的 example \ chapter3 \ example3.1.1 \ 狐狸 .jpg，并从库中拖入舞台，分离该位图。选择“修改→变形→扭曲”命令，在当前选择的图形上出现控制点，如图 3－1所示。指针变为白色三角，向左上方拖动控制点，如图 3－2 所示。拖动 4 个角的控制点可以改变图形顶点的形状，效果如图 3－3 所示。

图 3－1 扭曲获得控制点

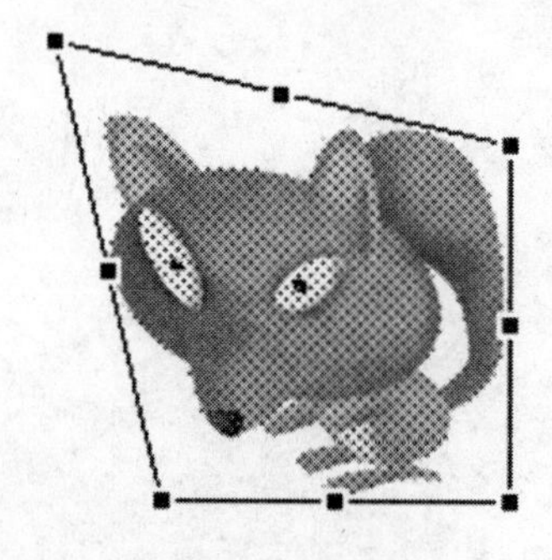

图 3－2 扭曲拖动控制点

图 3－3 扭曲最终效果

3.1.2 封套对象

选择“修改→变形→封套”命令，在当前选择的图形上出现控制点，如图 3－4 所示。指针变为白色三角，用鼠标拖动控制点，如图 3－5 所示。使图形产生相应的弯曲变化，效果如图 3－6 所示。

图3-4 封套获得控制点

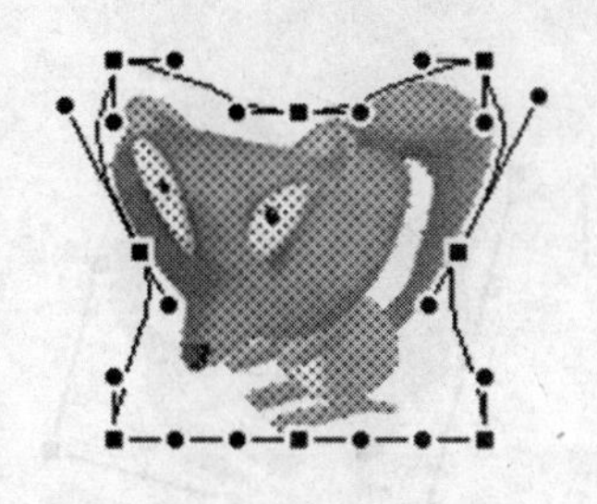

图3-5 封套拖动控制点

图3-6 封套最终效果

3.1.3 缩放对象

选择“修改→变形→缩放”命令，在当前选择的图形上出现控制点，如图3-7所示。指针变为白色三角，按住左键不放，向右上方拖动控制点，如图3-8所示。用鼠标拖动控制点可成比例地改变图形的大小，效果如图3-9所示。

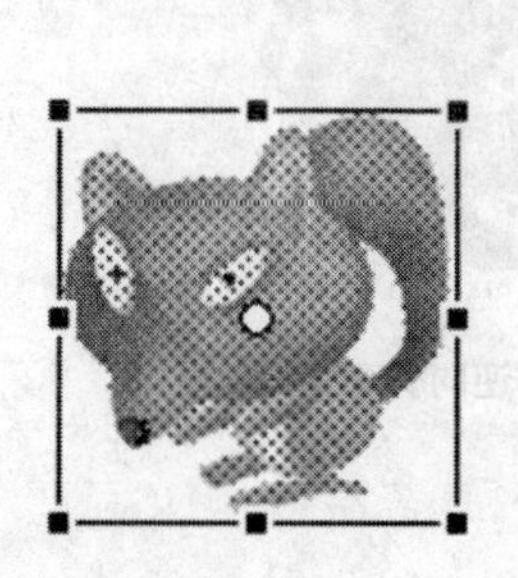

图3-7 缩放获得控制点

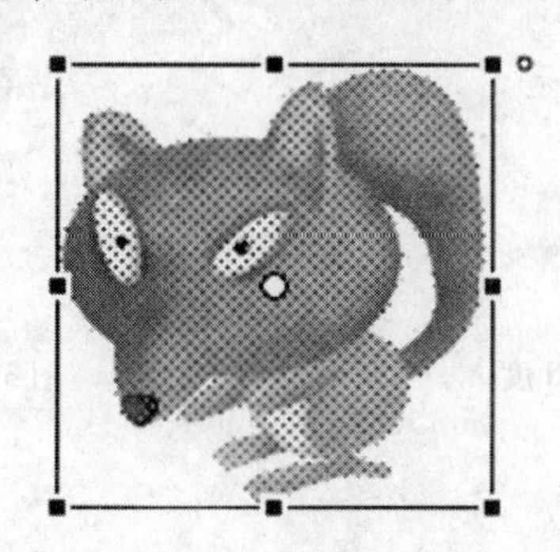

图3-8 缩放拖动控制点

图3-9 缩放最终效果

3.1.4 旋转与倾斜对象

选择“修改→变形→旋转与倾斜”命令，在当前选择的图形上出现控制点，如图3-10所示。用鼠标拖动中间的控制点倾斜图形，指针变为双箭头，按住左键不放，向右水平拖动控制点，如图3-11所示。松开左键，图形倾斜效果如图3-12所示。指针放在右上角的控制点上时，变为环形箭头，如图3-13所示。拖动控制点旋转图形，如图3-14所示。旋转完成后效果如图3-15所示。

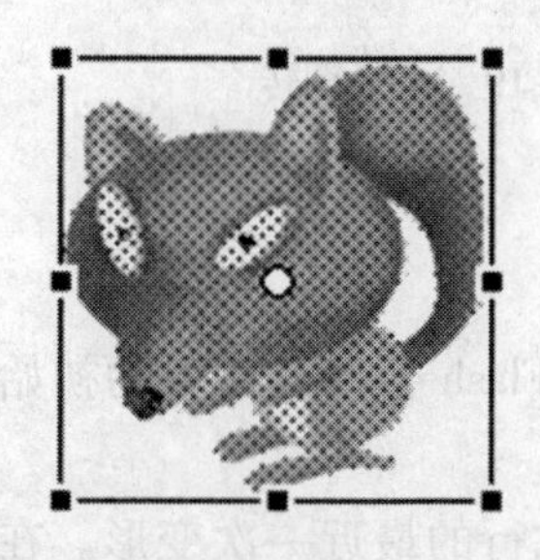

图3-10 倾斜获得控制点

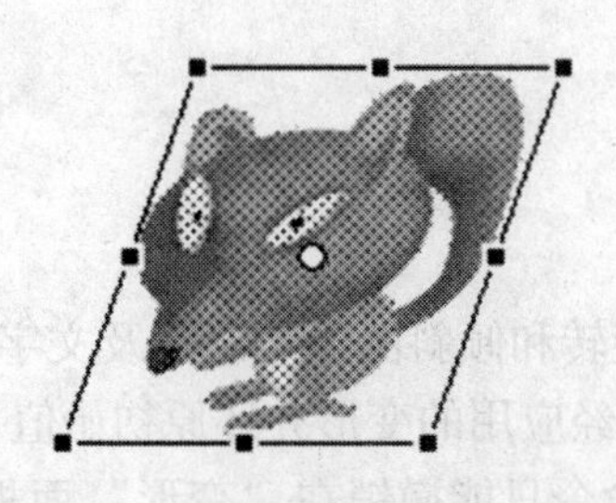

图3-11 倾斜拖动控制点

图3-12 倾斜最终效果

图 3 - 13　旋转获得控制点

图 3 - 14　旋转拖动控制点

图 3 - 15　旋转最终效果

选择“修改→变形”中的“顺时针旋转 90 度”、“逆时针旋转 90 度”命令，可以将图形按照规定的度数进行旋转，效果如图 3 - 16、图 3 - 17 所示。

图 3 - 16　顺时针旋转 90 度

图 3 - 17　逆时针旋转 90 度

3.1.5　翻转对象

选择“修改→变形”中的“垂直翻转”、“水平翻转”命令，可以将图形进行翻转，效果如图 3 - 18、图 3 - 19 所示。

图 3 - 18　垂直翻转

图 3 - 19　水平翻转

3.1.6　还原变形对象

使用“变形”面板缩放、旋转和倾斜图像、组件及文字时，Flash 会保存对象的初始大小及旋转值。该过程可以删除已经应用的变形并还原初始值。

选择“编辑”→“撤销”命令只能撤销在“变形”面板中执行的最近一次变形。在取消选择对象之前，单击“变形”面板中的“取消变形”按钮，可以重置在该面板中执行的所有变形。

3.1.7 组合对象

导入电子资料中的 example \ chapter3 \ example3.1.7 \ 狗 1.jpg 到舞台，选中多个图形（狗 2.jpg ～狗 4.jpg），如图3－20所示。选择“修改→组合”命令，或按 Ctrl + G 组合键，将选中的图形进行组合，如图3－21所示。

图 3－20　选中多个要组合的图形

图 3－21　组合图形

3.1.8 分离对象

要修改多个图形的组合、图像、文字或组件的一部分时，可以选择“修改→分离”命令。另外，制作变形动画时，需用“分离”命令将图形的组合、图像、文字或组件转变成图形。选中图形组合，如图 3－22 所示。选择“修改→分离”命令，或按 Ctrl + B 组合键，将组合的图形打散，如图 3－23 所示。也可多次使用“分离”命令，效果如图 3－24所示。

图 3-22 选中一个要分离的图形

图 3-23 分离图形

图 3-24 打散图形

3.1.9 对齐对象与叠放对象

当选择多个图形、图像、图形的组合或组件时，可以通过“修改→对齐”中的命令调整它们的相对位置。如果要将多个图形的底部对齐。选中多个图形，如图 3-25 所示。选择“修改→对齐→底对齐”命令，将所有图形的底部对齐，效果如图 3-26 所示。

图 3-25 选中多个要对齐的图形

制作复杂图形时，多个图形的叠放次序不同，会产生不同的效果，可以通过“修改→排列”中的命令实现不同的叠放效果。

图3－26　底对齐

选中要移动的粉色小狗图形，如图3－27所示。选择“修改→排列→移至顶层”命令，将选中的粉色小狗图形移动到所有图形的顶层，效果如图3－28所示。

注意： 叠放对象只能是图形的组合或组件。

图3－27　选中在底层的图形

图3－28　移至顶层

3.1.10　案例：制作田园风光

案例描述

本实例是通过对对象的变形来实现的。本实例主要是针对对象的修饰。

练习提示

打开电子资料中的 chapter \ 3. 1 \ 田园风光 . fla，进行下面的操作。

（1）修改“图层 1”名字为“草地”，使用钢笔工具和矩形工具绘制第一层草地，使用渐变色填充，并组合。用同样的方法绘制另外两层草地。

（2）新建“路”图层，使用矩形工具绘制一个矩形，再用“封套”命令对其进行修改。

（3）新建“山”图层，使用多边形工具绘制三角，使用“封套”命令对其进行修改。

（4）新建“云”图层，使用椭圆工具绘制云，调整 Alpha 数值改变透明度，并组合复制。

（5）新建“稻草人”图层，将库中元件拖放入舞台，并调整。

（6）新建“蜻蜓和树叶”图层，将库中元件拖放入舞台，并复制调整。选择“属性”面板中“色彩效果→样式”命令改变树叶的颜色。

（7）新建“草”图层，将库中元件拖放入舞台，并复制调整。选择“属性”面板中“色彩效果→样式”命令改变草的颜色。

3. 2 对象的修饰

在制作动画的过程中，可以应用 Flash Professional CS5 自带的一些命令，对曲线进行优化，将线条转换为填充，对填充色进行修改或对填充边缘进行柔化处理。

3. 2. 1 优化曲线

应用优化曲线命令可以将线条优化得较为平滑。选中要优化的线条，如图 3 – 29 所示。选择“修改→形状→优化”命令，弹出“优化曲线”对话框，进行设置后，如图 3 – 30 所示。单击“确定”按钮，弹出提示对话框，如图 3 – 31 所示。单击“确定”按钮，线条被优化。

图 3 – 29 选中线条

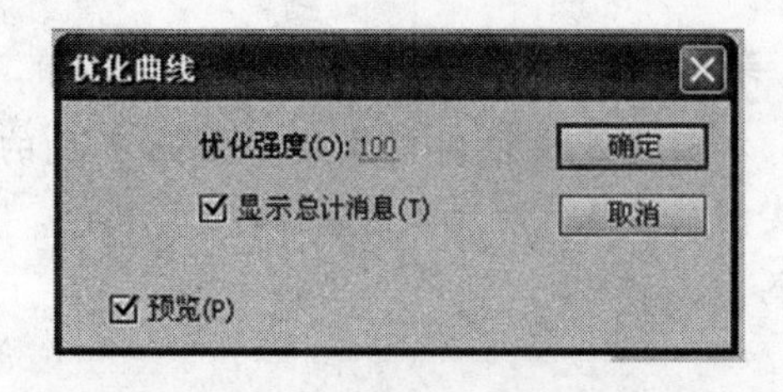

图 3 – 30 “优化曲线”对话框

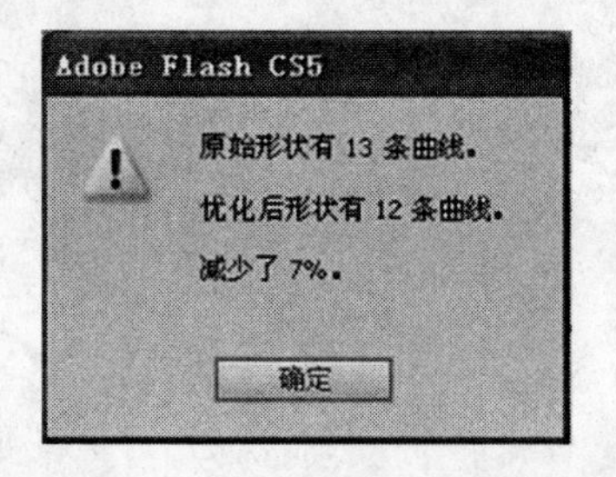

图 3 – 31 单击“确定按钮”

3.2.2 将线条转换为填充

选择“将线条转换为填充”命令可以将矢量线条转换为填充色块。用椭圆工具绘制一个正圆，如图3-32所示。选择墨水瓶工具，为图形绘制外边线，如图3-33所示。

图3-32 绘制正圆

图3-33 绘制外边线

双击图形的外边线将其选中，选择“修改→形状→将线条转换为填充”命令，将外边线转换为填充色块。这时，可以选择颜料桶工具，为填充色块设置其他颜色，如图3-34所示。

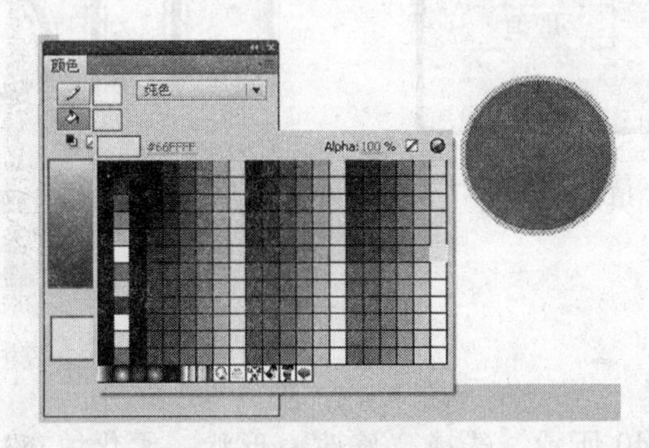

图3-34 将线条转换为填充

3.2.3 扩展填充

选择“扩展填充”命令，可以将填充颜色向外扩展或向内收缩，扩展或收缩的数值可以自定义。

1. 扩展填充色

选中图形的填充颜色，如图3-35所示。选择“修改→形状→扩展填充”命令，弹出“扩展填充”对话框，在“距离”选项的数值框中输入5（取值范围在0.05～144），点选“扩展”单选项，如图3-36所示。单击“确定”按钮，填充色向外扩展，效果如图3-37所示。

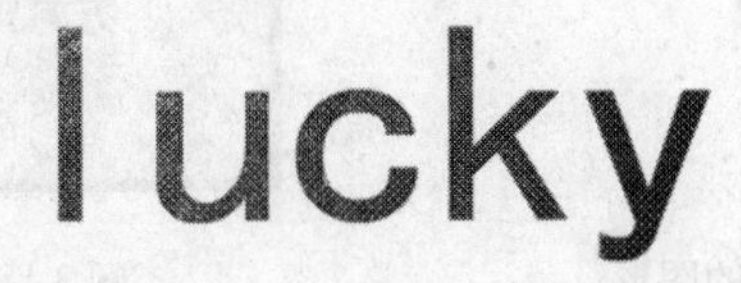

图3-35 选中图形的填充颜色

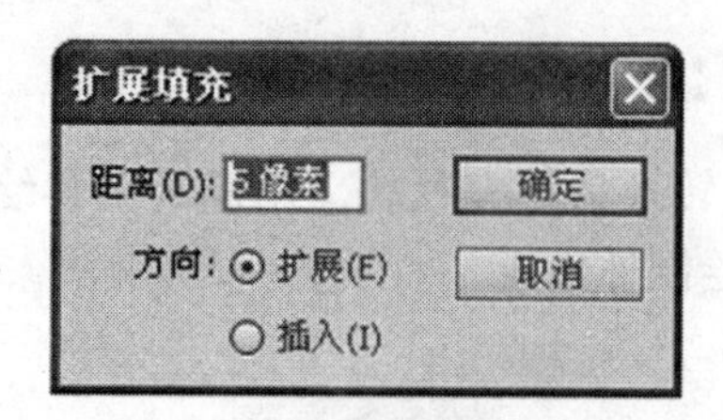

图3－36　扩展填充色

图3－37　扩展填充色最终效果

2. 收缩填充色

选中图形的填充颜色，选择“修改→形状→扩展填充”命令，弹出“扩展填充”对话框，在“距离”选项的数值框中输入6（取值范围在0.05～144），点选“插入”单选项，如图3－38所示。单击“确定”按钮，填充色向内收缩，效果如图3－39所示。

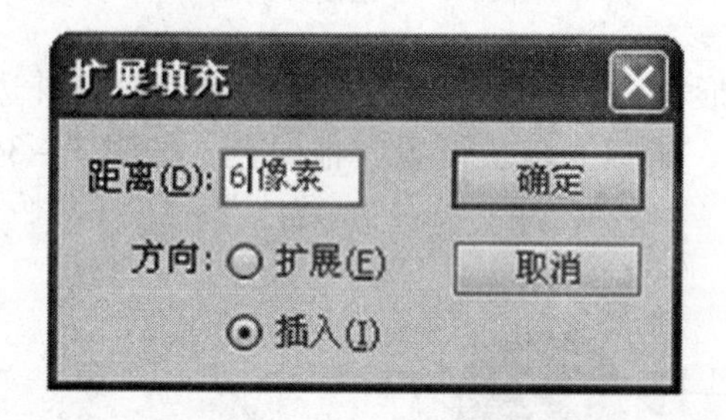

图3－38　收缩填充色

图3－39　收缩填充色最终效果

3.2.4　柔化填充边缘

1. 向外柔化填充边缘

选中图形，如图3－40所示。选择“修改→形状→柔化填充边缘”命令，弹出“柔化填充边缘”对话框，在“距离”选项的数值框中输入50，在“步长数”选项的数值框中输入8，点选“扩展”单选项，如图3－41所示。单击“确定”按钮，效果如图3－42所示。

图3－40　选中要向外柔化的图形

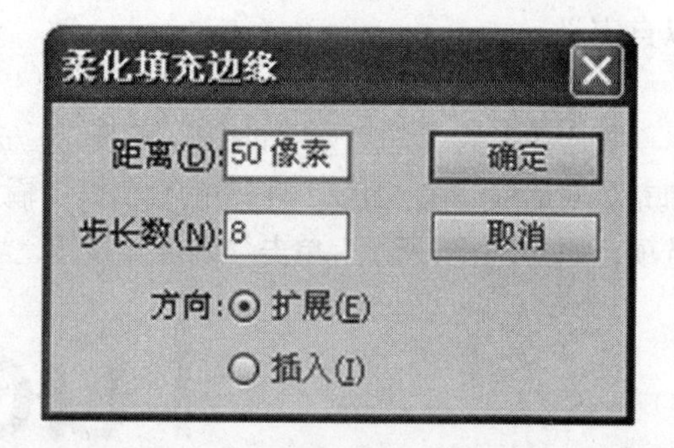

图3－41　向外柔化填充边缘

图 3 - 42　向外柔化填充边缘最终效果

在“柔化填充边缘”对话框中设置不同的数值，所产生的效果也各不相同。

2. 向内柔化填充边缘

选中图形，如图 3 - 43 所示。选择“修改→形状→柔化填充边缘”命令，弹出“柔化填充边缘”对话框，在“距离”选项的数值框中输入 50，在“步长数”选项的数值框中输入 4，点选“插入”单选项，如图 3 - 44 所示。单击“确定”按钮，效果如图 3 - 45 所示。

图 3 - 43　选中要向内柔化的图形

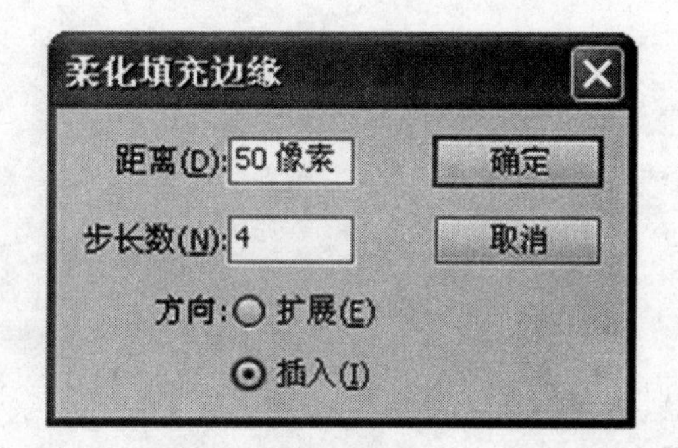

图 3 - 44　向内柔化填充边缘

图 3 - 45　向内柔化填充边缘最终效果

3.2.5 案例：制作帆船风景画

案例描述

本实例设计的是在海上的帆船，画面的层次感，太阳阳光的放射和白云，组成一幅有特色的风景画。

练习提示

打开电子资料中的 chapter \ 3.2 \ 帆船风景画 . fla，进行下面的操作。

（1）将库中的背景图放入舞台。新建图层，使用椭圆工具绘制圆，选择“修改→形状→柔化填充边缘”命令对圆修饰，如图 3－46 所示。

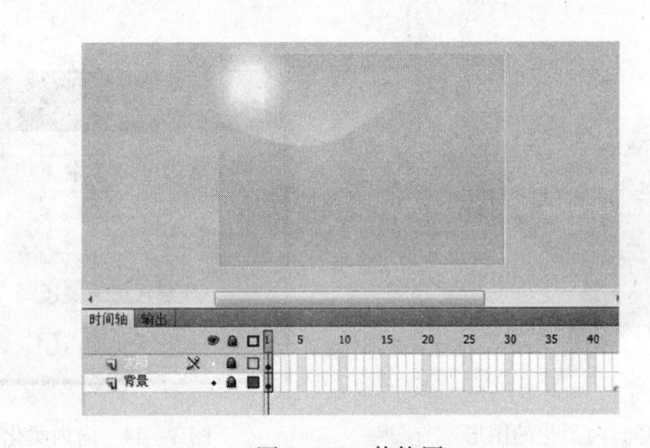

图 3－46　修饰圆

（2）新建图层，使用椭圆工具绘制圆，使其成为云，按 Ctrl＋G 组合键组合起来。复制几个并用任意变形工具缩放，选择“修改→变形→水平翻转”命令对图形翻转，如图 3－47 所示。

（3）新建图层，使用矩形工具绘制矩形，选择“修改→变形→封套”命令，改变成波浪形状，使用渐变色填充，按 Ctrl＋G 组合键组合起来，复制几个叠放，如图 3－48 所示。

（4）在波浪图层上使用椭圆工具绘制圆，用渐变色填充，按 Ctrl＋G 组合键组合起来。复制几个，使用“修改→排列”中的命令，使其富有层次感，如图 3－49 所示。

（5）新建图层，使用绘图工具绘制帆船，按 Ctrl＋G 组合键组合起来，如图 3－50 所示。

图 3－47　翻转图形

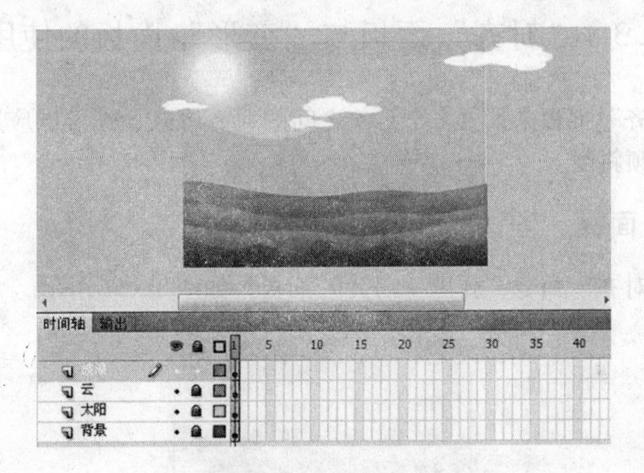

图 3－48　组合图形

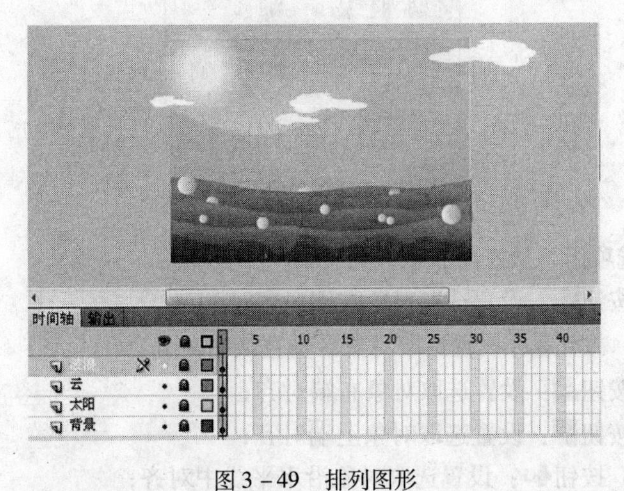

图 3－49　排列图形

图 3－50　最终效果

3.3　“对齐”面板与“变形”面板的使用

可以应用“对齐”面板来设置多个对象之间的对齐方式，还可以应用“变形”面板来改变对象的大小及倾斜度。

3.3.1　“对齐”面板

选择“窗口→对齐”命令，弹出“对齐”面板，如图 3－51 所示。

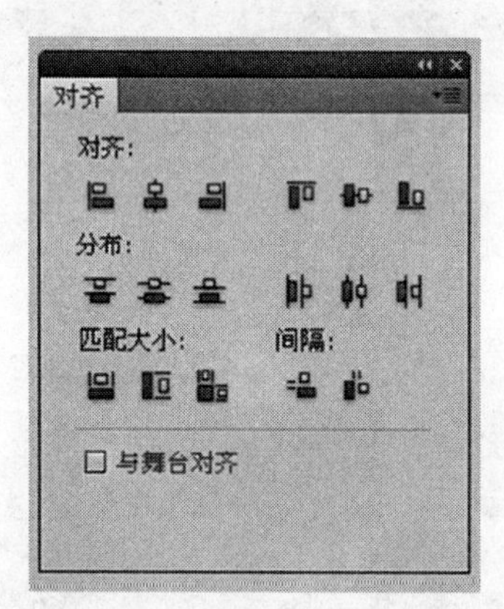

图 3－51　“对齐”面板

（1）“对齐”选项组，从左至右依次为：

①“左对齐”按钮：设置选取对象左端对齐；

②“水平中齐”按钮：设置选取对象沿垂直线中对齐；

③“右对齐”按钮：设置选取对象右端对齐；

④“上对齐”按钮：设置选取对象上端对齐；

⑤“垂直中齐”按钮：设置选取对象沿水平线中对齐；

⑥“底对齐”按钮：设置选取对象下端对齐。

(2)“分布”选项组，从左至右依次为：

①“顶部分布”按钮：设置选取对象在横向上上端间距相等；

②“垂直居中分布”按钮：设置选取对象在横向上中心间距相等；

③“底部分布”按钮：设置选取对象在横向上下端间距相等；

④“左侧分布”按钮：设置选取对象在纵向上左端间距相等；

⑤“水平居中分布”按钮：设置选取对象在纵向上中心间距相等；

⑥“右侧分布”按钮：设置选取对象在纵向上右端间距相等。

(3)“匹配大小”选项组，从左至右依次为：

①“匹配宽度”按钮：设置选取对象在水平方向上等尺寸变形（以所选对象中宽度最大的为基准）；

②“匹配高度”按钮：设置选取对象在垂直方向上等尺寸变形（以所选对象中高度最大的为基准）；

③“匹配宽和高”按钮：设置选取对象在水平方向和垂直方向同时进行等尺寸变形（同时以所选对象中宽度和高度最大的为基准）。

(4)“间隔”选项组，从左至右依次为：

①“垂直平均间隔”按钮：设置选取对象在纵向上间距相等；

②“水平平均间隔”按钮：设置选取对象在横向上间距相等。

(5)“与舞台对齐”复选框：勾选此选项后，上述设置的操作都是以整个舞台的宽度或高度为基准的。

导入电子资料中的 example \ chapter3 \ example3. 3. 1 \ 熊 1. jpg ～熊 3. jpg 到舞台上，并适当移动，选中要对齐的图形，如图 3 – 52 所示。单击“上对齐”按钮，图形顶端对齐，如图 3 – 53 所示。

图 3 – 52　选中多个要对齐的图形

图 3 – 53　上对齐

选中要分布的图形，如图 3－54 所示。单击“水平居中分布”按钮，图形在纵向上中心间距相等，如图 3－55 所示。

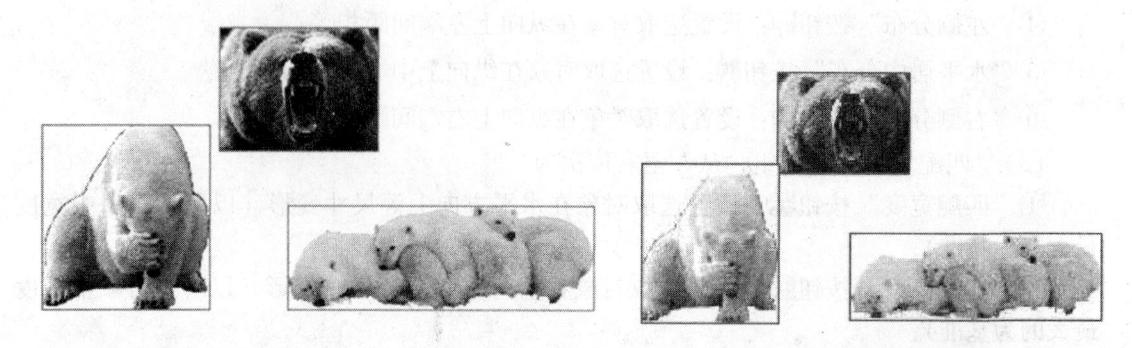

图 3－54　选中多个要水平居中分布的图形　　图 3－55　水平居中分布

选中要匹配大小的图形，如图 3－56 所示。单击“匹配高度”按钮，图形在垂直方向上等尺寸变形，如图 3－57 所示。

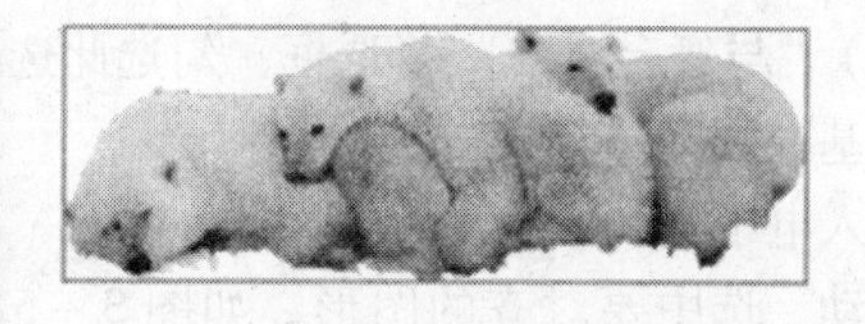

图 3－56　选中多个要匹配大小的图形

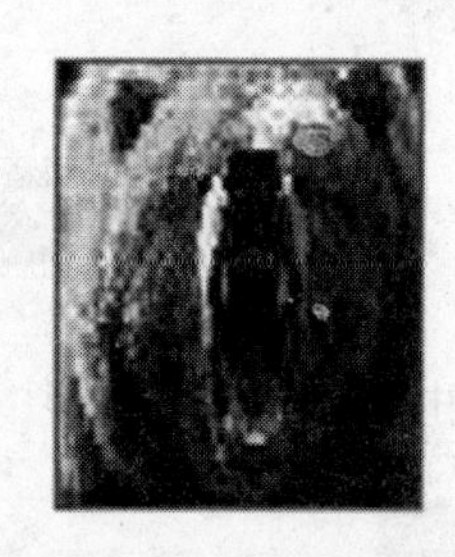

图 3－57　匹配高度

勾选“与舞台对齐”复选框前后，选择同一个命令所产生的效果不同。选中图形，如图 3－52 所示。单击“右侧分布”按钮，效果如图 3－58 所示。勾选“与舞台对齐”复选框，单击“右侧分布”按钮，效果如图 3－59 所示。

图3-58 未与舞台对齐

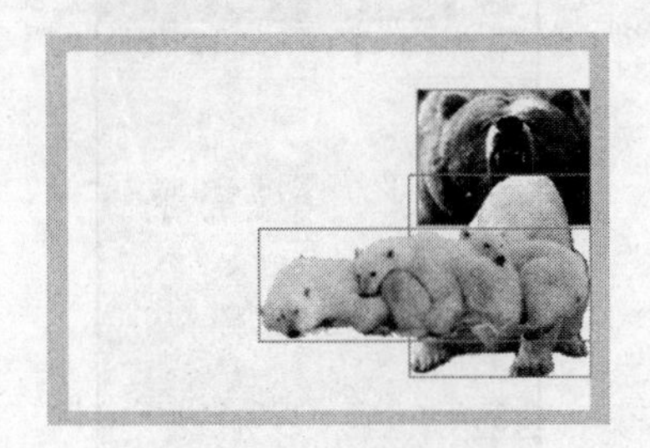

图3-59 与舞台对齐

3.3.2 “变形”面板

选择“窗口→变形”命令，弹出“变形”面板，如图3-60所示。

“取消变形”按钮：用于将图形属性恢复到初始状态。

“变形”面板中的设置不同，所产生的效果也各不相同。

导入电子资料中的 example \ chapter3 \ example3. 3. 2 \ 猴子 . jpg 到舞台，选中图形，如图3-61所示。在“变形”面板中将“宽度”选项设为50，按 Enter 键，确定操作，如图3-62所示。图形的宽度被改变，效果如图3-63所示。

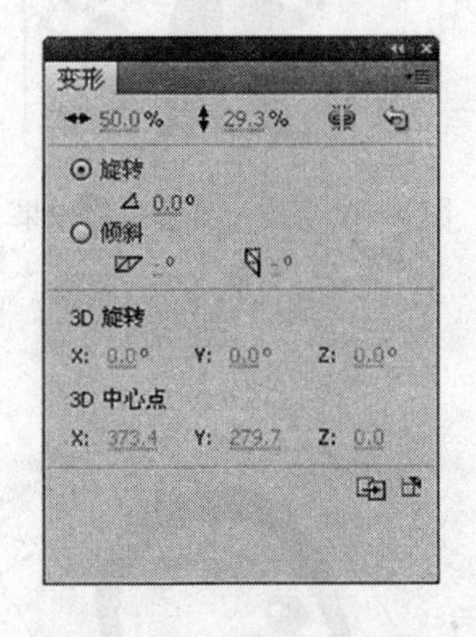

图3-60 “变形”面板

图3-61 选中要变形的图形

选中图形，如图3-61所示。在“变形”面板中单击“约束”按钮，将“宽度”选项设为50，“高度”选项也随之变为50，按 Enter 键，确定操作，如图3-64所示。图形的宽度和高度成比例地缩小，效果如图3-65所示。

选中图形，如图3-61所示，在“变形”面板中点选“旋转”单选项，将旋转角度设为30，按 Enter 键，确定操作，如图3-66所示，图形被旋转，效果如图3-67所示。

选中图形，如图3-61所示，在“变形”面板中点选“倾斜”单选项，将水平倾斜角度设为40，按 Enter 键，确定操作，如图3-68所示。图形进行水平倾斜变形，效果如图3-69所示。

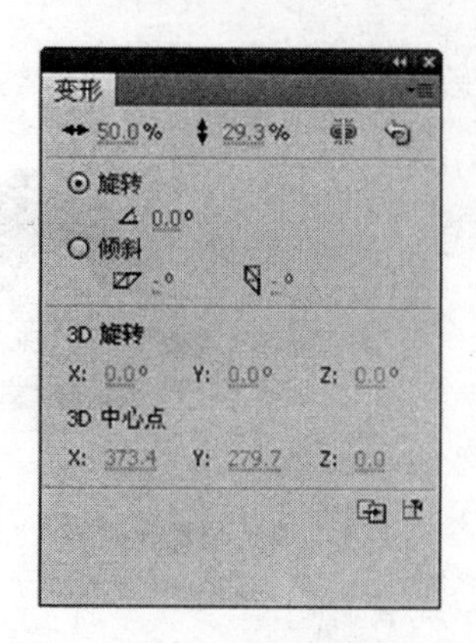

图 3－62 设置宽度

图 3－63 最终效果

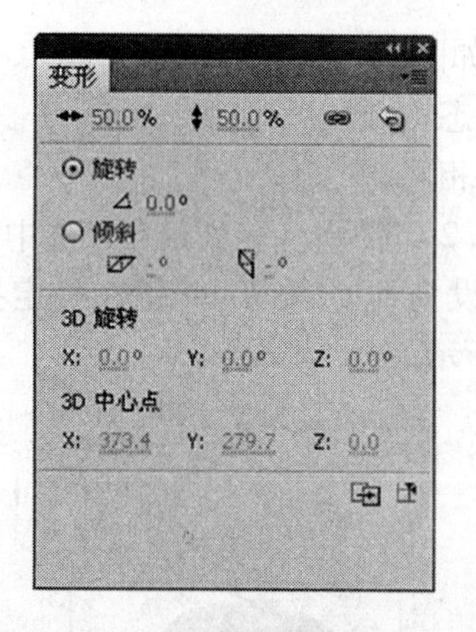

图 3－64 单击约束

图 3－65 大小变形最终效果

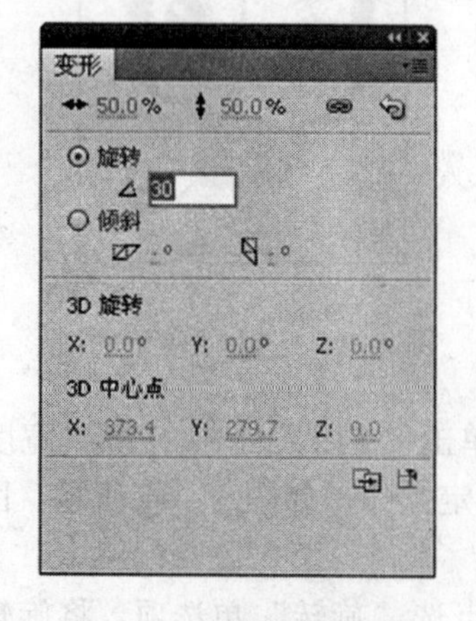

图 3－66 修改旋转度数

图 3－67 旋转最终效果

选中图形，如图 3－61 所示，在“变形”面板中点选“倾斜”单选项，将垂直倾斜角度设为－20，按 Enter 键，确定操作，如图 3－70 所示。图形进行垂直倾斜变形，效果如图 3－71 所示。

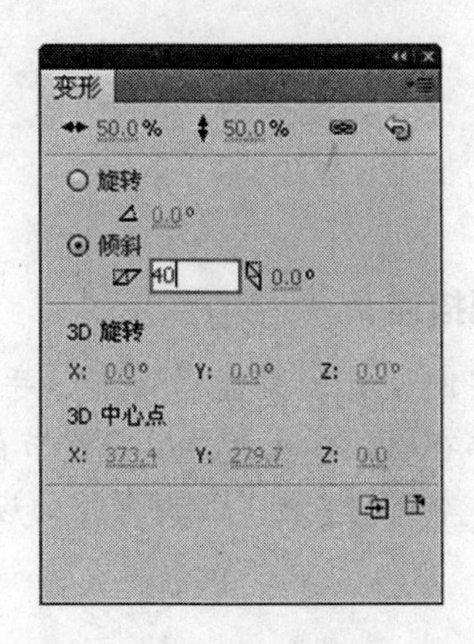

图 3－68 修改水平倾斜度数

图 3－69 水平倾斜最终效果

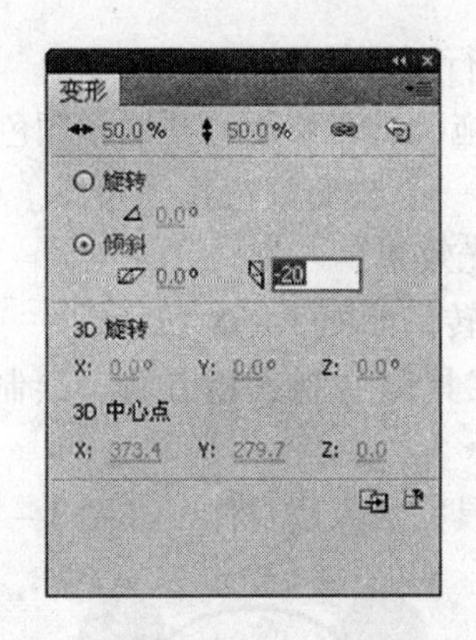

图 3－70 修改垂直倾斜度数

图 3－71 垂直倾斜最终效果

选中图形，如图 3－61 所示，在“变形”面板中，将旋转角度设为 80，单击“重置选区和变形”按钮，如图 3－72 所示。图形被复制并沿其中心点旋转了 80°，效果如图 3－73 所示。

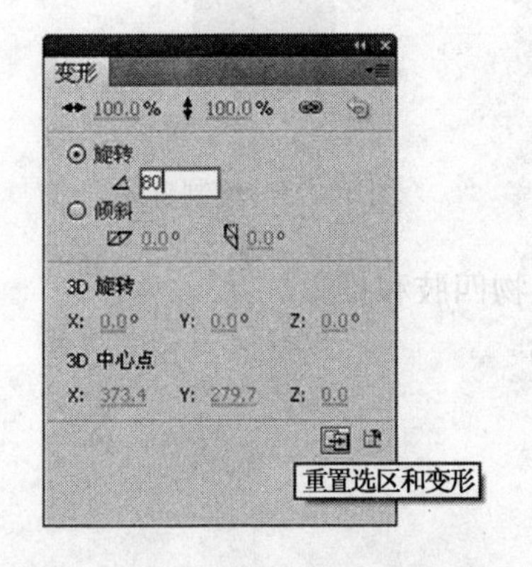

图 3－72 选择重置选区和变形

图 3－73 重置最终效果

3.3.3 案例：制作童子拜年

案例描述

本实例设计的是童子拜年，手拿鞭炮，身穿吉祥衣物，加上笑脸，将过节的氛围体现出来。本实例主要是针对面板的应用。

练习提示

打开电子资料中的 chapter\3.3\童子拜年.fla，进行下面的操作。

(1) 使用椭圆工具绘制圆，使用选择工具靠近图形拖放进行修改，并填充颜色。

(2) 使用钢笔工具绘制额头的头发，并组合，复制一个改变颜色作为投影。使用椭圆工具绘制圆，使用渐变色填充，通过调整透明度实现高光效果。

(3) 从库中将“头发”元件拖放入舞台，并复制翻转，如图 3-74 所示。

(4) 新建图层，使用钢笔工具、椭圆工具、矩形工具等绘制人物五官。绘制红晕时，使用“修改→形状→柔化填充边缘”命令进行修饰。

(5) 新建图层，使用钢笔工具、椭圆工具和文本工具完成人物身体，如图 3-75 所示。

图 3-74 拖放入元件并且翻转

图 3-75 绘制身体

(6) 新建图层，使用钢笔工具和椭圆工具完成人物四肢和投影。

(7) 新建图层，将库面板中“爆竹”拖放入舞台。

文本的编辑

Flash Professional CS5 具有强大的文本输入、编辑和处理功能。本章将详细讲解文本的编辑方法和应用技巧。通过本章的学习，学生将了解并掌握文本的功能及特点，并能在设计制作任务中充分利用好文本的效果。

4.1 关于文本

建立动画时，常需要利用文字更清楚地表达创作者的意图，而建立和编辑文字必须利用 Flash Professional CS5 提供的文字工具才能实现。

通过多种方式在 Flash Professional CS5 应用程序中使用文本，可以创建包含静态文本的文本字段（在创作文档时默认创建）；还可以创建动态文本字段和输入文本字段。前者显示不断更新的文本，如股票报价或头条新闻，后者使用户能够输入表单或调查表的文本。

Flash 提供了多种处理文本的方法。例如，可以水平或垂直放置文本；设置字体、大小、样式、颜色和行距等属性；检查拼写；对文本进行旋转、倾斜或翻转等变形；链接文本；使文本可选择；使文本具有动画效果；控制字体替换；以及将字体用做共享库的一部分。Flash 文档可以使用 Type 1 PostScript 字体、TrueType 字体和位图字体（仅限 Macintosh）。

4.1.1 创建文本

1. 向舞台中添加文本

（1）选择文本工具，如图 4－1 所示。

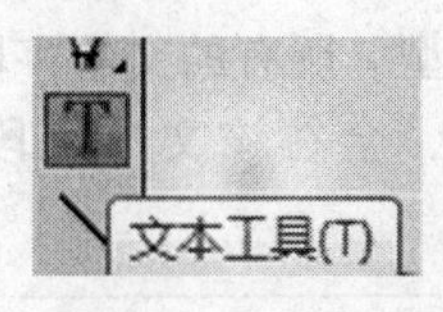

图 4－1　文本工具

（2）在“属性”检查器（“窗口→属性”）中，从弹出菜单中选择一种文本类型来指定文本字段的类型。

① 动态文本：创建一个显示动态更新的文本的字段，如天气预报。

② 输入文本：创建一个供用户输入文本的字段，如表单中。

③ 静态文本：创建一个无法动态更新的字段，如图 4－2 所示。

（3）仅限静态文本：在"属性"检查器中，单击"改变文本方向"，然后选择一种文本方向和流向，如图 4－3 所示（默认设置为"水平"）。

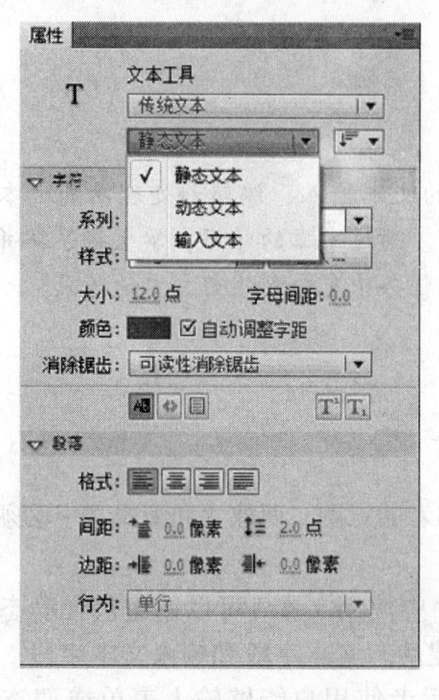

图 4－2 "属性"面板

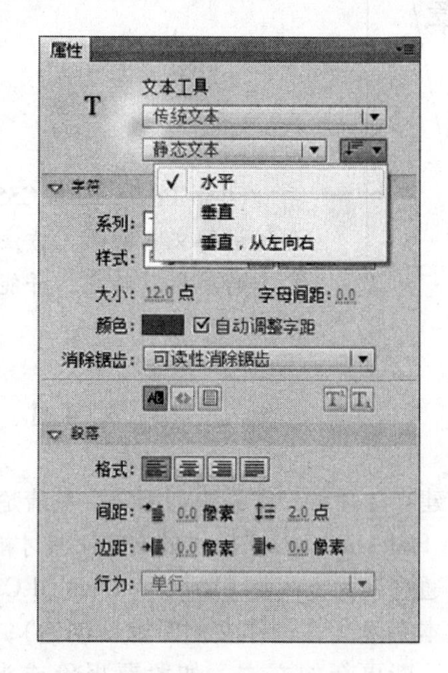

图 4－3 文本方向

（4）在舞台上，执行下列操作。

① 要创建在一行中显示文本的文本字段，单击文本的起始位置。

② 要创建定宽（对于水平文本）或定高（对于垂直文本）的文本字段，将鼠标指针移动到文本的起始位置，然后拖到所需的宽度或高度。

注意：如果创建的文本字段在键入文本时延伸到舞台边缘以外，文本将不会丢失。若要使手柄再次可见，可添加换行符，移动文本字段，或选择"视图→剪贴板"。

（5）在"属性"检查器中选择文本属性。

2. 文本字段

Flash 创建 3 种类型的文本字段：静态、动态和输入，并且都会在文本字段的一角显示一个手柄，用以标识该文本字段的类型。所有的文本字段都支持 Unicode。

（1）对于扩展的静态水平文本，会在该文本字段的右上角出现一个圆形手柄，如图 4－4 所示。

Non est quod comnet hoc

图 4－4 扩展静态文本

（2）对于具有固定宽度的静态水平文本，会在该文本字段的右上角出现一个方形手柄，如图 4－5 所示。

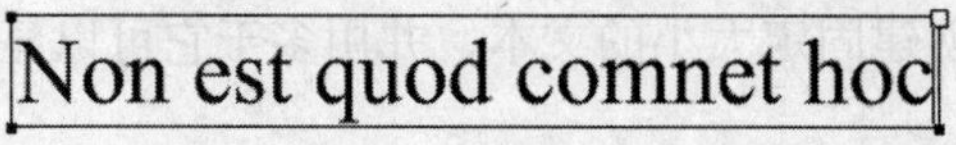

Non est quod comnet hoc

图 4-5　固定静态文本

(3) 对于文本流向为从右到左并且扩展的静态垂直文本，会在该文本字段的左下角出现一个圆形手柄，如图 4-6 所示。

(4) 对于文本流向为从右到左并且高度固定的静态垂直文本，会在该文本字段的左下角出现一个方形手柄，如图 4-7 所示。

(5) 对于文本流向为从左到右并且扩展的静态垂直文本，会在该文本字段的右下角出现一个圆形手柄，如图 4-8 所示。

(6) 对于文本流向为从左到右并且高度固定的静态垂直文本，会在该文本字段的右下角出现一个方形手柄，如图 4-9 所示。

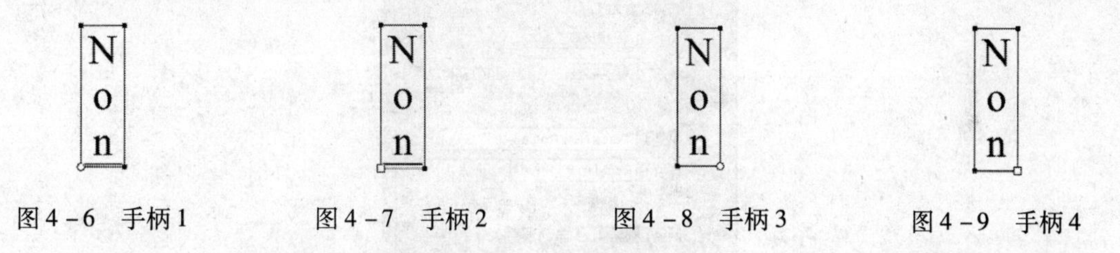

N
o
n

图 4-6　手柄 1

N
o
n

图 4-7　手柄 2

N
o
n

图 4-8　手柄 3

N
o
n

图 4-9　手柄 4

(7) 对于扩展的动态或输入文本，会在该文本字段的右下角出现一个圆形手柄，如图 4-10 所示。

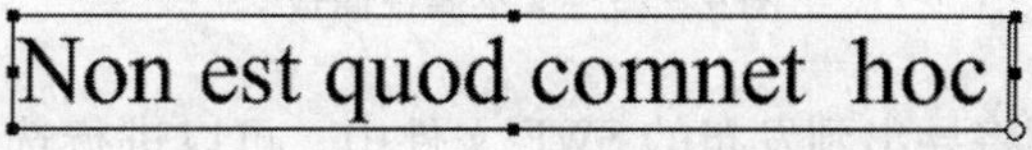

Non est quod comnet hoc

图 4-10　扩展动态输入文本

(8) 对于具有定义的高度和宽度的动态或输入文本，会在该文本字段的右下角出现一个方形手柄，如图 4-11 所示。

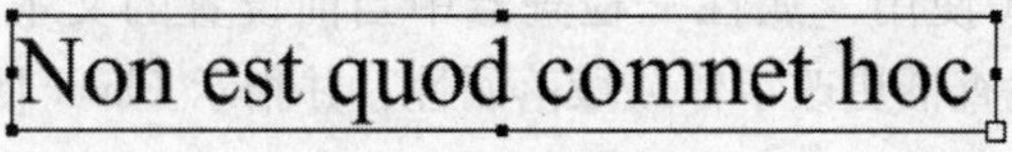

Non est quod comnet hoc

图 4-11　固定动态文本

(9) 对于动态可滚动文本，圆形或方形手柄会变成实心黑块而不是空心手柄，如图 4-12 所示。

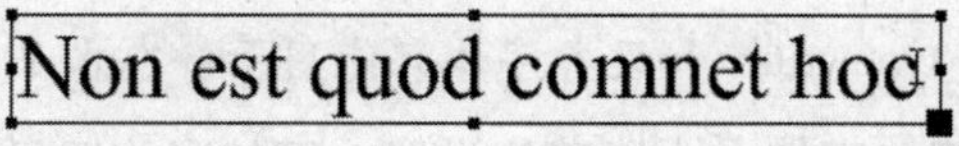

Non est quod comnet hoc

图 4-12　动态滚动文本

可以在按住 Shift 键的同时双击动态和输入文本的手柄，以创建在舞台上输入文本时不扩展的文本。这样就可以创建固定大小的文本，并用多于它可以显示的文本来填充它，从而创建滚动文本。

在使用文本工具创建文本之后，可以使用“属性”检查器指定文本字段的类型，并设置控制文本字段及其内容在 SWF 文件中显示方式的值。

4.1.2 文本属性

1. 文本属性

可以设置文本的字体和段落属性，如图 4－13 所示。字体属性包括字体系列、磅值、样式、颜色、字母间距、自动字距微调和字符位置。段落属性包括对齐、边距、缩进和行距。

图 4－13 文本属性面板

静态文本的字体轮廓将导出到发布的 SWF 文件中，可以进行选取、复制操作。对于水平静态文本，可以使用设备字体，而不必导出字体轮廓。

对于动态文本或输入文本，Flash 存储字体的名称，Flash Player 在用户系统上查找相同或相似的字体。也可以将字体轮廓嵌入到动态或输入文本中。嵌入的字体轮廓可能会增加文件大小，但可确保用户获得正确的字体信息。

创建新文本时，Flash 使用“属性”检查器中当前设置的文本属性。选择现有的文本时，可以使用“属性”检查器更改字体或段落属性，并指示 Flash 使用设备字体而不使用嵌入字体轮廓信息。

2. 设置字体、磅值、样式和颜色

（1）使用“选取”工具，选择舞台上的一个或多个文本。

（2）在“属性”检查器（“窗口→属性”）中，从“系列”弹出菜单中选择一种字体，或者输入字体名称。

注意：_sans、_serif、_typewriter 和设备字体只能用于静态水平文本。

（3）输入字体大小的值。字体大小以磅值设置，而与当前标尺单位无关。

（4）若要应用粗体或斜体样式，从“样式”菜单中选择样式。如果所选字体不包括粗体或斜体样式，菜单中将不显示该样式。可以从“文本”菜单中选择仿粗体或仿斜体样式（“文本→样式→仿粗体”或“仿斜体”）。操作系统已将仿粗体和仿斜体样式添加到常规样式。仿的样式可能看起来不如包含真正粗体或斜体样式的字体好。

（5）从“消除锯齿”弹出菜单（位于“颜色”控件正下方）中选择一种字体呈现方法以优化文本。

（6）若要选择文本的填充颜色，单击“颜色”控件，然后执行下列操作：

① 从“颜色”菜单中选择颜色；

② 在左上角的框中键入颜色的十六进制值；

③ 单击“颜色选择器”，然后从系统颜色选择器中选择一种颜色。

注意：设置文本颜色时，只能使用纯色，而不能使用渐变。要对文本应用渐变，应分离文本，将文本转换为组成它的线条和填充。

同样，Flash 中的文本还可以设置字母间距、字距微调和字符位置，设置对齐、边距、缩进和行距，以及对早期版本中的文件使用消除文本锯齿功能（具体可查看“帮助”选项）。

3. 使文本可选

查看 Flash 应用程序的用户可以选择静态水平文本或动态文本。选择文本之后，用户可以复制或剪切文本，然后将文本粘贴到单独的文档中。

（1）使用文本工具，选择要使其可选的水平文本。

（2）在“属性”检查器中，选择“静态文本”或“动态文本”。

（3）单击“可选”Ab按钮。

4. 使用设备字体

可在文本中使用通用设备字体。

（1）使用选取工具，选择一个或多个文本。

（2）在“属性”检查器（“窗口→属性”）中，从弹出菜单中选择“静态文本”。

（3）在“字体”弹出菜单中，选择一种设备字体：

① sans 类似于 Helvetica 或 Arial 的字体；

② serif 类似于 Times Roman 的字体；

③ typewriter 类似于 Courier 的字体。

4.1.3 动态文本

选择“动态文本”选项，“属性”面板如图 4 – 14 所示。动态文本可以作为对象来应用。

1. 在“字符”选项组中

（1）“实例名称”选项：可以设置动态文本的名称。

（2）“将文本呈现为 HTML”选项：文本支持 HTML 标签特有的字体格式、超级链接等超文本格式。

（3）“在文本周围显示边框”选项：可以为文本设置白色的背景和黑色的边框。

2. 在“段落”选项组中

（1）“行为”选项：包括单行、多行和多行不换行。

（2）“单行”：文本以单行方式显示。

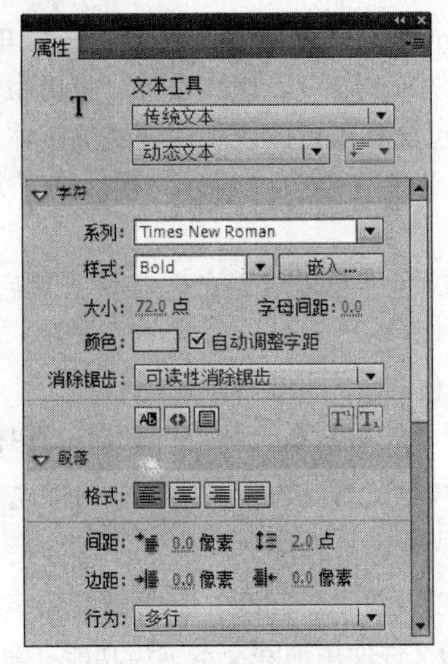

图 4－14 文本属性面板

（3）“多行”：如果输入的文本大于设置的文本限制，输入的文本将被自动换行。

（4）“多行不换行”：输入的文本为多行时，不会自动换行。

3. 在“选项”选项组中

“变量”选项：可以将该文本框定义为保存字符串数据的变量。此选项需结合动作脚本使用。

4.1.4 输入文本

选择“输入文本”选项，“属性”面板如图 4－15 所示。

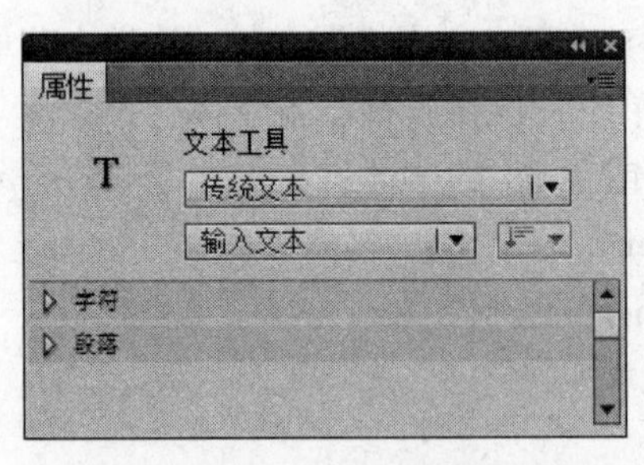

图 4－15 输入文本属性面板

（1）“段落”选项组中的“行为”选项新增加了“密码”选项，选择此选项，当文件输出为 SWF 格式时，影片中的文字将显示为星号。

（2）“选项”选项组中的“最多字符数”选项，可以设置输入文字的最多数值。默认值为 0，即为不限制。如设置数值，此数值即为输出 SWF 影片时，显示文字的最多数目。

4.1.5 拼写检查

可以检查整个 Flash 文档中文本的拼写。还可以自定义拼写检查器。

1. 使用拼写检查器

（1）选择“文本→检查拼写”命令，打开“检查拼写”对话框，如图4－16所示。需要使用拼写检查器时，先设置拼写设置，并选择所需要的文档选项、词典和检查选项。

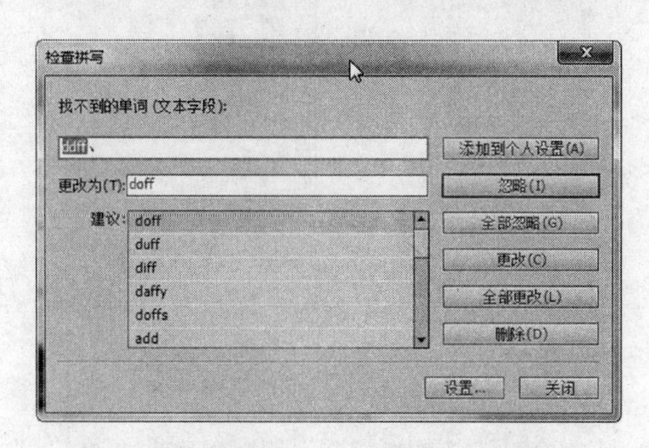

图4－16　检查拼写

左上角的框中标出了在选定的词典中未找到的单词，此外还标出了包含该文本的元素的类型（如文本字段或帧标签）。

（2）要进行拼写检查，可执行下列操作。

① 单击“添加到个人设置”按钮，可将单词添加到个人词典中。

② 单击“忽略”按钮，保持该单词不变。

③ 单击“全部忽略”按钮，使所有在文档中出现的该单词保持不变。

④ 在“更改为”框中输入单词或从“建议”滚动列表中选择一个单词。然后，单击“更改”按钮更改该单词，或者单击“全部更改”按钮更改所有在文档中出现的该单词。

⑤ 单击“删除”按钮从文档中删除该单词。

（3）要结束拼写检查，可执行下列操作。

① 单击“关闭”按钮，以在 Flash 到达文档结尾之前结束拼写检查。

② 继续检查拼写，直到看到 Flash 已到达文档结尾的通知，然后单击“否”按钮结束拼写检查。（单击“是”按钮将继续从文档的开头检查拼写）

2. 自定义拼写检查器

（1）自定义拼写检查器可执行下列操作。

① 选择“文本→拼写设置”命令，如图4－17所示。（如果之前未使用过检查拼写功能，先使用此选项）

② 在“检查拼写”对话框中，单击“设置”按钮。

（2）设置以下任一选项。

① 文档选项：使用这些选项可以指定要检查的元素。

② 词典：列出内置词典。必须至少选择一个词典才能启用拼写检查功能。

③ 个人词典：输入路径或单击文件夹图标，然后浏览到要用做个人词典的文档。（可以修改此词典）

④ 编辑个人词典：向个人词典中添加单词和短语。在“个人词典”对话框中，将每个新的项目输入到文本字段的单独一行中。

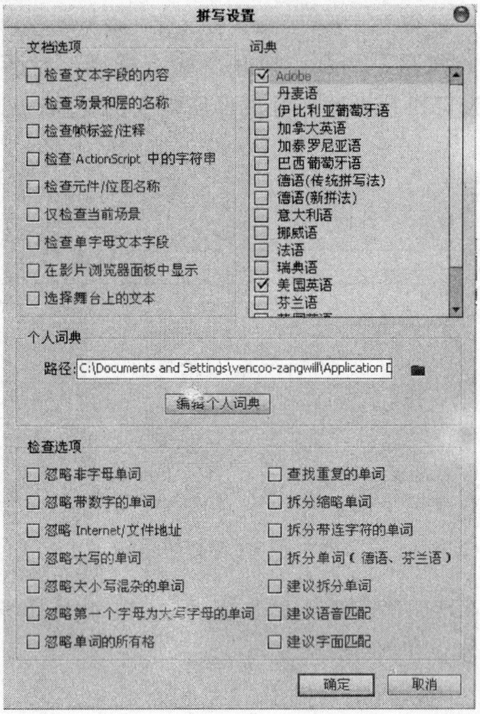

图 4 – 17　拼写设置

⑤ 检查选项：使用这些选项控制 Flash 检查拼写时处理特定类型的文字和字符的方式。

4.1.6　消除文本锯齿功能

使用消除锯齿功能可以使屏幕文本的边缘变得平滑，如图 4 – 18 所示。消除锯齿选项对于呈现较小的字体大小尤其有效。启用消除锯齿功能会影响到当前所选内容中的全部文本。对于各种磅值大小的文本，消除锯齿功能以相同的方式工作。

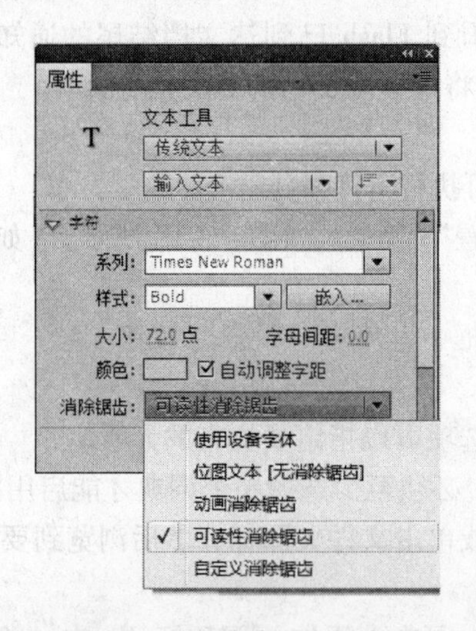

图 4 – 18　消除文本锯齿

Flash 文本呈现引擎为 Flash（FLA）文档和发布的 SWF 文件提供清晰、高品质的文本呈现效果。“可读性消除锯齿”设置提高了文本的可读性，对于较小字体效果尤其明显。通过自定义消除锯齿，可以指定在各个文本中使用的字体粗细和字体清晰度。

无论何时发布到 Flash Player 8 或更高版本，都会自动启用高品质的消除锯齿功能，系统会自动选择“可读性消除锯齿”或“自定义消除锯齿”功能。在加载 Flash SWF 文件时，尤其是在 Flash 文档的第一帧使用了 4 ～ 5 种不同的字符集时，“可读性消除锯齿”可能会导致些微的延迟。高品质的消除锯齿还会增加 Flash Player 的内存使用。例如，使用 4 ～ 5 种字体可增加约 4 MB 的内存使用。

4.1.7 案例：制作四色跳动文字

案例描述

本实例设计的是圣诞快乐贺卡中的四色跳动文字，4 个颜色鲜明并带着白色投影的文字依次跳着出场。本实例主要是针对文本工具的使用。

练习提示

打开电子资料中的 chapter \ 4. 1 \ 四色跳动文字 . fla，进行下面的操作。

（1）使用文本工具输入文字，并填充颜色。

（2）将文本分离为单个文本，放置在不同的 4 个图层。

（3）在“圣”字所在图层的第 4 帧和第 7 帧处插入关键帧，在所有图层的第 55 帧处插入帧。将“圣”字所在图层第 1 帧所对应的实例垂直向上移动一段，第 4 帧所对应的实例垂直向下移动一段距离。

（4）选择“诞”字所在图层的第 1 帧并将其拖放至第 7 帧，参照“圣”字的创建方法对该图层进行设置。

（5）参照“诞”字所在图层中各关键帧的创建方法，在“快”、“乐”图层中创建相应的动画效果。

（6）新建图层，将背景放入舞台。

4.2 文本的转换

在 Flash Professional CS5 中输入文本后，可以根据设计制作的需要对文本进行编辑，对文本进行变形处理或为文本填充渐变色。

4.2.1 变形文本

选中文字，如图 4－19 所示。按两次 Ctrl＋B 组合键，将文字打散，如图 4－20 所示。

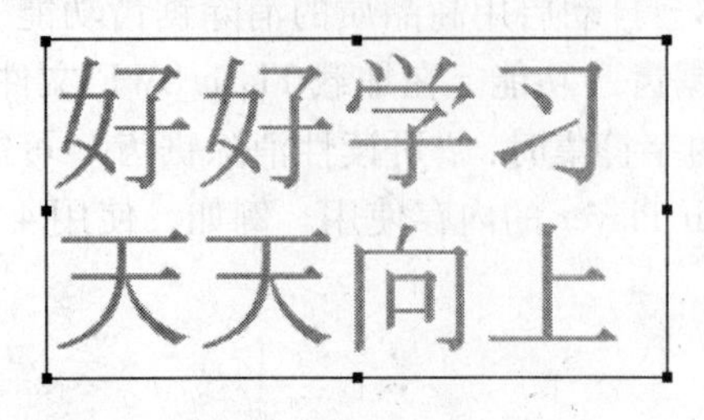

图 4－19 选中文字

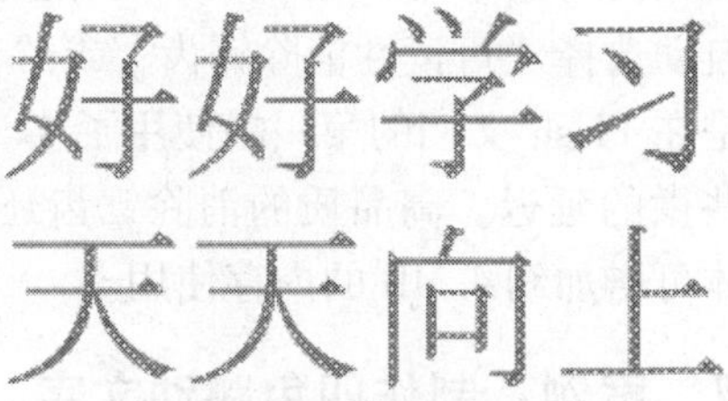

图 4－20 打散文字

选择“修改→变形→封套”命令，在文字的周围出现控制点，如图 4－21 所示。拖动控制点，改变文字的形状，如图 4－22 所示。变形完成后，文字效果如图 4－23 所示。

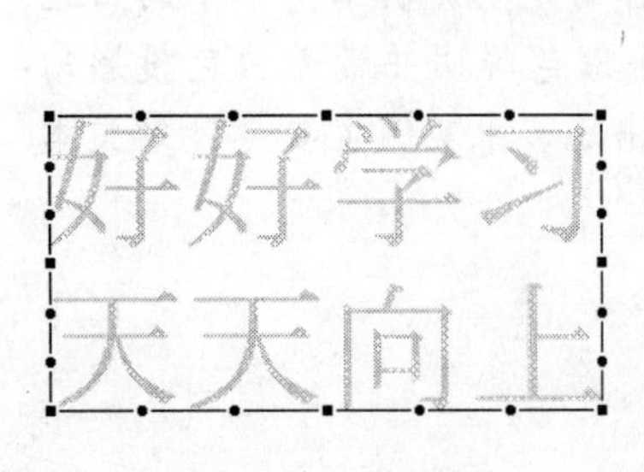

图 4－21 文字封套

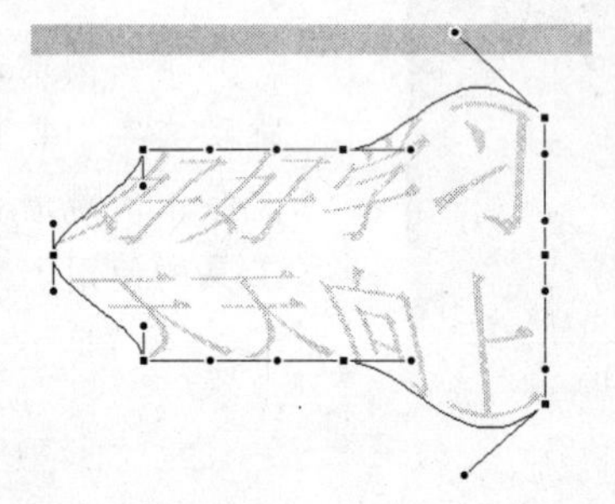

图 4－22 拖动控制点

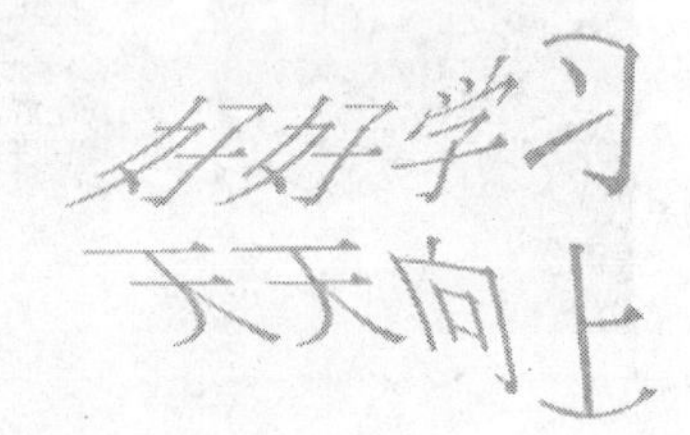

图 4－23 形成文字

4.2.2 填充文本

选中文字，按两次 Ctrl＋B 组合键，将文字打散。

选择“窗口→颜色”命令，弹出“颜色”面板，在“类型”选项中选择“线性”，在颜色设置条上设置渐变颜色，如图 4－24 所示。文字效果如图 4－25 所示。

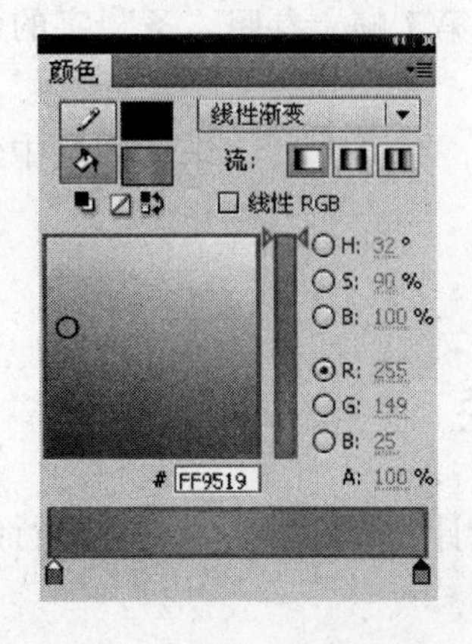

图 4－24 窗口颜色面板

flash学习

图 4－25 文字渐变

选择墨水瓶工具，在墨水瓶工具“属性”面板中，设置线条的颜色和笔触高度，如图 4－26 所示。在文字的外边线上单击，为文字添加外边框，如图 4－27 所示。

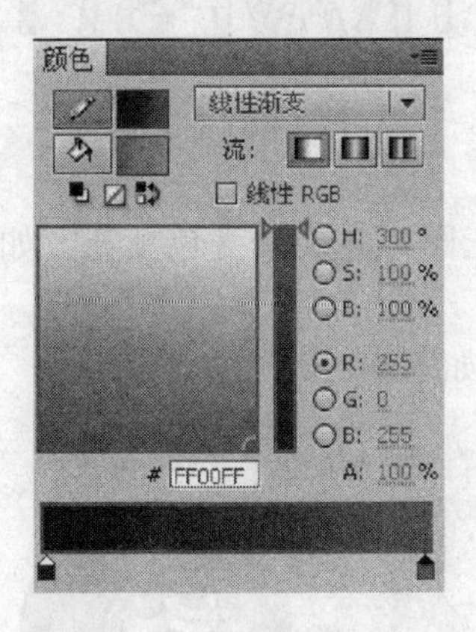

图 4－26　墨水瓶颜色面板

图 4－27　文字加描边

4.2.3　案例：制作变形文字

案例描述

本实例设计的是卡通变形文字，与卡通人物形成一个相呼应的变形方式。本实例可用在变形中。

练习提示

打开电子资料中的 chapter \ 4.2 \ 变形文字 . fla，进行下面的操作。

（1）使用文本工具打出字符，并将文字打散，如图 4－28 所示。

（2）使用颜料桶工具为文字添加渐变色，如图 4－29 所示。

图 4－28　打散文字

图 4－29　添加渐变色

（3）使用“修改→变形→封套”命令或者使用任意变形工具选项区域中的封套选项对文字外观进行修改，如图 4－30 所示。

（4）使用墨水瓶工具为文字添加轮廓，并用“修改→组合”命令将文字组合，如图 4－31 所示。

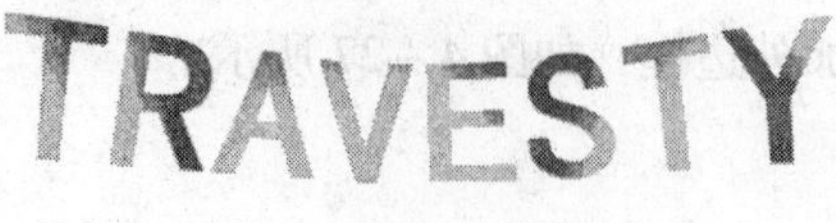

TRAVESTY

图 4－30　封套

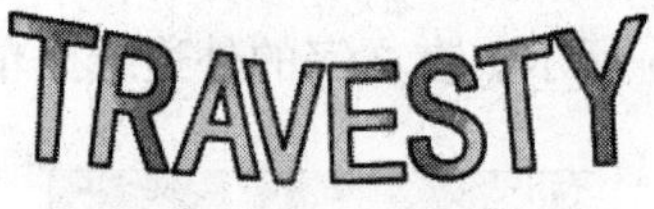

TRAVESTY

图 4－31　描边

（5）在文字图层下新建图层，使用椭圆工具绘制正圆，并用渐变色填充，如图 4－32（a）所示。

（6）在文字图层上方新建图层，将图片放入舞台，如图 4－32（b）所示。

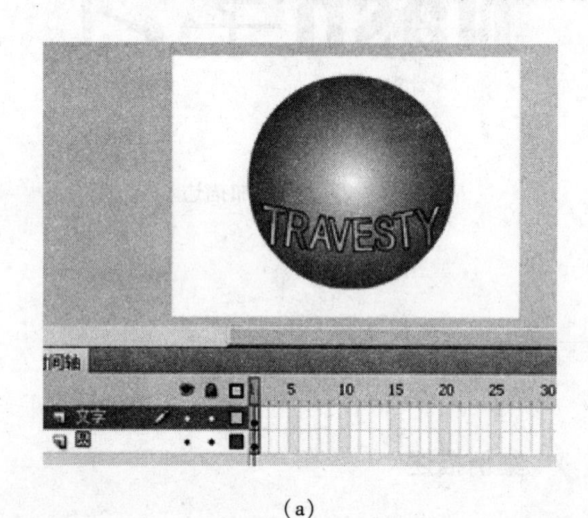

（a）

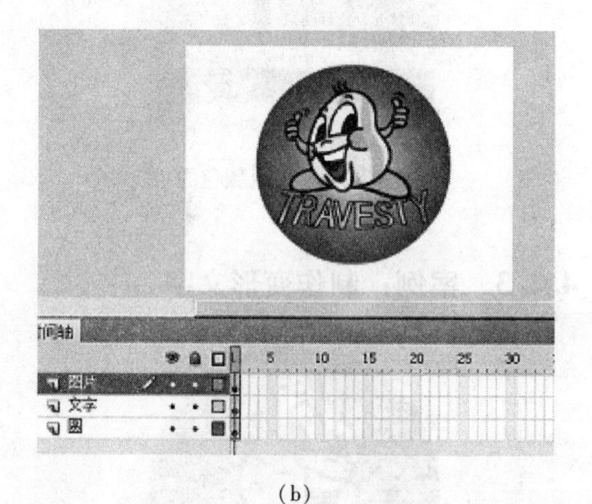

（b）

图 4－32　新建图层

4.3　本章练习

制作文本的操作步骤如下。

（1）使用文本工具打出文字，将文字打散为形状，如图 4－33 所示。

（2）改变“流”和“?”的颜色，使用墨水瓶工具为“流”和“?”添加轮廓，如图 4－34 所示。

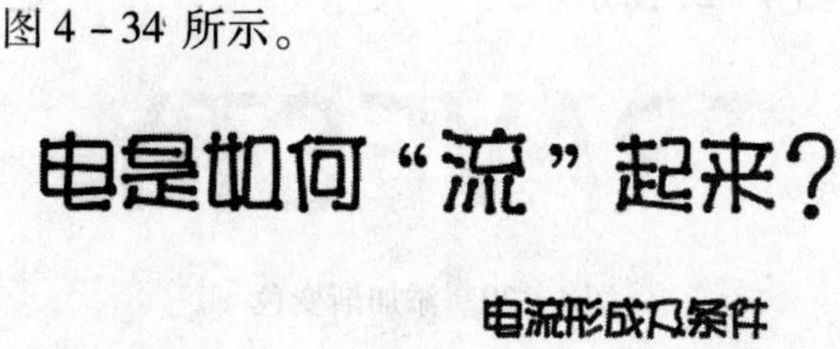

电是如何“流”起来？

电流形成及条件

图 4－33　文字打散

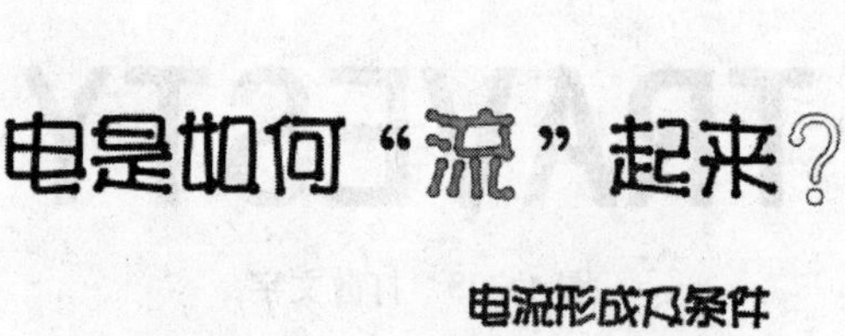

电是如何“流”起来？

电流形成及条件

图 4－34　改变个别字颜色

（3）使用任意变形工具将文字放大和旋转，如图 4－35 所示。

（4）使用文本工具和矩形工具绘制矩形文本，如图 4－36 所示。

电是如何“流”起来？

电流形成及条件

图 4－35 文字变形

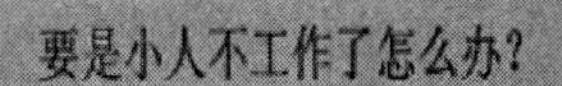

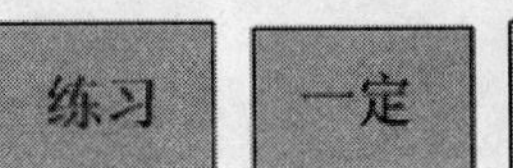

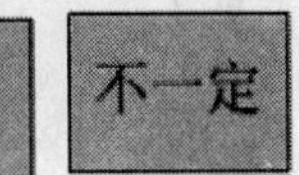

图 4－36 绘制矩形文本

外部素材的应用

Flash Professional CS5 可以导入外部的图像和视频素材来增强画面效果。本章介绍了导入外部素材及设置外部素材属性的方法。通过本章的学习，学生将了解并掌握如何应用 Flash Professional CS5 的强大功能来处理和编辑外部素材，使其与内部素材充分结合，从而制作出更加生动的动画作品。

5.1 图像素材的应用

5.1.1 图像素材的格式

Flash Professional CS5 可以导入各种文件格式的矢量图形和位图。矢量格式包括 FreeHand 文件、Illustrator 文件、EPS 文件或 PDF 文件，位图格式包括 JPEG、GIF、PNG、BMP 等格式。

（1）FreeHand 文件：在 Flash 中导入 FreeHand 文件时，可以保留层、文本块、库元件和页面，还可以选择要导入的页面范围。

（2）Illustrator 文件：此文件支持对曲线、线条样式和填充信息的精确转换。

（3）EPS 文件或 PDF 文件：可以导入任何版本的 EPS 文件及 1.4 版本或更低版本的 PDF 文件。

（4）JPEG 格式：最常用的，可以应用不同的压缩比例对文件进行压缩。压缩后，文件质量损失小，文件量大大降低。

（5）GIF 格式：即位图交换格式，是一种 256 色的位图格式，压缩率略低于 JPEG 格式。

（6）PNG 格式：能把位图文件压缩到极限以利于网络传输，能保留所有与位图品质有关的信息。

（7）BMP 格式：在 Windows 环境下使用最为广泛，而且使用时极少出问题。

Flash 可以导入不同的矢量或位图文件格式，具体取决于系统是否安装了 QuickTime 4 或更高版本。在作者既使用 Windows 平台，也使用 Macintosh 平台的合作项目中，使用安装了 QuickTime 4 的 Flash 特别有用。QuickTime 4 扩展了这两种平台对某些文件格式（包括 PICT、QuickTime 影片及其他类型）的支持。

无论是否安装了 QuickTime 4，都可以将以下矢量或位图文件格式导入到 Flash Professional CS5 中，如表 5－1 所示。

表5－1 都可导入的矢量或位图文件格式

文件类型	扩 展 名	Windows
Illustrator（版本10或更低版本）	. ai	·
Photoshop	. psd	·
AutoCAD DXF	. dxf	·
位图	. bmp	·
增强的Windows元文件	. emf	·
FreeHand	. fh7、. fh8、. fh9、. fh10、. fh11	·
FutureSplash Player	. spl	·
GIF和GIF动画	. gif	·
JPEG	. jpg	·
PNG	. png	·
Flash Player 6/7	. swf	·
Windows元文件	. wmf	·

只有安装了QuickTime 4或更高版本，才能将以下位图文件格式导入Flash，如表5－2所示。

表5－2 需安装QuickTime 4才可导入的矢量或位图文件格式

文件类型	扩 展 名	Windows
MacPaint	. pntg	·
PICT	. pct、. pic	·（作为位图）
QuickTime图像	. ptif	·
Silicon Graphics图像	. sgi	·
TGA	. tga	·
TIFF	. tif	·

5.1.2 导入图像素材

Flash Professional CS5可以识别多种不同的位图和向量图的文件格式，可以通过导入或粘贴的方法将素材导入Flash Professional CS5中。

1. 处理导入的位图

将位图导入Flash时，该位图可以修改，并可用各种方式在Flash文档中使用它。

如果Flash文档中显示导入位图的大小比原始位图大，则图像可能扭曲。若要确保正确显示图像，预览导入的位图。

在舞台上选择位图后，“属性”检查器会显示该位图的元件名称、像素尺寸及其在舞台上的位置。使用“属性”检查器，可以交换位图实例。即用当前文档中的其他位图的实例替换该实例。

2. 导入图像素材

1）导入到舞台

（1）导入电子资料中的 example \ chapter5 \ example5.1.2 \ 豹子 × ×. jpg 位图到舞台：当导入位图到舞台上时，舞台上显示出该位图，位图同时被保存在“库”面板中。

选择“文件→导入→导入到舞台”命令，弹出“导入”对话框，在对话框中选中要导入的位图图片“豹子 01. jpg”，如图 5 - 1 所示。单击“打开”按钮，弹出提示对话框，如图 5 - 2 所示。

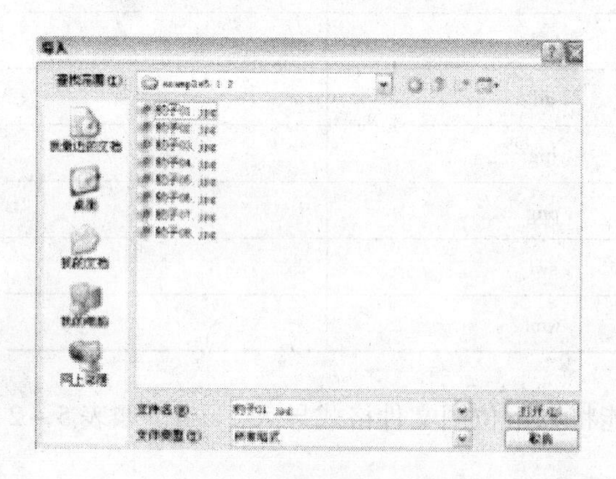

图 5 - 1 弹出导入对话框

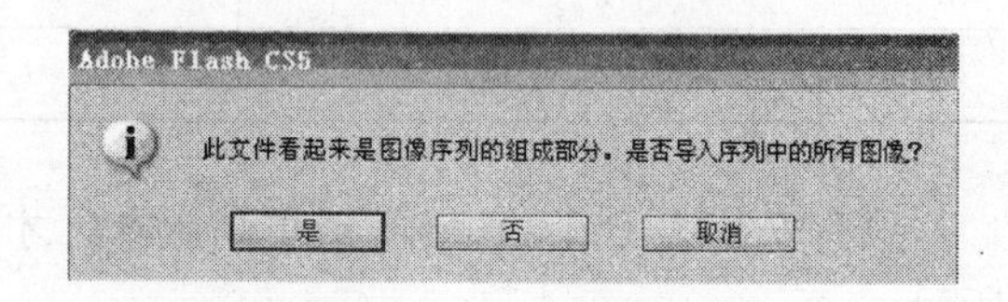

图 5 - 2 提示对话框

当单击“否”按钮时，选择的位图图片“豹子 01. jpg”被导入到舞台上，这时，舞台、“库”面板和“时间轴”所显示的效果如图 5 - 3 ～图 5 - 5 所示。

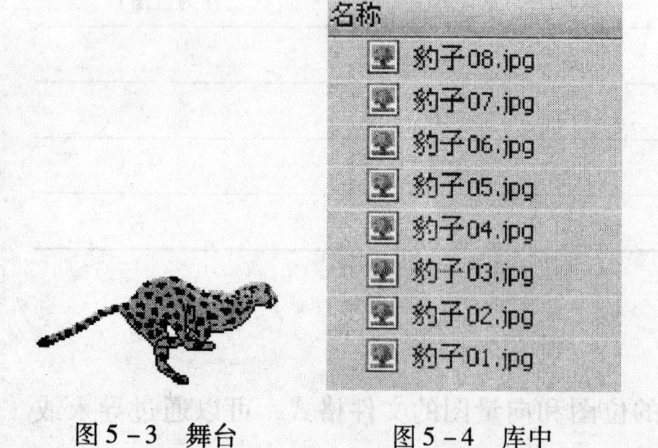

图 5 - 3 舞台

图 5 - 4 库中

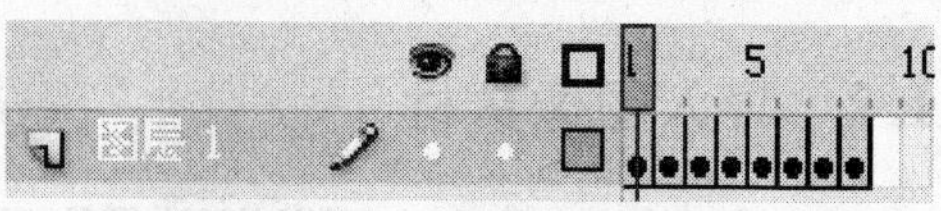

图 5 - 5 时间轴

可以用各种方式将多种位图导入到 Flash Professional CS5 中，并且可以从 Flash Professional CS5 中启动其他外部图像编辑器，从而在这些编辑应用程序中修改导入的位图。

（2）导入矢量图到舞台：当导入矢量图到舞台上时，舞台上显示该矢量图，但矢量图并不会被保存到“库”面板中。

选择“文件→导入→导入到舞台”命令，弹出“导入”对话框，在对话框中选中需要的文件，单击“打开”按钮，弹出“将‘11.ai’导入到舞台”对话框，如图5－6所示，单击“确定”按钮，矢量图被导入到舞台上，如图5－7所示。此时，查看“库”面板，并没有保存矢量图“云朵图案”。

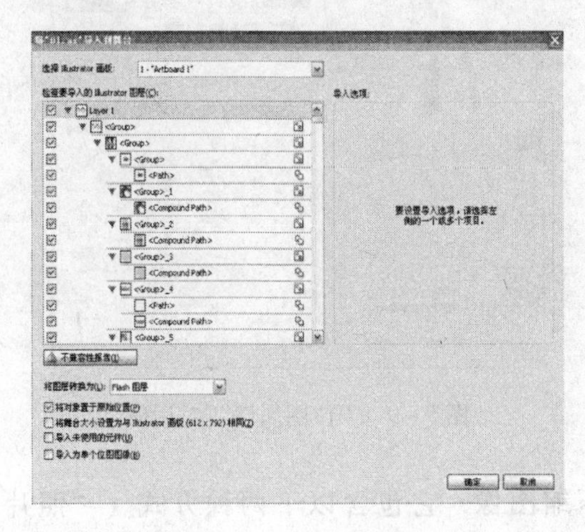

图5－6　导入对话框

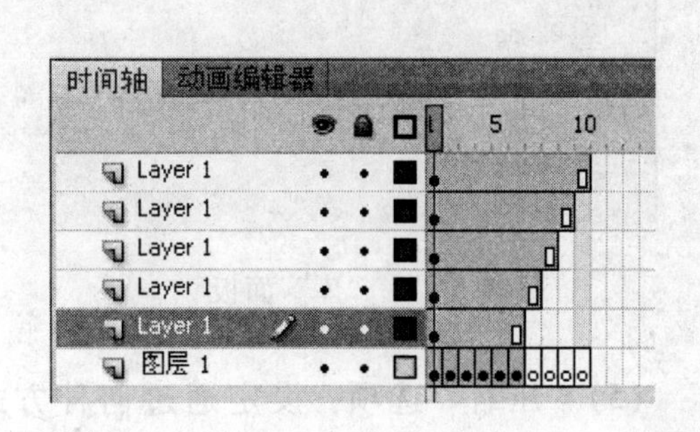

图5－7　导入舞台后时间轴显示

2）导入到库

(1) 导入位图到库：当导入位图到“库”面板时，舞台上不显示该位图，只在“库”面板中进行显示。选择“文件→导入→导入到库”命令，弹出“导入到库”对话框，在对话框中选中文件，单击“打开”按钮，位图被导入到“库”面板中。

(2) 导入矢量图到库：当导入矢量图到“库”面板时，舞台上不显示该矢量图，只在“库”面板中进行显示。方法同“导入位图到库”。

3. 外部粘贴

可以将其他程序或文档中的位图粘贴到 Flash Professonal CS5 的舞台中，其方法为：在其他程序或文档中复制图像，选中 Flash Professonal CS5 文档，按 Ctrl + V 组合键，将复制的图像进行粘贴，图像出现在 Flash Professonal CS5 文档的舞台中。

5.1.3　设置导入位图属性

可以对导入的位图应用消除锯齿功能，平滑图像的边缘；也可以选择压缩选项以减小位图文件的大小，以及格式化文件以便在 Web 上显示。

在“库”面板中双击位图图标，如图5－8所示，弹出“位图属性”对话框，如图5－9所示。

(1) 位图浏览区域：对话框的左侧为位图浏览区域，将鼠标指针放置在此区域，指针变为手形时，拖动鼠标可移动区域中的位图。

(2) 位图名称编辑区域：对话框的上方为名称编辑区域，可以在此更换位图的名称。

(3) 位图基本情况区域：名称编辑区域下方为基本情况区域，该区域显示了位图的创建日期、文件大小、像素位数及位图在计算机中的具体位置。

(4)“允许平滑”选项：利用消除锯齿功能平滑位图边缘。

名称	链接
01.jpg	
02.jpg	
03.jpg	
04.jpg	
05.jpg	
06.jpg	

图 5－8 “库”面板

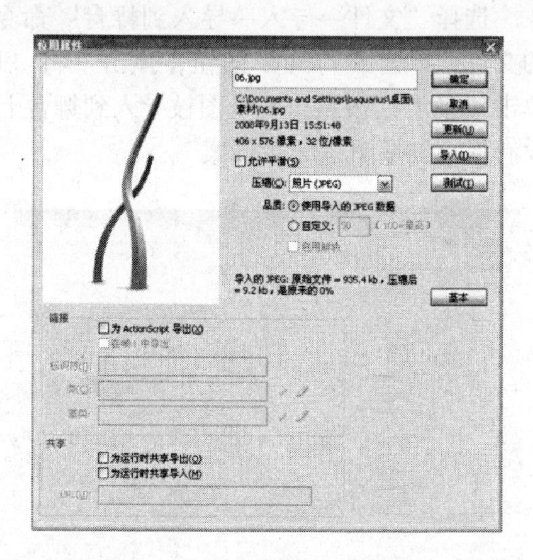

图 5－9 “位图属性”对话框

（5）“压缩”选项：设定通过何种方式压缩图像，它包含以下两种方式（“照片（JPEG）”与“无损（PNG/GIF）”）。

（6）“更新”按钮：如果此图片在其他文件中被更改了，单击此按钮进行刷新。

（7）“导入”按钮：可以导入新的位图，替换原有的位图。单击此按钮，弹出“导入位图”对话框，在对话框中选中要进行替换的位图，单击“打开”按钮，原有位图被替换。

（8）“测试”按钮：单击此按钮可以预览文件压缩后的结果。在“自定义”选项的数值框中输入数值，如图 5－10 所示。单击“测试”按钮，在对话框左侧的位图浏览区域中，可以观察压缩后的位图质量效果，如图 5－11 所示。

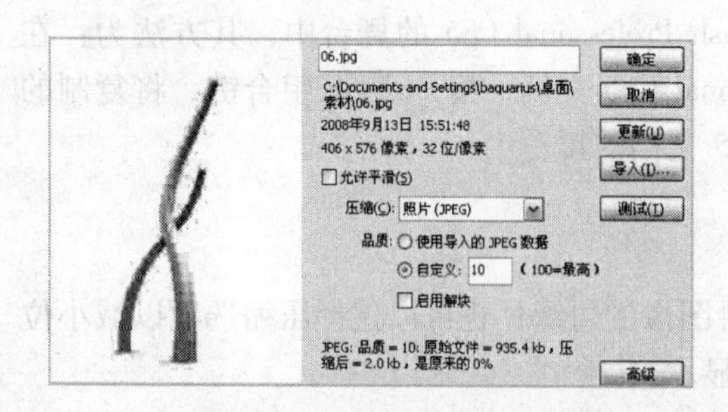

图 5－10 “自定义”选项

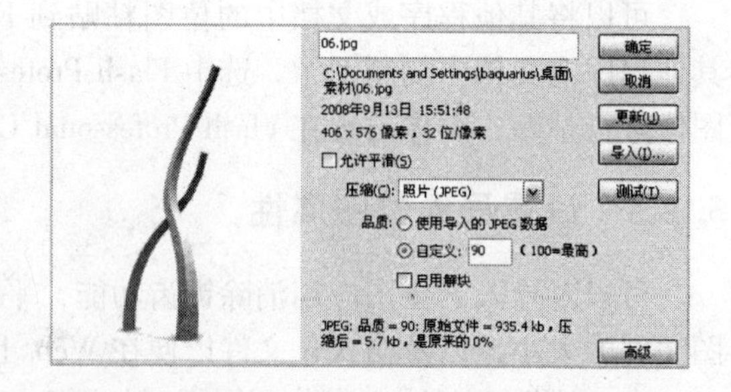

图 5－11 测试后质量

还可以通过“库”面板的属性按钮进行属性的设置。

（1）在“库”面板中选择一个位图，然后单击“库”面板底部的“属性”按钮，或者右击选择“属性”。

（2）选择“允许平滑”。平滑可用于在缩放位图图像时提高图像的品质。

（3）为“压缩”选择以下其中一个选项。

① 照片（JPEG）：以 JPEG 格式压缩图像。若要使用为导入图像指定的默认压缩品质，

选择“使用文档默认品质”；若要指定新的品质压缩设置，取消选择“使用文档默认品质”，并在“品质”文本字段中输入一个介于 1 ～ 100 的值。设置的值越高，保留的图像就越完整，但产生的文件也会越大。

② 无损（PNG/GIF）：将使用无损压缩格式压缩图像，这样不会丢失图像中的任何数据。

注意： 对于具有复杂颜色或色调变化的图像，如具有渐变填充的照片或图像，使用“照片”压缩格式；对于具有简单形状和相对较少颜色的图像，使用无损压缩格式。

（4）若要确定文件压缩的结果，单击“测试”按钮；若要确定选择的压缩设置是否可以接受，将原始文件大小与压缩后的文件大小进行比较。

（5）单击“确定”按钮。

5.1.4 将位图转换为图形

使用 Flash Professional CS5 可以将位图分离为可编辑的图形，位图仍然保留它原来的细节。分离位图后，可以使用绘画工具和涂色工具来选择和修改位图的区域。

在舞台中导入位图。选中位图，选择“修改→分离”命令，将位图打散，如图 5－12 所示。

图 5－12 打散分离

对打散后的位图进行编辑，具体操作步骤如下。

（1）选择刷子工具，在位图上进行绘制。显示效果如图 5－13 所示。未分离图形，绘制线条后，线条将在位图的下方显示，如图 5－13（a）所示。

（a）未分离　　（b）分离

图 5－13 显示效果

（2）选择选择工具，直接在打散后的图形上拖动，改变图形形状或删减图形，如图5－14所示。

图5－14　分离后可拖动删减改变图形

（3）选择橡皮擦工具，擦除图形。选择墨水瓶工具，为图形添加外边框，如图5－15所示。

图5－15　橡皮擦工具和墨水瓶工具

（4）选择套索工具，选中工具箱下方的“魔术棒”按钮，在图形的蓝色上单击鼠标，将图形上的蓝色部分选中如图5－16（a）所示，按Delete键，删除选中的图形，结果如图5－16（b）所示。

（a）

（b）

图5－16　魔术棒删除的选中图形

将位图转换为图形后，图形不再链接到“库”面板中的位图组件。也就是说，当修改打散后的图形时不会对“库”面板中相应的位图组件产生影响。

5.1.5 将位图转换为矢量图

（1）位图转换为矢量图的方法如下。

选中位图，如图 5－17 所示，选择“修改→位图→转换位图为矢量图”命令，弹出“转换位图为矢量图”对话框，设置数值后，如图 5－18 所示。单击“确定”按钮，位图转换为矢量图，如图 5－19 所示。

图 5－17　选中位图

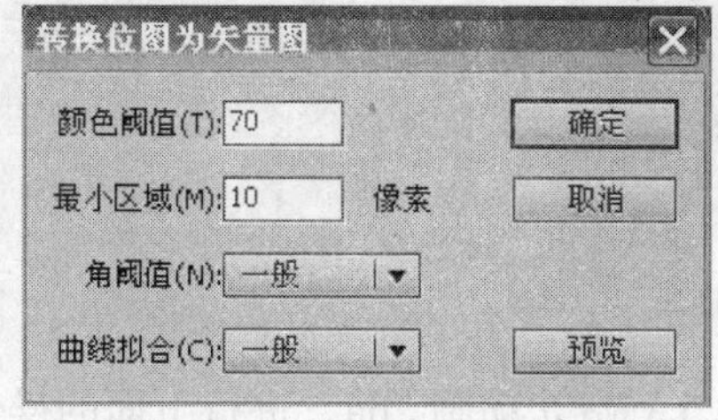

图 5－18　位图转换对话框

图 5－19　转换成矢量图

“转换位图为矢量图”对话框中各选项含义。

①“颜色阈值”选项：设置将位图转化为矢量图形时的色彩细节。数值的输入范围为 0～500，该值越大，图像越清晰。

②“最小区域”选项：设置将位图转化成矢量图形时色块的大小。数值的输入范围为 0～1 000，该值越大，色块越大。

③“曲线拟合”选项：设置在转换过程中对色块处理的清晰度。图形转化时边缘越光滑，对原图像细节的失真程度越高。

④“角阈值”选项：定义角转化的精细程度。

（2）用颜料桶工具进行重新填色。

将位图转换为矢量图形后，选择颜料桶工具，将填充颜色设置为黄色，在图形的背景区域单击，将背景区域填充为黄色，如图 5－20、图 5－21 所示。

图 5－20　选中背景区

图 5－21　填充背景区域色彩

（3）用吸管工具采样图形并填充。

将位图转换为矢量图形后，选择吸管工具，在绿色的叶子上单击，吸取绿色的色彩值，吸取后，光标变为颜料桶，在蓝色背景上单击，用绿色进行填充，将蓝色区域全部转换为绿色。

5.1.6 案例：制作站立动画

案例描述

本实例设计的是卡通人物站立的动画效果。本实例主要是针对素材的应用。

练习提示

打开资料中的 chapter \ 5.1 \ 站立动画 . fla，进行下面的操作。

（1）选择“文件→导入→导入到舞台”命令将素材导入。

（2）选择“修改→分离”命令将图片打散。

（3）将站立的部分与图片分离，删除多余部分。

（4）将站立的 4 幅图片分开。

（5）新建影片剪辑元件并进入元件，在 4、6、8、11、13 处插入关键帧，打开标尺以方便对齐，将站立的图片分别放入。

（6）回到主场景，将完成的元件放入舞台。

5.2 音频的基础知识及声音素材的格式

Flash 中有两种声音类型：事件声音和音频流。

事件声音必须全部下载后才能开始播放。而音频流在下载了足够的数据后就开始播放；音频流要与时间轴同步以便在网站上播放。

如果正在为移动设备创作 Flash 内容，则 Flash 还会允许在发布的 SWF 文件中包含设备声音。设备声音以设备本身支持的音频格式编码，如 MIDI、MFi 或 SMAF。可以使用共享库将声音链接到多个文档，还可以使用 ActionScript 3.0 SoundComplete 事件根据声音的完成触发事件。并且可以使用预先编写的行为或媒体组件来加载声音和控制声音回放；后者（媒体组件）还提供了用于停止、暂停、后退等动作的控制器。另外，也可以使用 3.0 动态加载声音。

5.2.1 音频的基本知识

1. 取样率

取样率是指在进行数字录音时，单位时间内对模拟的音频信号进行提取样本的次数。取样率越高，声音越好。Flash 经常使用 44 kHz、22 kHz 或 11 kHz 的取样率对声音进行取样。例如，使用 22 kHz 取样率取样的声音，每秒钟要对声音进行 22 000 次分析，并记录每两次分析之间的差值。

2. 位分辨率

位分辨率是指描述每个音频取样点的比特位数。例如，8 位的声音取样表示 2 的 8 次方或 256 级。可以将较高位分辨率的声音转换为较低位分辨率的声音。

3. 压缩率

压缩率是指文件压缩前后大小的比率，用于描述数字声音的压缩效率。

5.2.2 声音素材的格式

Flash Professional CS5 提供了许多使用声音的方式。它可以使声音独立于时间轴连续播放，或使动画和一个音轨同步播放；可以向按钮添加声音，使按钮具有更强的互动性；还可以通过声音淡入淡出产生更优美的声音效果。下面介绍可导入 Flash 中的常见的声音文件格式。

1. WAV 格式

WAV 格式可以直接保存对声音波形的取样数据，数据没有经过压缩，所以音质较好，但 WAV 格式的声音文件通常文件量比较大，会占用较多的磁盘空间。

2. MP3 格式

MP3 格式是一种压缩的声音文件格式。同 WAV 格式相比，MP3 格式的文件量只占 WAV 格式的 1/10。优点为体积小、传输方便、声音质量较好，已经被广泛应用到计算机音乐中。

3. AIFF 格式

AIFF 格式支持 MAC 平台，支持 16 位 44 kHz 立体声。只有系统上安装了 QuickTime 4 或更高版本，才可使用此声音文件格式。

4. AU 格式

AU 格式是一种压缩声音文件格式，只支持 8 位的声音，是互联网上常用的声音文件格式。只有系统上安装了 QuickTime 4 或更高版本，才可使用此声音文件格式。

声音文件要占用大量的磁盘空间和内存。所以，一般为提高作品在网上的下载速度，常使用 MP3 格式，因为它的声音资料经过了压缩，比 WAV 或 AIFF 格式的文件量小。在 Flash 中只能导入采样比率为 11 kHz、22 kHz 或 44 kHz，8 位或 16 位的声音。通常，为了作品在网上有较满意的下载速度而使用 WAV 或 AIFF 文件时，最好使用 16 位 22 kHz 单声道。

导入声音素材后，可以将其直接应用到动画作品中，也可以通过声音编辑器对声音素材进行编辑，然后再进行应用。

5.2.3 添加声音

1. 为动画添加声音

选择“文件→打开”命令，弹出“打开”对话框，选择动画文件，单击“打开”按钮，将文件打开，如图 5 - 22 所示。选择“文件→导入→导入到库”命令，在“导入到库”对话框中选择声音文件，单击“打开”按钮，将声音文件导入到“库”面板中，如图 5 - 23 所示。

图 5－22 打开动画文件

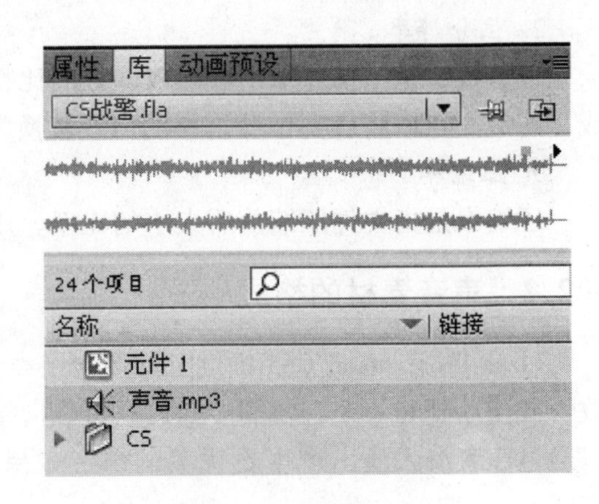

图 5－23 导入声音文件

创建新的图层并重命名为“声音”，作为放置声音文件的图层。在“库”面板中选中声音文件，按住鼠标左键，将其拖动到舞台窗口中，如图 5－24 所示。

图 5－24 将声音拖动到时间轴

松开左键，在“声音”图层中出现声音文件的波形，如图 5－25 所示。声音添加完成，按 Ctrl + Enter 组合键，可以测试添加效果。

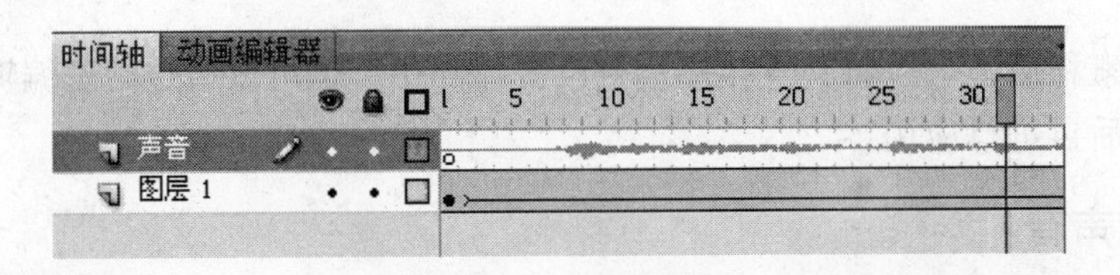

图 5－25 声音波形

注意：一般情况下，将每个声音放在一个独立的层上，使每个层都作为一个独立的声音通道。这样在播放动画文件时，所有层上的声音就混合在一起了。

2. 声音属性面板

选择“窗口→属性”命令，单击右下角的箭头以展开“属性”检查器。在“属性”检查器中，从“声音”弹出菜单中选择声音文件，如图 5 - 26 所示。

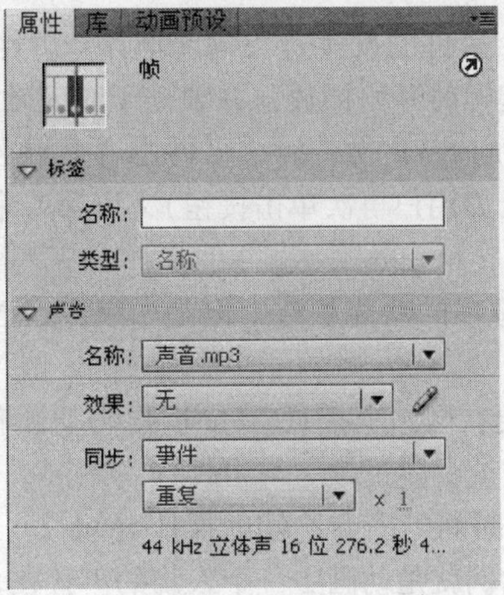

图 5 - 26 声音属性面板

选择“效果”，可以看到弹出菜单中的以下各效果选项。

(1) 无：不对声音文件应用效果。选中此选项将删除以前应用的效果。

(2) 左声道/ 右声道：只在左声道或右声道中播放声音。

(3) 从左到右淡出/ 从右到左淡出：会将声音从一个声道切换到另一个声道。

(4) 淡入：随着声音的播放逐渐增加音量。

(5) 淡出：随着声音的播放逐渐减小音量。

(6) 自定义：允许使用“编辑封套”创建自定义的声音淡入和淡出点，如图 5 - 27 所示。

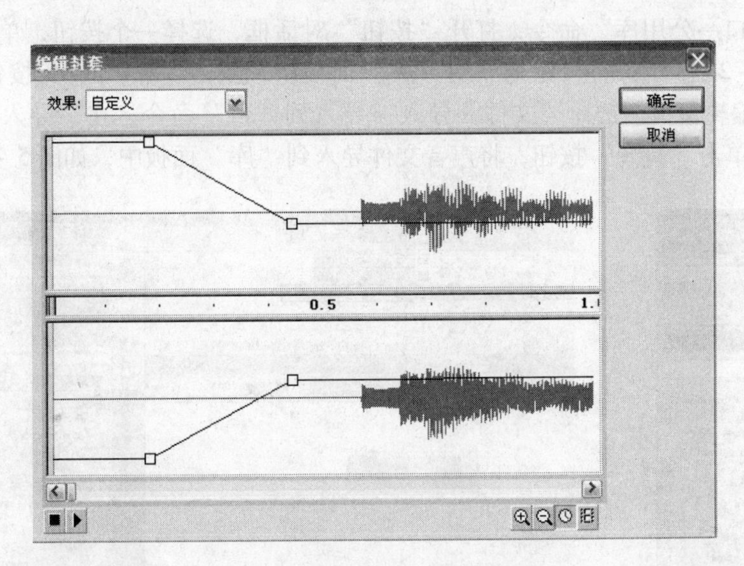

图 5 - 27 自定义的声音淡入和淡出点

选择“同步”，可以看到弹出菜单中的以下各选项。

（1）停止：如果放置声音的帧不是主时间轴中的第 1 帧，则选择“停止”选项。停止使指定的声音静音。

（2）事件：将声音和一个事件的发生过程同步起来。事件声音（如用户单击按钮时播放的声音）在显示其起始关键帧时开始播放，并独立于时间轴完整播放，即使 SWF 文件停止播放也会继续。当播放发布的 SWF 文件时，事件声音会混合在一起。如果事件声音正在播放，而声音再次被实例化（如用户再次单击按钮），则第一个声音实例继续播放，另一个声音实例同时开始播放。

（3）开始：与“事件”选项的功能相近，但是如果声音已经播放，则新声音实例就不会播放。

（4）流：同步声音，以便在网站上播放。Flash 强制动画和音频流同步。如果 Flash 不能足够快地绘制动画的帧，它就会跳过帧。与事件声音不同，音频流随着 SWF 文件的停止而停止。而且，音频流的播放时间绝不会比帧的播放时间长。当发布 SWF 文件时，音频流混合在一起。音频流的一个示例就是动画中一个人物的声音在多个帧中播放。

注意：如果使用 MP3 声音作为音频流，则必须重新压缩声音，以便能够导出。可以将声音导出为 MP3 文件，所用的压缩设置与导入它时的设置相同。

（5）重复：选择“重复”并输入一个值，以指定声音循环的次数。

（6）循环：连续重复声音。要连续播放，输入一个足够大的数，以便在扩展持续时间内播放声音。例如，若要在 15 分钟内循环播放一段 15 秒的声音，输入 60。不建议循环播放音频流。

注意：如果将音频流设为循环播放，帧就会添加到文件中，文件的大小就会根据声音循环播放的次数而倍增。

3. 为按钮添加音效

选择“窗口→公用库”命令，打开“按钮”对话框，选择一个按钮，单击“bar blue”按钮，如图 5－28 所示。将按钮拖放到“库”面板中，双击“bar blue”按钮，进入“bar blue”的舞台编辑窗口。选择“文件→导入→导入到舞台”命令，在“导入”对话框中选择声音文件，单击“打开”按钮，将声音文件导入到“库”面板中，如图 5－29 所示。

图 5－28　按钮库中显示

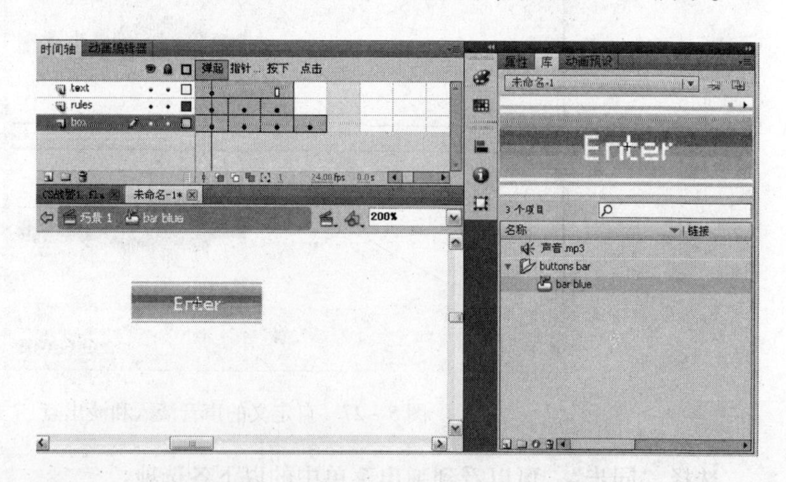

图 5－29　将声音文件导入到“库”面板中

创建新的图层——“图层 2”作为放置声音文件的图层，选中“指针”帧，按 F6 键，插入关键帧，如图 5 – 30 所示。

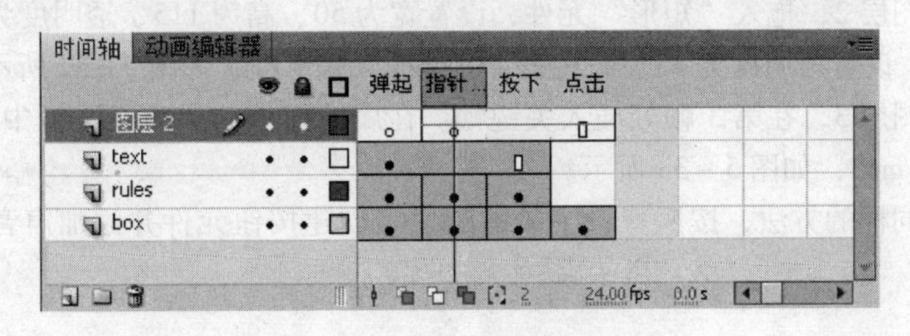

图 5 – 30　插入关键帧

在“按下”帧中插入空白关键帧，在“指针”帧中出现声音文件的波形，这表示动画开始播放后，当鼠标指针经过按钮时，按钮将响应音效，如图 5 – 31 所示。按钮音效添加完成，按 Ctrl + Enter 组合键，可以测试添加效果。

图 5 – 31　插入音效

5.2.4　案例：制作悠扬的旋律

案例描述

本实例通过创建按钮元件添加声音，将按钮元件放置于画面下方的琴键上，单击任意一个琴键即发出声音。本实例是为了加强对音频的使用。

练习提示

打开电子资料中的 chapter \ 5. 2 \ 悠扬的旋律 . fla，进行下面的操作。

(1) 将素材导入到库中。新建图像元件“背景”，并拖入 bg. jpg。新建“背景”图层并将“背景”图形元件拖动到舞台中央。

(2) 新建“矩形”图形元件，绘制一个矩形。新建“按键音 1”按钮元件，在第 1 帧处拖入“矩形”图形元件，设置宽为100、高为85、透明度为0。在第2帧处插入关键帧，设置透明度为35%，在第4帧处插入普通帧。

（3）新建图层2，拖入“矩形”元件，设置宽为50、高为115、透明度为0。在第2帧处插入关键帧，设置透明度为35%，在第4帧处插入普通帧，如图5－32所示。

（4）新建图层3，在第3帧处插入关键帧。在属性面板的“声音”栏中“名称”下拉列表中选择01. mp3，如图5－33所示。

（5）使用同样的方法，按照背景中琴键的形状创建按钮元件并添加声音，如图5－34所示。

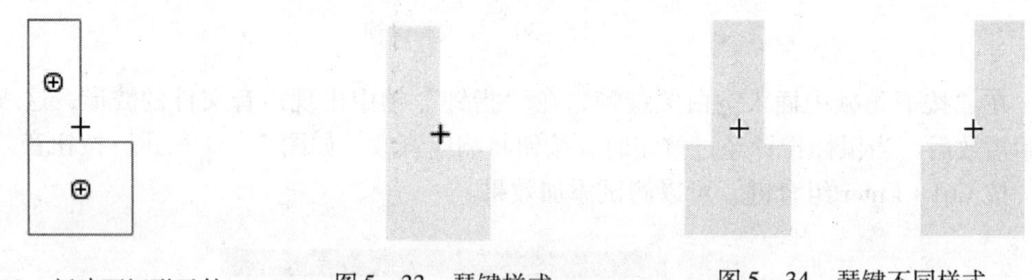

图5－32 新建两矩形元件　　图5－33 琴键样式　　图5－34 琴键不同样式

（6）返回主场景，新建琴键图层，将16个按钮置于舞台中琴键位置，覆盖每个琴键，如图5－35所示。

图5－35 最终样式

（7）新建文字图层，输入静态文本，并添加滤镜。

5.3 视频素材的应用

在Flash Professional CS5中，可以导入外部的视频素材并将其应用到动画作品中，也可以根据需要导入不同格式的视频素材并设置视频素材的属性。

5.3.1 视频素材的格式

要在 Flash 中使用视频，需要了解以下信息。

(1) Flash 仅可以播放特定视频格式。这些视频格式包括 FLV、F4V、MOV（QuickTime 影片)、AVI（音频视频交叉文件）和 MPG、MPEG（运动图像专家组文件）视频。

(2) 使用单独的 Adobe Media Encoder 应用程序（Flash 附带）将其他视频格式转换为 FLV 和 F4V。

(3) 将视频添加到 Flash 中有多种方法，在不同情形下各有优点。

(4) Flash 包含一个视频导入向导，在选择“文件→导入→导入视频”命令时会打开该向导。

(5) 使用 FLVPlayback 组件是在 Flash 文件中快速播放视频的最简单方法。

5.3.2 导入视频素材

Macromedia Flash Video（FLV）文件可以导入或导出带编码音频的静态视频流。适用于通信应用程序，如视频会议或包含从 Flash Media Server 中导出的屏幕共享编码数据的文件。

要导入 FLV 格式的文件，可以选择“文件→导入→导入到舞台”命令。在弹出的“导入”对话框中选择要导入的 FLV 影片 example \ chapter5 \ example5. 4. 2 \ movie. flv 文件，单击“打开”按钮，弹出“选择视频”对话框，在对话框中点选“在 SWF 中嵌入 FLV 并在时间轴中播放”选项，如图 5－36 所示。单击“下一步”按钮。

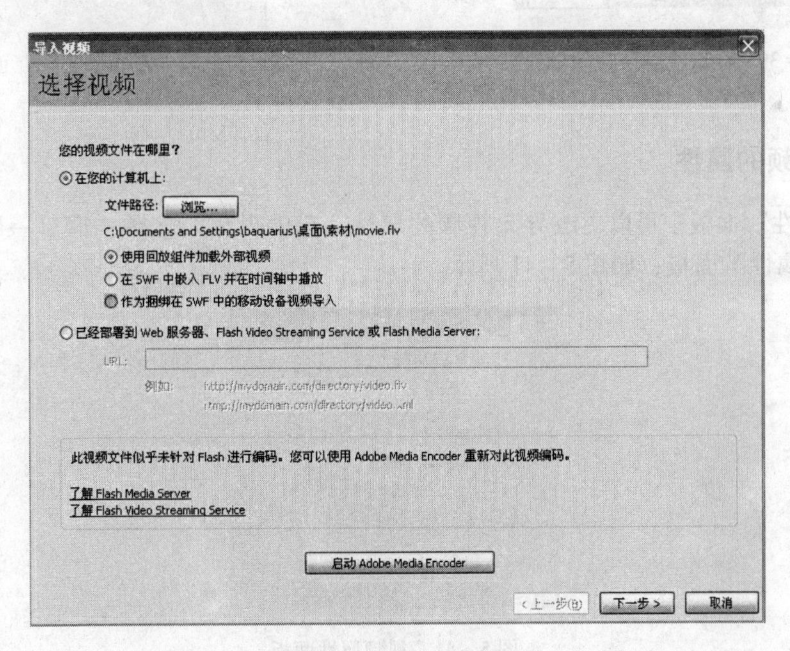

图 5－36 导入视频

进入“在 SWF 中嵌入 FLV 并在时间轴中播放”对话框，如图 5－37 所示。单击“下一步”按钮，弹出“完成视频导入”对话框，单击“完成”按钮，完成视频的编辑，效果如图 5－38 所示。

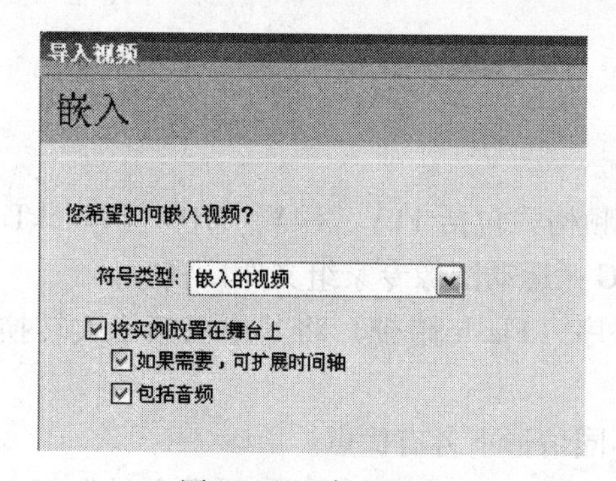

图 5－37　嵌入方式

图 5－38　导入视频完成效果

此时，“时间轴”和“库”面板中的效果如图 5－39、图 5－40 所示。

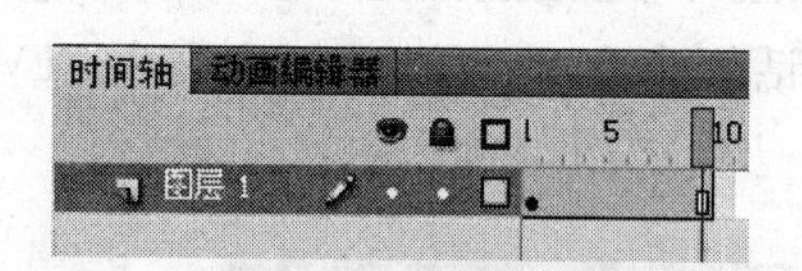

图 5－39　导入视频后时间轴效果

图 5－40　导入视频后“库”面板效果

5.3.3　视频的属性

在“属性”面板中可以更改导入视频的属性。选中视频，选择“窗口→属性”命令，弹出视频“属性”面板，如图 5－41 所示。

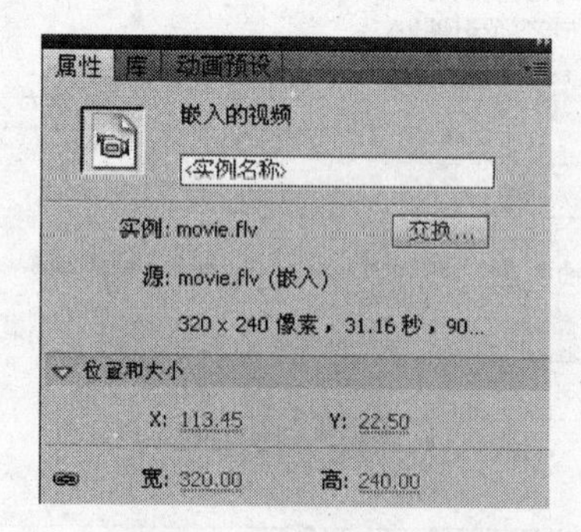

图 5－41　视频属性面板

（1）“实例名称”选项：可以设定嵌入视频的名称。
（2）“宽”、“高”选项：可以设定视频的宽度和高度。
（3）“X”、“Y”选项：可以设定视频在场景中的位置。

（4）“交换”按钮：单击此按钮，弹出“交换视频”对话框，可以将视频剪辑与另一个视频剪辑交换。

5.3.4 使用 Web 服务器以渐进方式下载视频

利用渐进式下载，可以使用 FLVPlayback 组件或编写的 ActionScript 文件在运行时从 SWF 文件中加载并播放外部 FLV 或 F4V 文件。

由于视频文件独立于其他 Flash 内容，所以更新视频内容相对容易，无须重新发布 SWF 文件。

相对于在时间轴中嵌入视频，渐进式下载具有下列优势：

（1）在创作期间，仅发布 SWF 文件即可预览或测试部分或全部 Flash 内容，因此能更快速地预览，从而缩短重复试验的时间；

（2）在播放期间，将第一段视频下载并缓存到本地计算机的磁盘驱动器后，即可开始播放视频；

（3）在运行时，Flash Player 将视频文件从计算机的磁盘驱动器加载到 SWF 文件中，并且不限制视频文件大小或持续时间，不存在音频同步的问题，也没有内存限制；

（4）视频文件的帧速率可以与 SWF 文件的帧速率不同，从而允许在创作 Flash 内容时有更大的灵活性。

导入供进行渐进式下载的视频可以导入本地计算机存储的视频文件，然后在将该视频文件导入 FLA 文件后，将其上传到服务器，也可导入已经上传到标准 Web 服务器、Flash Media Server（FMS）或 Flash Video Streaming Service（FVSS）的视频文件。在 Flash 中，当导入渐进式下载的视频时，实际上仅添加对视频文件的引用。Flash 使用该引用在本地计算机或 Web 服务器上查找视频文件。

操作步骤如下。

（1）选择“文件→导入→导入视频”，将视频剪辑导入到当前的 Flash 文档中。

（2）选择要导入的视频剪辑。

① 要导入本地计算机上的视频，选择“使用播放组件加载外部视频”，并通过“浏览”进行文件选择。

② 要导入已部署到 Web 服务器、Flash Media Server 或 Flash Video Streaming Service 的视频，选择“已经部署到 Web 服务器、Flash Video Streaming Service 或 Stream From Flash Media Server”，然后输入视频剪辑的 URL。

注意： Web 服务器上视频剪辑的 URL 将使用 HTTP 通信协议。Flash Media Server 或 Flash Video Streaming Service 上视频剪辑的 URL 将使用 RTMP 通信协议。

（3）选择视频剪辑的外观，单击“下一步”按钮。

① 通过选择“无”，不设置 FLVPlayback 组件的外观。

② 选择预定义的 FLVPlayback 组件外观之一。Flash 将外观复制到 FLA 文件所在的文件夹。

注意： FLVPlayback 组件的外观会稍有不同，具体取决于创建的是基于 AS2 还是基于 AS3 的 Flash 文档。

③ 输入 Web 服务器上外观的 URL，选择自己设计的自定义外观。

（4）“完成”，视频导入向导在舞台上创建 FLVPlayback 视频组件，可以使用该组件在本地测试视频回放。创建完 Flash 文档后，如果要部署 SWF 文件和视频剪辑，将以下资源部署到承载视频的 Web 服务器或 Flash Media Server。

① 如果使用视频剪辑的本地副本，上传视频剪辑（位于通过 .flv 扩展名选择的源视频剪辑所在的文件夹中）。

注意： Flash 使用相对路径（相对于 SWF 文件）来指示 FLV 或 F4V 文件的位置，这可让在本地使用与服务器上相同的目录结构。如果视频此前已部署到承载视频的 FMS 或 FVSS 上，则可以跳过这一步。

② 视频外观（如果选择使用外观的话）。

5.3.5 使用 Flash Media Server 流式加载视频

Flash Media Server 实时将媒体流化处理到 Flash Player 和 Adobe AIR。Flash Media Server 基于用户的可用带宽，使用带宽检测传送视频或音频内容。

与嵌入式和渐进式下载视频相比，使用 Flash Media Server 流化视频具有下列优点。

（1）与其他集成视频的方法相比，回放视频的开始时间更早。

（2）客户端无须下载整个文件，流传送使用较少的客户端内存和磁盘空间。

（3）只有用户查看的视频部分才会传送给客户端，网络资源的使用变得更加有效。

（4）在传送媒体流时媒体不会保存到客户端的缓存中，媒体传送更加安全。

（5）流视频具备更好的跟踪、报告和记录能力。

（6）流传送可以传送实时视频和音频演示文稿，或者通过 Web 摄像头或数码摄像机捕获视频。

（7）Flash Media Server 为视频聊天、视频信息和视频会议应用程序提供多向和多用户的流传送。

（8）通过使用服务器端脚本控制视频和音频流，可以根据客户端的连接速度创建服务器端播放曲目、同步流和更智能的传送选项。

5.3.6 案例：制作婚礼视频

案例描述

本实例设计的是婚礼视频，唯美的背景加上视频，构成一幅浪漫的画面。本实例主要是为了加强视频的应用。

练习提示

打开电子资料中的 chapter \ 5.3 \ 婚礼视频 .fla，进行下面的操作。

（1）将背景导入舞台，如图 5－42 所示。

图5-42 背景导入舞台中

（2）选择“文件→导入→导入视频”命令，选择文件路径，选择“在SWF中嵌入FLV并在时间轴中播放”，单击“下一步”按钮，如图5-43所示。

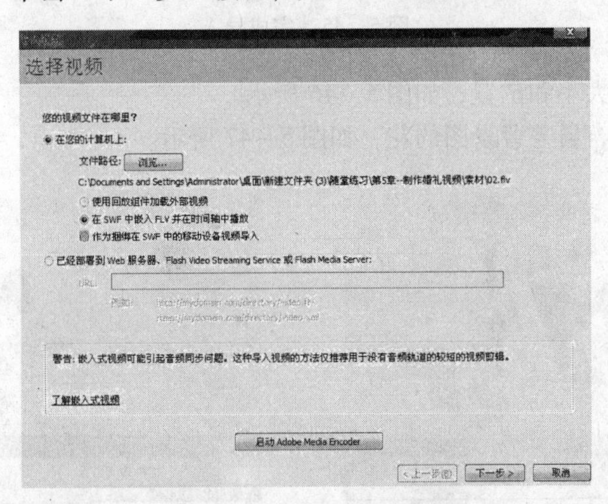

图5-43 导入视频到时间轴

（3）选择嵌入视频的选项，如图5-44所示。

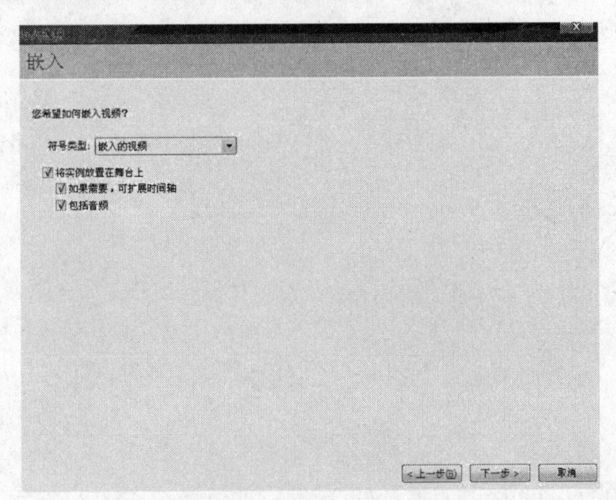

图5-44 嵌入视频的选项

（4）完成视频导入，单击“完成”，如图 5 - 45 所示。

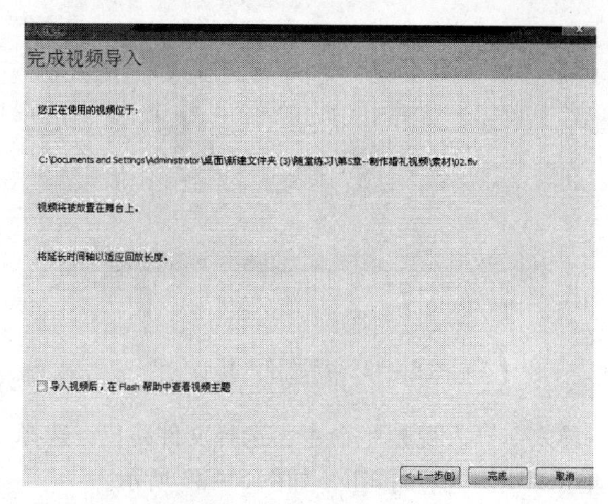

图 5 - 45　完成导入

（5）调整视频的大小和位置，如图 5 - 46 所示。

（6）导入花素材，覆盖背景图的花，如图 5 - 47 所示。

图 5 - 46　调整视频的大小和位置

图 5 - 47　导入花素材

第 3 部分
动画制作篇

元件和库

在 Flash Professional CS5 中，元件起着举足轻重的作用。通过重复使用元件，可以提高工作效率，减小文件大小。本章介绍了元件的创建、编辑、使用及“库”面板的使用方法。通过本章的学习，学生将了解并掌握如何使用元件的相互嵌套及重复使用来制作出变化无穷的动画效果。

6.1 元件与“库”面板

元件就是可以被不断重复使用的特殊对象符号。当不同的舞台剧幕上有相同的对象进行表演时，用户可先建立该对象的元件，需要时只需在舞台上创建该元件的实例即可。在 Flash Professional CS5 文档的“库”面板中可以存储创建的元件以及导入的文件。只要建立 Flash Professional CS5 文档，就可以使用相应的库。

6.1.1 元件的类型

1. 元件的含义

元件是指在 Flash 创作环境中或使用 Button（AS 2.0）、SimpleButton（AS 3.0）和 MovieClip 类创建过一次的图形、按钮或影片剪辑。然后，可在整个文档或其他文档中重复使用该元件。元件可以包含从其他应用程序中导入的插图。创建的任何元件都会自动成为当前文档的库的一部分。

位于舞台上或嵌套在另一个元件内的元件副本称为实例。实例可以与其父元件在颜色、大小和功能方面有差别。编辑元件会更新它的所有实例，但对元件的一个实例应用效果则只更新该实例。

在文档中使用元件可以显著减小文件的大小；保存一个元件的几个实例比保存该元件内容的多个副本占用的存储空间要小。例如，通过将诸如背景图像这样的静态图形转换为元件然后重新使用它们，可以减小文档的文件大小。使用元件还可以加快 SWF 文件的播放速度，因为元件只需下载到 Flash Player 中一次。

在创作或运行时，可以将元件作为共享库资源在文档之间共享。对于运行时共享资源，可以把源文档中的资源链接到任意数量的目标文档中，而无须将这些资源导入目标文档。对于创作时共享的资源，可以用本地网络上可用的其他任何元件更新或替换一个元件。

如果导入的库资源和库中已有的资源同名，可以解决命名冲突，而不会意外地覆盖现有的资源。

2. 元件的类型

每个元件都有一个唯一的时间轴和舞台及若干图层。可以将帧、关键帧和图层添加至元件时间轴，就像将它们添加至主时间轴一样。创建元件时需要选择元件类型。

（1）图形元件。用于静态图像，也用来创建连接到主时间轴的可重用动画片段。图形元件与主时间轴同步运行。交互式控件和声音在图形元件的动画序列中不起作用。由于没有独立的时间轴，图形元件在 FLA 文件中的尺寸小于按钮和影片剪辑。

（2）按钮元件。创建用于响应鼠标单击、滑过或其他动作的交互式按钮。可以定义与各种按钮状态关联的图形，然后将动作指定给按钮实例。创建按钮元件的关键是设置 4 种不同状态的帧，即“弹起”（鼠标抬起）、“指针经过”（鼠标移入）、“按下”（鼠标按下）、“点击”（鼠标响应区域，在这个区域创建的图形不会出现在画面中）。

（3）影片剪辑元件。创建可重用的动画片段。与图形元件不同的是，影片剪辑拥有独立于主时间轴的多帧时间轴。可以将多帧时间轴看作嵌套在主时间轴内，可以包含交互式控件、声音甚至其他影片剪辑实例，也可以将影片剪辑实例放在按钮元件的时间轴内，以创建动画按钮。另外，在影片剪辑元件中可以使用矢量图、图像、声音、影片剪辑元件、图形组件和按钮组件等，并且能在动作脚本中引用影片剪辑元件。

（4）字体元件。导出字体并在其他 Flash 文档中使用该字体。

6.1.2 创建图形元件

选择“插入→新建元件”命令，弹出“创建新元件”对话框，在“名称”选项的文本框中输入“mc1”，在“类型”选项的下拉列表中选择“图形”选项，如图 6－1 所示。单击“确定”按钮，创建一个新的图形元件“mc1”。图形元件的名称出现在舞台的左上方，舞台切换到了图形元件“mc1”的窗口，窗口中间出现十字“＋”，代表图形元件的中心定位点，如图 6－2 所示。在“库”面板中显示出图形元件，如图 6－3 所示。

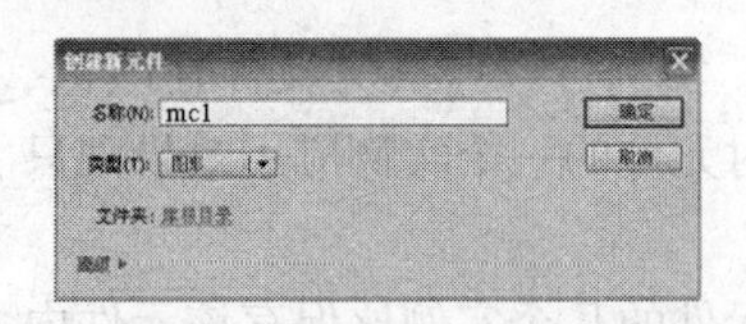

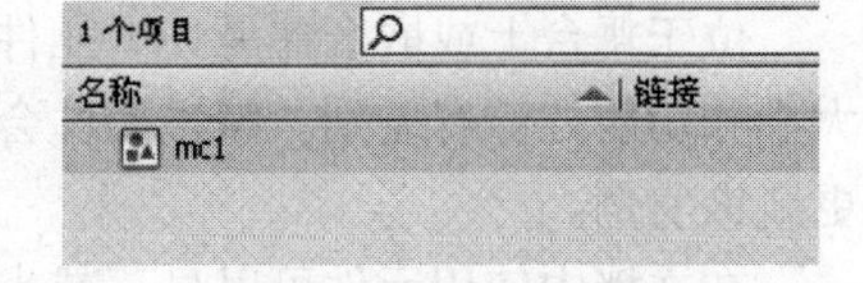

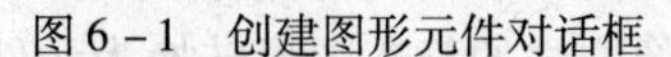
图 6－1　创建图形元件对话框

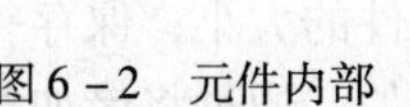
图 6－2　元件内部

图 6－3　“库”面板中的显示

选择“文件→导入→导入到舞台”命令，弹出“导入”对话框，选择要导入的图形，将其导入到舞台，完成图形元件的创建。单击舞台左上方的场景名称“场景 1”就可以返回到场景的编辑舞台。

还可以应用“库”面板创建图形元件。单击“库”面板右上方的按钮，在弹出式菜单中选择“新建元件”命令，弹出“创建新元件”对话框，选中“图形”选项，单击“确定”按钮，创建图形元件。也可在“库”面板中创建按钮元件或影片剪辑元件。

6.1.3 创建按钮元件

虽然 Flash Professional CS5 库中提供了一些按钮，但如果需要复杂的按钮，还是需要自己创建。

打开“创建新元件”对话框，在“名称”选项的文本框中输入“星星”，在“类型”选项的下拉列表中选择“按钮”选项，如图6－4所示。

单击“确定”按钮，创建一个新的按钮元件“星星”。按钮元件的名称出现在舞台的左上方，舞台切换到了按钮元件“星星”的窗口，窗口中间出现十字“＋”，代表按钮元件的中心定位点，在“时间轴”窗口中显示出4个状态帧：“弹起”、“指针”、“按下”、“点击”，如图6－5所示。

（1）“弹起”帧：设置鼠标指针不在按钮上时按钮的外观。

（2）“指针”帧：设置鼠标指针放在按钮上时按钮的外观。

（3）“按下”帧：设置按钮被单击时的外观。

（4）“点击”帧：设置响应鼠标单击的区域。此区域在影片里不可见。

图6－4　创建按钮元件对话框

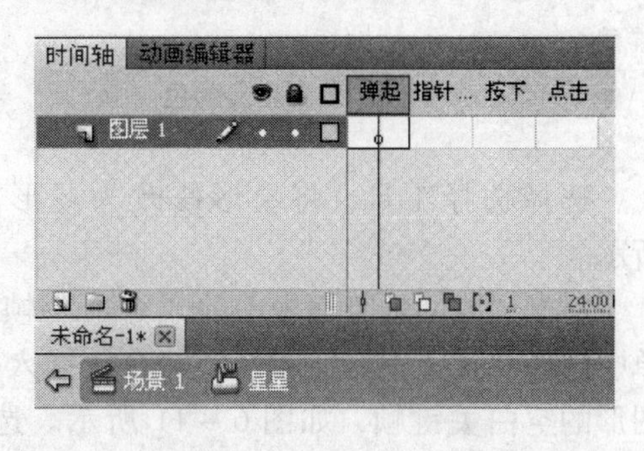

图6－5　按钮元件内部

选择多角星形工具，在“属性”面板中设置星形的样式。在中心点上绘制出一个五角星形，效果如图6－6所示。在“时间轴”面板中选中“指针”帧，按F6键，插入关键帧，如图6－7所示。

图6－6　绘制五角星效果

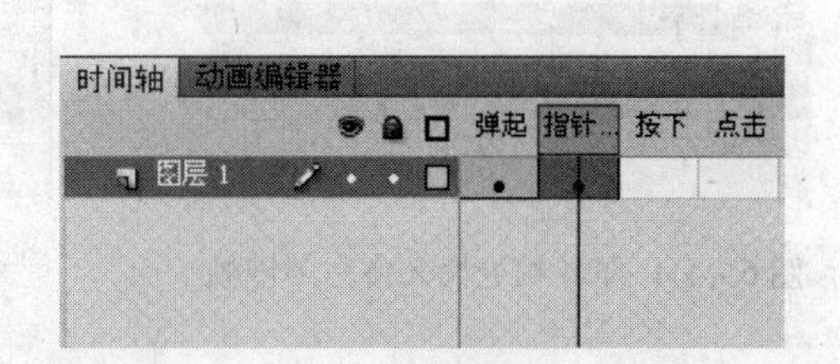

图6－7　第2帧处插入关键帧

选择颜料桶工具，在工具箱中设置填充色，在星形上单击，改变星形的颜色，效果如

图6－8所示。在“时间轴”面板中选中“按下”帧，按F6键，插入关键帧，如图6－9所示。

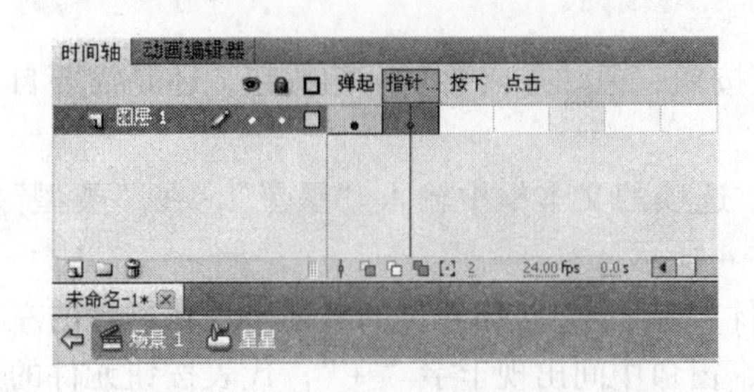

图6－8　改变星形颜色

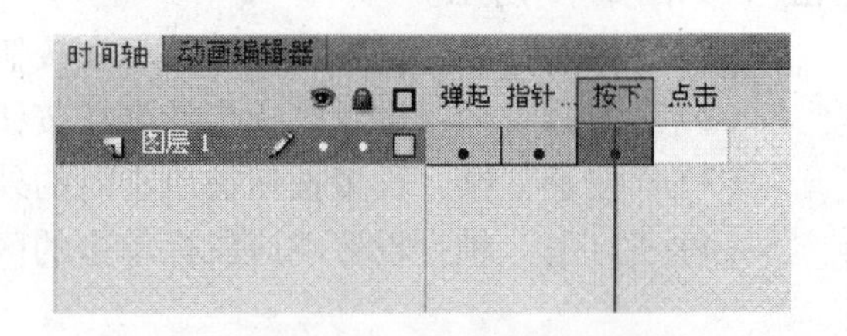

图6－9　第3帧处插入关键帧

选择选择工具，将星形修改为花形，如图6－10所示。

图6－10　变形

右击“时间轴”面板中的“点击”帧，在弹出的菜单中选择“插入空白关键帧”命令，插入一个没有任何图形的空白关键帧，如图6－11所示。选择矩形工具，在中心点上绘制出一个矩形，作为应用时鼠标响应的区域，如图6－12所示。

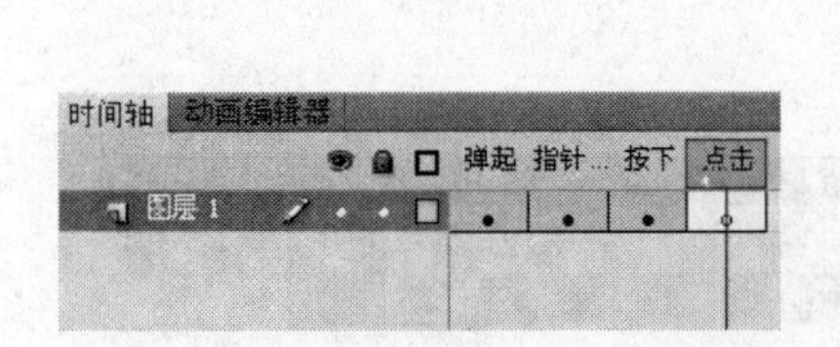

图6－11　第4帧处插入空白关键帧

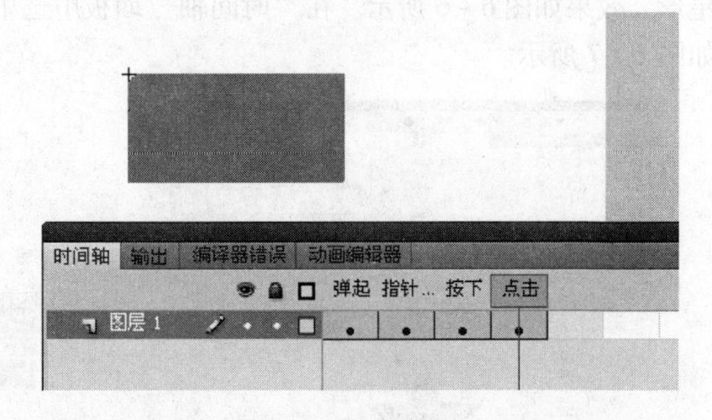

图6－12　绘制矩形

按钮元件制作完成，单击舞台左上方的场景名称“场景1”就可以返回到场景的编辑舞台。

6.1.4 创建影片剪辑元件

依据前面的创建方法，打开“创建新元件”对话框，在“名称”选项的文本框中输入“MC1”，在“类型”选项的下拉列表中选择“影片剪辑”选项，如图6-13所示。

单击“确定”按钮，创建一个新的影片剪辑元件“MC1”。影片剪辑元件的名称出现在舞台的左上方，舞台切换到了影片剪辑元件“mcl”的窗口，窗口中间出现十字“+”，代表影片剪辑元件的中心定位点。在“库”面板中显示出影片剪辑元件，如图6-14所示。

图6-13 创建影片剪辑对话框

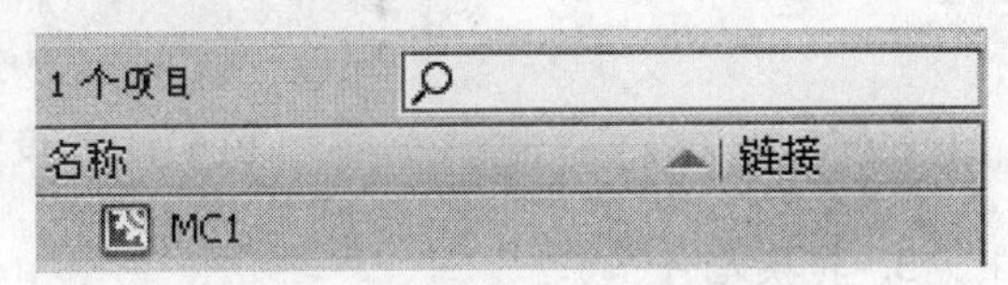

图6-14 “库”面板中的显示

6.1.5 转换元件

1. 将图形转换为图形元件

如果在舞台上已经创建好矢量图形并且以后还要再次应用，可将其转换为图形元件。

选中矢量图形，如图6-15所示。选择“修改→转换为元件”命令，或按F8键，弹出“转换为元件”对话框，在“名称”选项的文本框中，输入要转换元件的名称；在“类型”选项的下拉列表中，选择“图形”选项；单击“确定”按钮，矢量图形被转换为图形元件。

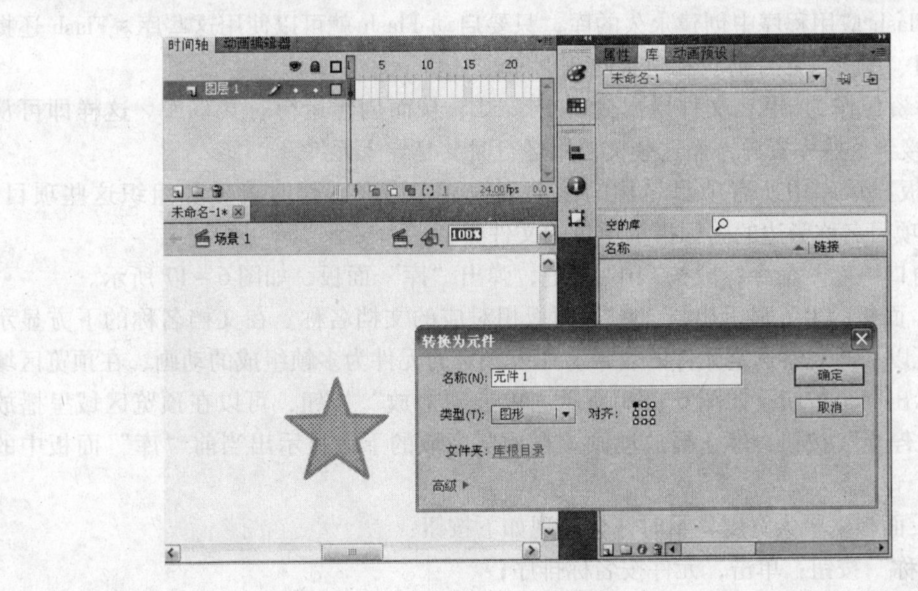

图6-15 转换元件

2. 设置图形元件的中心点

在“转换为元件”对话框的“对齐”选项中有9个中心定位点，可以用来设置转换元件的中心点。选中右下方的定位点，单击“确定”按钮，矢量图形转换为图形元件，元件的中心点在其右下方，如图6-16所示。

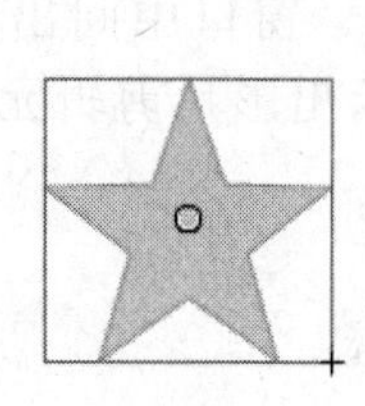
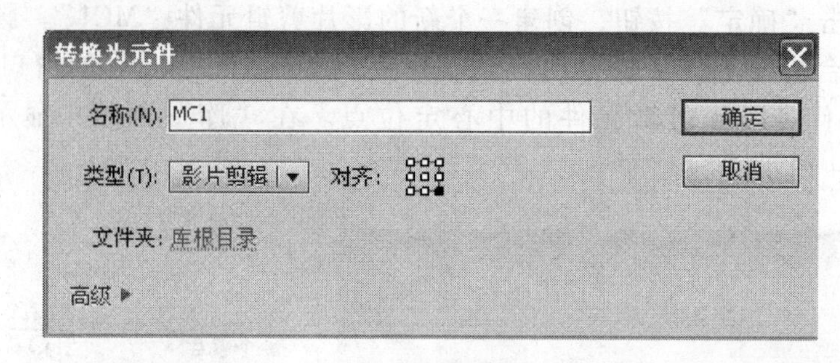

图6-16 设置中心点位置

3. 转换元件

在制作的过程中，可以根据需要将一种类型的元件转换为另一种类型的元件。选中“库”面板中的图形元件，单击面板下方的“属性”按钮，弹出“元件属性”对话框，在“类型”选项的下拉列表中选择“影片剪辑”选项，单击“确定”按钮，图形元件转化为影片剪辑元件。

6.1.6 “库”面板的组成

在 Flash 创作环境中，文档中的库用来存储创建的或导入的媒体资源。库还包含已添加到文档的所有组件，组件在库中显示为编译剪辑。

在 Flash 中工作时，可以打开任意其他 Flash 文档的库，将该文件的库项目用于当前文档。可以在 Flash 应用程序中创建永久的库，只要启动 Flash 就可以使用这些库。Flash 还提供几个含按钮、图形、影片剪辑和声音的范例库。

可以将库资源作为 SWF 文件导出到一个 URL，从而创建运行时共享库。这样即可从 Flash 文档链接到这些库资源，而这些文档用运行时共享导入元件。

“库”面板显示库中所有项目名称的滚动列表，允许在工作时查看和组织这些项目。“库”面板中项目名称旁边的图标指示项目的文件类型。

选择“窗口→库”命令，或按 Ctrl + L 键，弹出“库”面板，如图6-17所示。

在“库”面板的上方显示出与“库”面板相对应的文档名称。在文档名称的下方显示预览区域，可以在此观察选定元件的效果。如果选定的元件为多帧组成的动画，在预览区域的右上方显示出两个按钮，如图6-18所示。单击“播放”按钮，可以在预览区域里播放动画。单击“停止”按钮，停止播放动画。在预览区域的下方显示出当前“库”面板中的元件数量。

当“库”面板呈最大宽度显示时，会出现如下按钮：

（1）“名称”按钮：单击，元件按名称排序；

（2）“类型”按钮：单击，元件按类型排序；

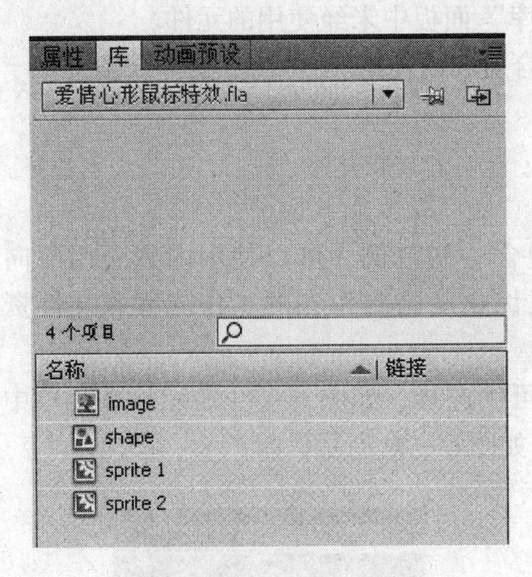

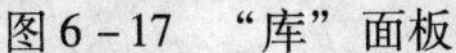
图6-17 “库”面板

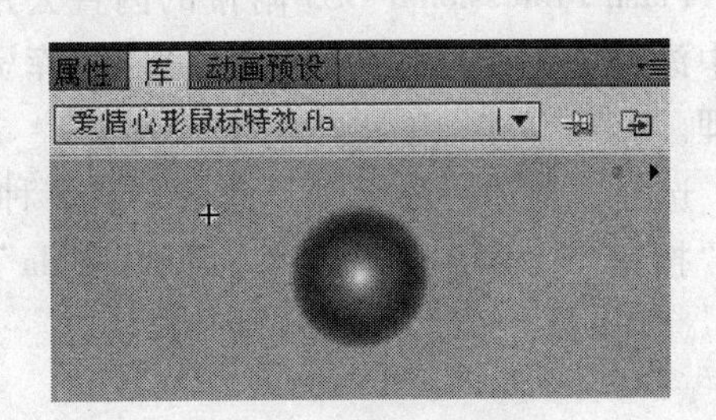

图6-18 库中的预览

(3)“使用次数”按钮：单击，元件按被引用的次数排序；

(4)“链接”按钮：与“库”面板弹出式菜单中“链接”命令的设置相关联；

(5)“修改日期”按钮：单击，元件通过被修改的日期进行排序。

在“库”面板的下方有以下4个按钮。

(1)“新建元件”按钮：用于创建元件。单击此按钮，弹出“创建新元件”对话框，可以通过设置创建新的元件。

(2)“新建文件夹”按钮：用于创建文件夹。用于分门别类地建立文件夹，将相关的元件调入其中，以方便管理。文件夹的名称可以设定。

(3)“属性”按钮：用于转换元件的类型。

(4)“删除”按钮：删除“库”面板中被选中的元件或文件夹。

6.1.7 “库”面板弹出式菜单

单击“库”面板右上方的按钮，出现弹出式菜单，在菜单中提供了实用命令，其中部分命令的含义如下。

(1)“新建字形”命令：用于创建字体元件。

(2)“新建视频”命令：用于创建视频资源。

(3)“直接复制”命令：用于复制当前选中的元件。此命令不能用于复制文件夹。

(4)“移至”命令：用于将选中的元件移动到新建的文件夹中。

(5)“编辑”命令：选择此命令，主场景舞台被切换到当前选中元件的舞台。

(6)“编辑方式”命令：用于编辑所选位图元件。

(7)“使用Sound booth进行编辑”命令：用于打开Sound booth软件，对音频进行润饰、音乐自定、添加声音效果等操作。

(8)“更新”命令：用于更新资源文件。

(9)“组件定义”命令：用于介绍组件的类型、数值和描述语句等属性。

（10）“共享库属性”命令：用于设置公用库的链接。

（11）“选择未用项目”命令：用于选出在“库”面板中未经使用的元件。

（12）“关闭组”命令：选择此命令将关闭组合后的面板组。

6.1.8 内置公用库及外部库的文件

1. 内置公用库

Flash Professional CS5 附带的内置公用库中包含一些范例，可以使用内置公用库向文档中添加按钮或声音。使用内置公用库资源可以优化动画制作者的工作流程和文件资源管理。

选择“窗口→公用库”命令，有 3 种公用库可供选择，如图 6 – 19 所示。在菜单中选择“按钮”命令，弹出“库 – Buttons. fla”面板，如图 6 – 20 所示。

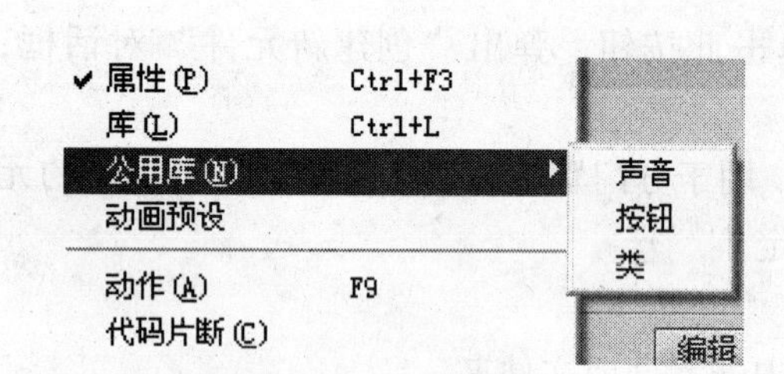

图 6 – 19 公用库选择

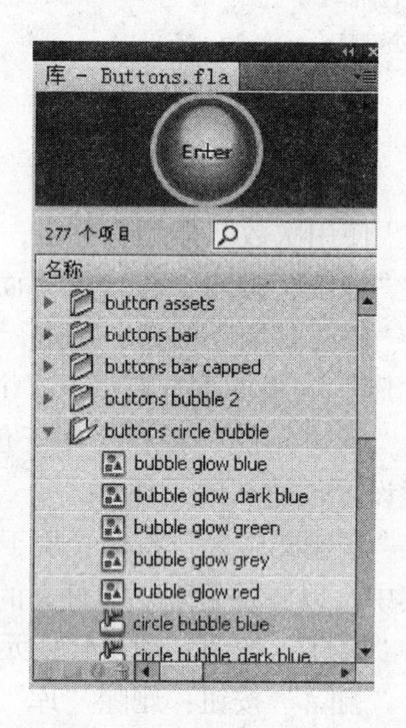

图 6 – 20 “库 – Buttons. fla”面板

在按钮公用库中，“库”面板下方的按钮都为灰色不可用。不能直接修改公用库中的元件，将公用库中的元件调入到舞台中或当前文档的库中即可进行修改。

2. 内置外部库

可以在当前场景中使用其他 Flash Professional CS5 文档的库信息。

选择“文件→导入→打开外部库”命令，弹出“作为库打开”对话框，在对话框中选中要使用的文件，如图 6 – 21 所示；单击“打开”按钮，选中文件的“库”面板被调入到当前的文档中，如图 6 – 22 所示。

要在当前文档中使用选定文件库中的元件，可将元件直接拖动到当前文档的“库”面板或舞台上。

图 6－21 “作为库打开”对话框

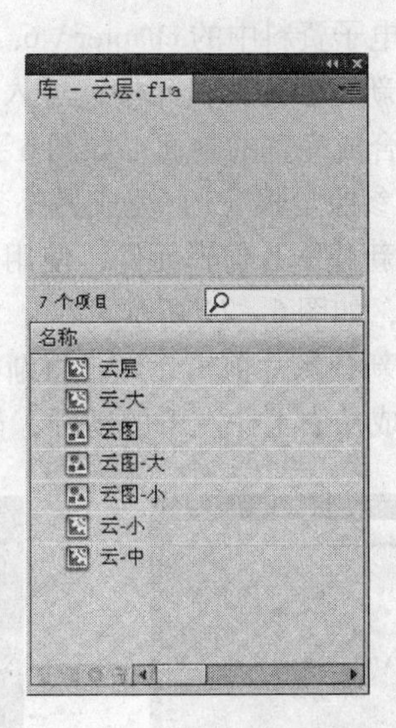

图 6－22 库中的显示

6.1.9 元件编辑模式

元件创建完毕后如果要修改，需要进入元件编辑状态进行编辑，修改后再退出元件编辑状态进入主场景编辑动画。

(1) 进入组件编辑模式，可以通过以下几种方式：

① 在主场景中双击元件实例；

② 在“库”面板中双击要修改的元件；

③ 在主场景中右击元件实例，在弹出的菜单中选择“编辑”命令；

④ 在主场景中选择元件实例后，选择“编辑→编辑元件”命令进入元件编辑模式。

(2) 退出元件编辑模式，可以通过以下几种方式：

① 单击舞台窗口左上方的场景名称；

② 选择“编辑→编辑文档”命令。

6.1.10 案例：制作按钮

案例描述

本实例通过元件之间的嵌套来完成按钮的动画效果。本实例主要说明元件的使用方法。

练习提示

打开电子资料中的 chapter \ 6.1 \ 按钮 . fla，进行下面的操作。

（1）新建影片剪辑元件，进入元件编辑环境，从库中拖放入位图素材“1、2、3、4”并调整组合成完整的画面，如图 6－23 所示。

（2）参照步骤（1）完成另外 3 个元件。

（3）新建影片剪辑元件，使用矩形工具画一个矩形并使用渐变色填充，使用任意变形工具旋转，如图 6－24 所示。

（4）新建影片剪辑元件，将渐变矩形放入，在第 50 帧处插入帧，并创建补间动画，调整位置完成从右上往左下的动画，如图 6－25 所示。

图 6－23　组合图片

图 6－24　制作渐变矩形

图 6－25　渐变矩形移动

（5）新建图层，使用矩形工具绘制一个与素材元件同样大小的矩形并将图层转化为遮罩图层。

（6）新建影片剪辑元件，将素材元件放入，再将“遮罩渐变”元件放入。

（7）新建按钮元件，将素材元件放入，插入关键帧至第 4 帧。将第 2 帧的图像删除，放入动画效果的素材元件并向上移动一些距离。

（8）参照步骤（6）、（7）完成另外 3 个按钮。

6.2　实例的创建与应用

实例是元件在舞台上的一次具体使用。当修改元件时，该元件的实例也随之被更改。重复使用实例不会增加动画文件的大小，这是使动画文件保持较小体积的一个很好的方法。每个实例都有区别于其他实例的属性，可以通过修改该实例的相关属性来实现。

（1）改变实例的颜色和透明效果：实例都有自己的颜色和透明度，要修改它们，可先在舞台中选择实例，然后修改“属性”面板中的相关属性。

（2）分离实例：实例并不能像一般图形一样单独修改填充色或线条，如果要对实例进行这些修改，必须将实例分离成图形，断开实例与元件之间的链接，可以用“分离”命令分离实例。在分离实例之后，若修改该实例的元件并不会更新这个元件的实例。

6.2.1　建立实例

1. 建立图形元件的实例

打开电子资料中的 example \ chapter 6 \ example 6.2.1 \ 云层 . fla，选择“窗口→库”命

令，弹出“库”面板，选中图形元件“云图”，如图6－26所示。将其拖放到场景中，场景中的云图形就是图形元件“云图”的实例。选中该实例，图形“属性”面板中的效果如图6－27所示。

图6－26 选择元件

图6－27 拖放入舞台

(1)“交换”按钮：用于交换元件。

(2)“X”、“Y”选项：用于设置实例在舞台中的位置。

(3)“宽”、“高”选项：用于设置实例的宽度和高度。

(4) 在“色彩效果”选项组中，“样式”选项用于设置实例的明亮度、色调和透明度。

(5) 在“循环”选项组的“选项”中，有以下选项。

①“循环”：会按照当前实例占用的帧数来播放包含在该实例内的所有动画序列。

②“播放一次”：从指定的帧开始播放动画序列，直到动画结束，然后停止。

③“单帧”：显示动画序列的一帧。

④“第一帧”选项：用于指定动画从哪一帧开始播放。

2. 建立按钮元件的实例

选中“库”面板中的按钮元件“按钮”，如图6－28所示。将其拖动到场景中，场景中的图形就是按钮元件“按钮”的实例，如图6－29所示。选中该实例，按钮“属性”面板中的效果如图6－30所示。

图6－28 选择元件

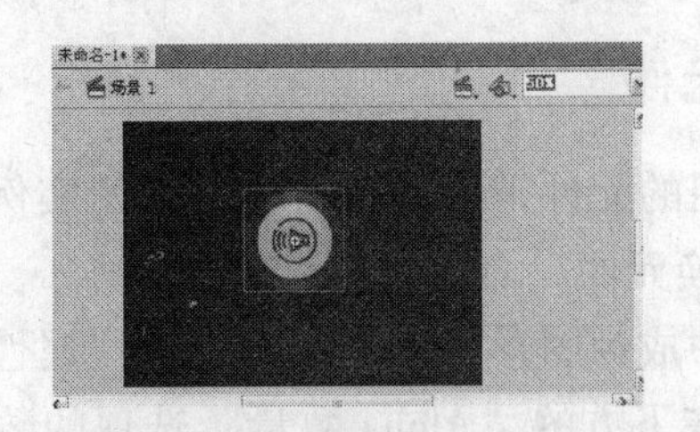

图6－29 拖放入舞台

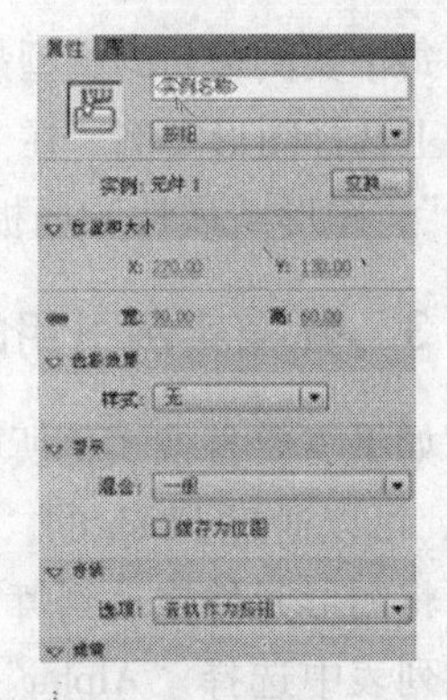

图6－30 按钮的属性

（1）“实例名称”选项：可以在选项的文本框中为实例设置一个新的名称。

（2）在“音轨”选项组中有以下“选项”。

①“音轨当做按钮”：在动画运行中，当按钮元件被按下时画面上的其他对象不再响应鼠标操作。

②“音轨当做菜单项”：在动画运行中，当按钮元件被按下时其他对象还会响应鼠标操作。

③“显示”选项：运行时位图缓存允许指定某个静态影片剪辑（如背景图像）或按钮元件在运行时缓存为位图，从而优化回放性能。通常使用9切片缩放制作按钮时使用。

④“滤镜”选项：使用滤镜，可以使文本、按钮和影片剪辑增添视觉效果，投影、模糊、发光和斜角都是常用的滤镜效果。

按钮“属性”面板中的其他选项与图形“属性”面板中的选项作用相同，这里不再一一介绍。

3. 建立影片剪辑元件的实例

选中“库”面板中的影片剪辑元件“云层”，将其拖动到场景中，场景中的云图形就是影片剪辑元件“云层”的实例。选中该实例，影片剪辑“属性”面板中的效果如图6－31所示。

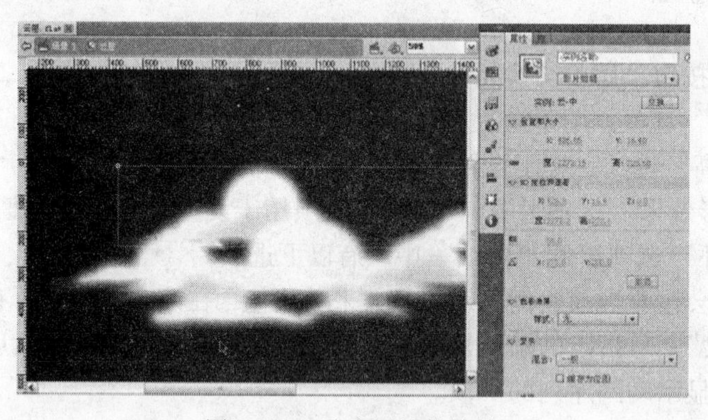

图6－31 改变属性的效果

影片剪辑“属性”面板中的选项与图形“属性”面板、按钮“属性”面板中的选项作用相同，不再一一讲述。

6.2.2 转换实例的类型

每个实例最初的类型都是延续了其对应元件的类型，但是可以对实例的类型进行转换。在舞台上选择图形实例。在“属性”面板的上方，选择“实例行为”选项下拉列表中的“影片剪辑”；图形“属性”面板转换为影片剪辑“属性”面板，实例类型从图形转换为影片剪辑。

6.2.3 替换实例引用的元件

如果需要替换实例所引用的元件，但保留所有的原始实例属性（如色彩效果或按钮动作），可以通过Flash的“交换元件”命令来实现。

将图形元件拖动到舞台中成为图形实例，选择图形“属性”面板；在“样式”选项的下拉列表中选择“Alpha”，在下方的“Alpha数量”选项的数值框中输入80，实例效果如图6－32所示。

图 6－32　透明效果

单击图形“属性”面板中的“交换元件”按钮，弹出“交换元件”对话框，在对话框中选中按钮元件“雪花 2”；单击“确定”按钮，花转换为按钮，但实例的不透明度没有改变。图形“属性”面板中的效果如图 6－33 所示，元件替换完成。

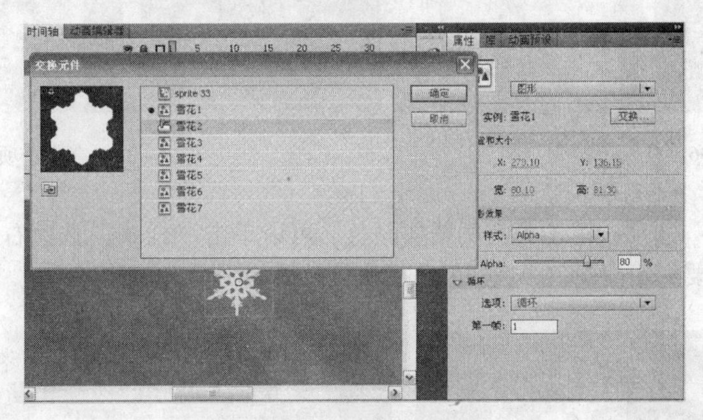

图 6－33　透明度不变

还可以在“交换元件”对话框中单击“直接复制元件”按钮，如图 6－34 所示，弹出“直接复制元件”对话框；在“元件名称”选项中可以设置复制元件的名称，如图 6－35 所示。

图 6－34　直接复制元件

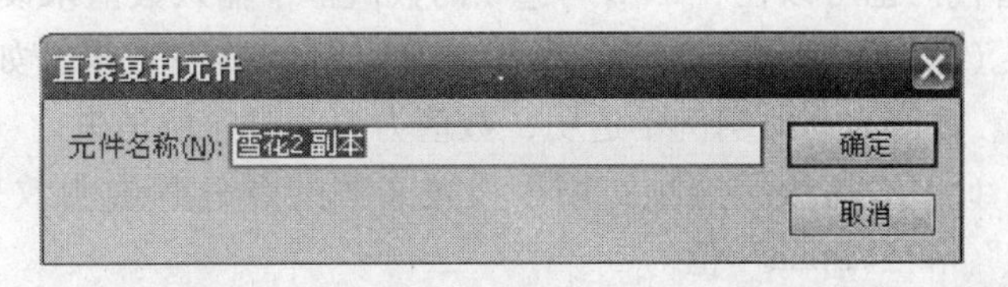

图 6－35　“直接复制元件”对话框

6.2.4 改变实例的颜色和透明效果

在舞台中选中实例，在“属性”面板中选择“色彩效果”下的“样式”选项的下拉列表，如图 6－36 所示。

（1）“无”选项：表示对当前实例不进行任何更改。如果对实例以前做的变化效果不满意，可以选择此选项，取消实例的变化效果，再重新设置新的效果。

（2）“亮度”选项：用于调整实例的明暗对比度。可以在“亮度数量”选项中直接输入数值，也可以拖动右侧的滑块来设置数值，如图 6－37 所示。其默认的数值为 0，取值范围为 －100 ～ 100。当取值大于 0 时，实例变亮；当取值小于 0 时，实例变暗。

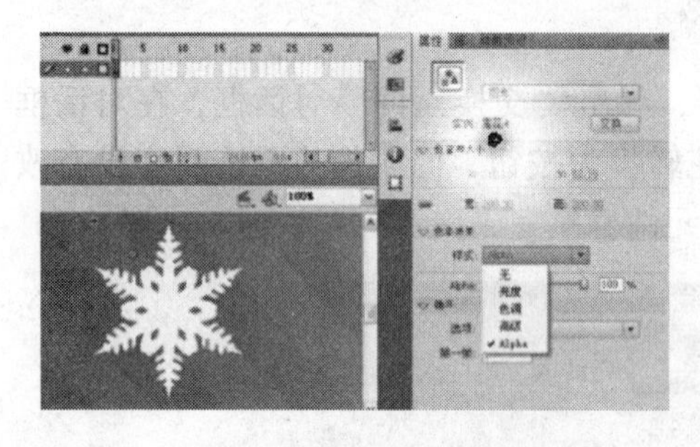

图 6－36　样式下拉表

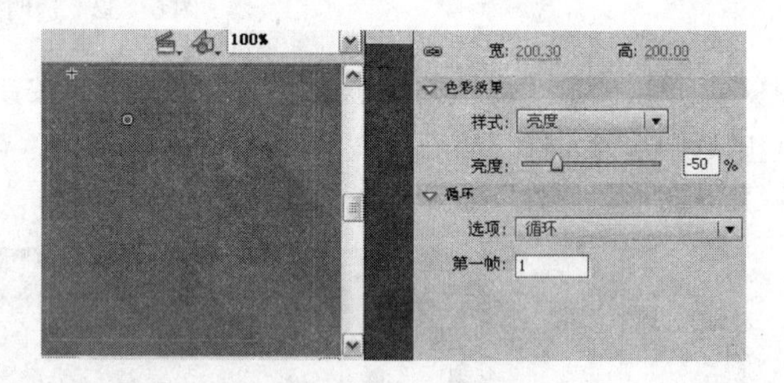

图 6－37　亮度选项

（3）“色调”选项：用于为实例增加颜色。可以单击“样式”选项右侧的色块，在弹出的色板中选择要应用的颜色，应用颜色后实例效果如图 6－38 所示。

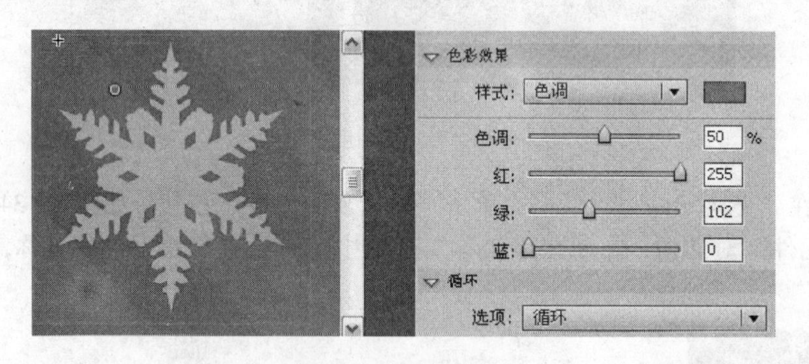

图 6－38　色调选项

在颜色按钮右侧的“色彩数量”选项中设置数值，如图 6－39 所示。数值范围为 0 ～ 100。当数值为 0 时，实例颜色将不受影响。当数值为 100 时，实例的颜色将完全被所选颜色替代。也可以在“RGB”选项的数值框中输入数值来设置颜色。

（4）“Alpha”选项：用于设置实例的透明效果，如图 6－40 所示。数值范围为 0 ～ 100。数值为 0 时实例不透明，数值为 100 时实例消失。

（5）“高级”选项：用于设置实例的颜色和透明效果，可以分别调节“红”、“绿”、“蓝”和“Alpha”值。

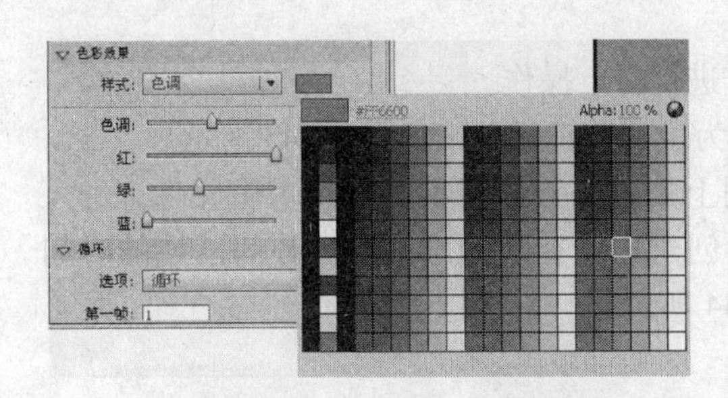

图 6－39　色彩数量

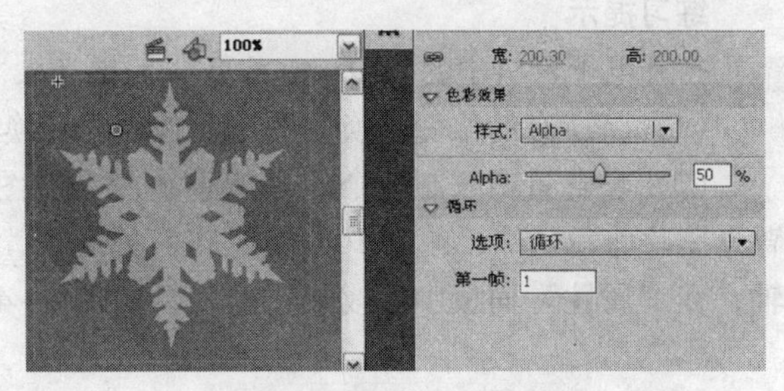

图 6－40　Alpha 选项

6.2.5　分离实例

选中实例，如图 6－41 所示。选择“修改→分离”命令，或按 Ctrl＋B 组合键，将实例分离为图形，即填充色和线条的组合。选择颜料桶工具，设置不同的填充颜色，改变图形的填充色，如图 6－42 所示。

图 6－41　选中实例

图 6－42　设置不同的填充颜色

6.2.6　案例：制作饮料广告

案例描述

本实例设计的是饮料广告，广告有动画效果，元素之间有前后叠放效果，在旋转的背景下形成一个有强烈视觉感受的广告。本实例是为了加强对元件的理解和应用。

练习提示

打开电子资料中的 chapter \ 6. 2 \ 广告 . fla，进行以下操作。

（1）将所有的位图转换为图形元件，再转换为影片剪辑元件，如图 6 – 43 所示。

（2）将背景图复制一个，并缩小叠放在原图上方，将背景转换为影片剪辑元件。进入背景影片剪辑元件，在第 100 帧处插入关键帧，创建传统补间动画，点击补间区域的时间轴，在“属性”面板中修改旋转选项，如图 6 – 44 所示。

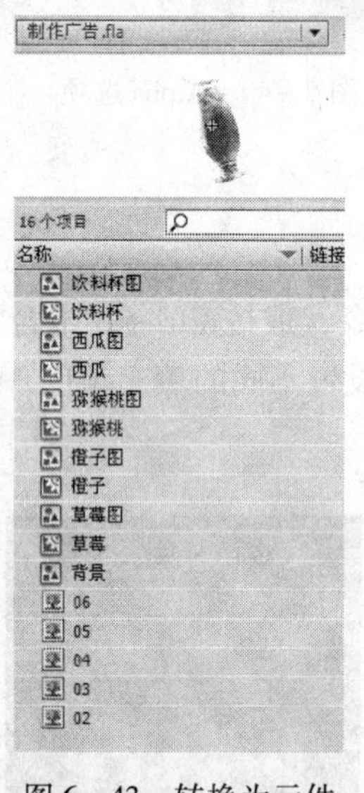

图 6 – 43　转换为元件

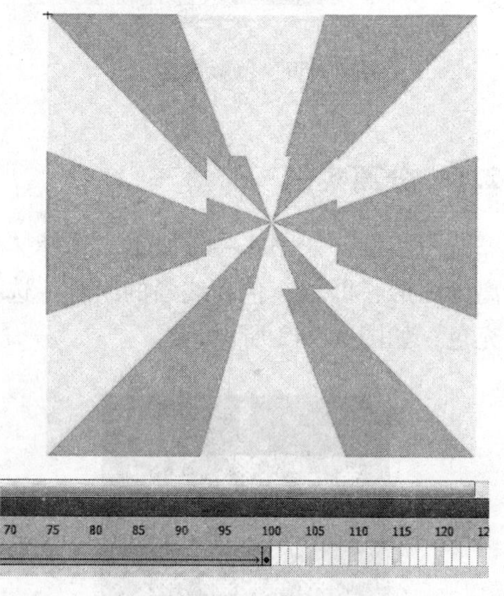

图 6 – 44　制作背景

（3）进入饮料杯影片剪辑元件，在第 100 帧处插入帧，在第 10 帧处插入关键帧，在第 1 帧处将其放大，创建传统补间动画，如图 6 – 45 所示。

（4）进入猕猴桃影片剪辑元件，在第 100 帧处插入帧，在第 1、3、5、7 帧处插入关键帧。在第 1、3 帧图形上，“属性”面板中打开色调并调整。西瓜、橙子、草莓重复猕猴桃步骤，如图 6 – 46 所示。

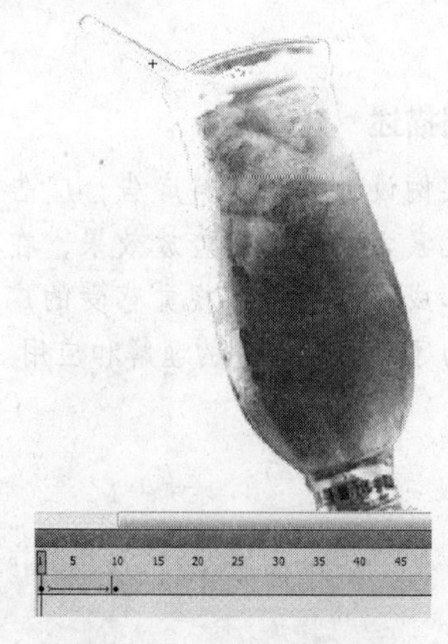

图 6 – 45　制作饮料动画

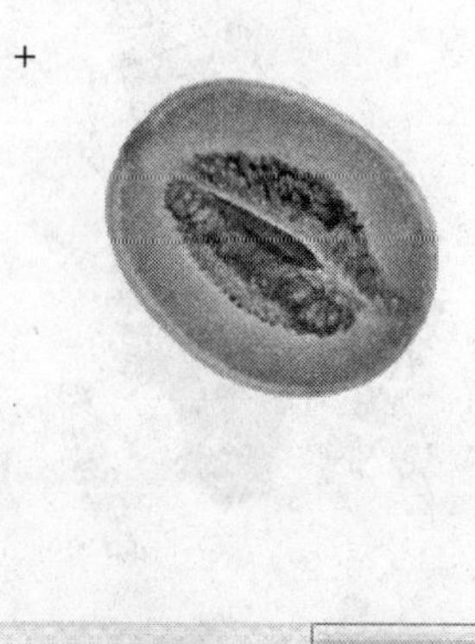

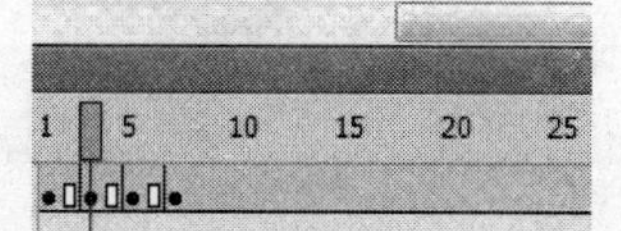

图 6 – 46　制作猕猴桃动画

(5) 使用矩形工具、椭圆工具、文本工具绘制文字板1，并将其转换为图形元件，再转换为影片剪辑元件，如图6-47所示。

(6) 进入文字板影片剪辑元件1，在第100帧处插入帧，在第10帧处插入关键帧。将第1帧图形使用任意变形工具将重心位置调整至文字板左上角并旋转，在第10帧处插入关键帧，使用任意变形工具旋转，创建传统补间动画，如图6-48所示。

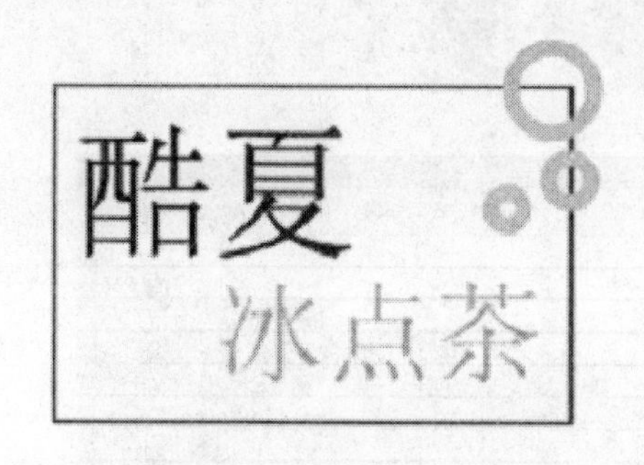

图6-47 绘制文字板1

图6-48 制作文字板动画

(7) 使用文本工具制作文字板2、3，复制文字制作投影，将其转换为图形元件，再转换为影片剪辑元件。运用文字板步骤完成制作动画效果，如图6-49所示。

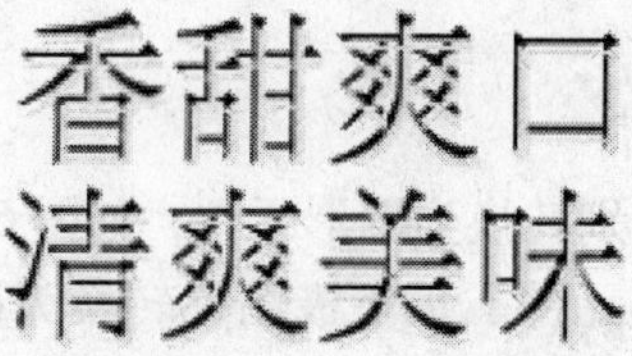

香甜爽口
清爽美味

图6-49 制作文字板2、3

(8) 在库中新建一个影片剪辑元件，进入元件，将背景影片剪辑元件拖放入适当位置，在第100帧处插入帧。新建图层，将饮料杯影片剪辑元件拖放入适当位置。新建图层，在第15帧处插入关键帧，将猕猴桃影片剪辑元件拖放入适当位置。新建图层，在第25帧处插入关键帧，将西瓜影片剪辑元件拖放入适当位置。新建图层，在第35帧处插入关键帧，将橙子影片剪辑元件拖放入适当位置。新建图层，在第45帧处插入关键帧，将草莓影片剪辑元件拖放入适当位置。新建图层，在第55帧处插入关键帧，将文字板影片剪辑元件拖放入适当位置。新建图层，在第66帧处插入关键帧，将文字板2影片剪辑元件拖放入适当位置。新建图层，在第70帧处插入关键帧，将文字板3影片剪辑元件拖放入适当位置。将完成的元件拖放入舞台，作适当调整，如图6-50所示。

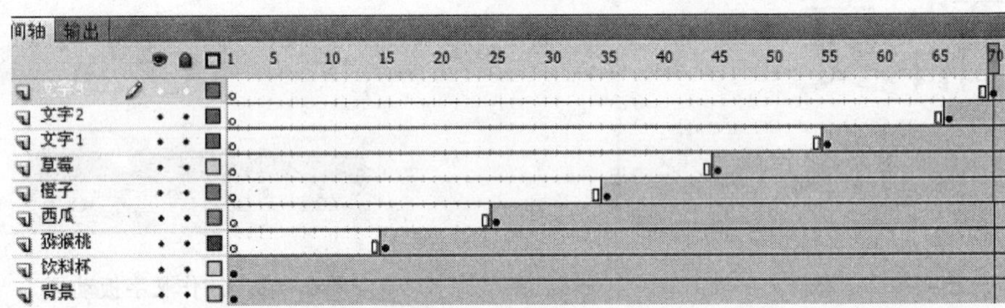

图 6－50　动画播放顺序

6.3　本 章 练 习

试将以下图片转换为图形元件。

（1）将灯泡两种状态图片分别转换为图形元件，如图 6－51 所示。

（2）将电池图片转换为图形元件。正负极图标转换为图形元件，再转换为影片剪辑元件，如图 6－52 所示。

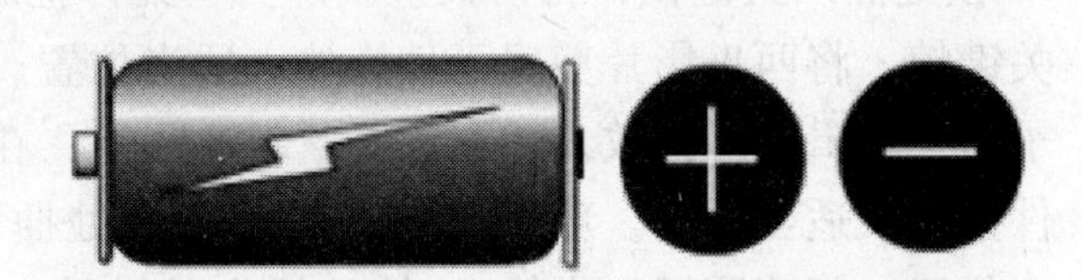

图 6－51　将灯泡转换为图形元件　　图 6－52　将电池、正负极转换为图形元件

（3）将电路和电流分别转换为图形元件。在库中新建一个影片剪辑元件，将电路图形元件拖入适当位置。新建图层，将电流图形元件拖入适当位置，如图 6－53 所示。

（4）将开关转换为按钮元件，如图 6－54 所示。

图 6－53 将电路、电流转换为图形元件

图 6－54 将开关转换为按钮元件

（5）将文本转换为图形元件，如图 6－55 所示。

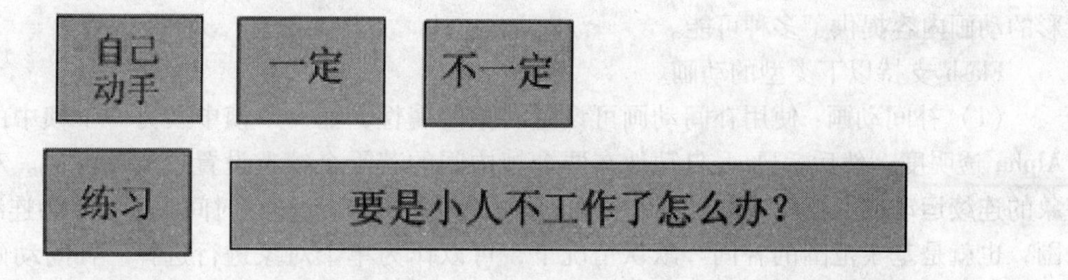

图 6－55 将文本转换为图形元件

（6）将其他矩形文本转换为按钮元件，如图 6－56 所示。

图 6－56 将其他的矩形文本转换为按钮元件

基本动画的制作

在 Flash Professional CS5 动画的制作过程中，时间轴和帧起到了关键性的作用。本章着重介绍了帧和时间轴的使用方法及应用技巧。通过本章的学习，学生将了解并掌握如何灵活地应用帧和时间轴，并根据设计需要让制作出的动画具有丰富多彩的效果。

7.1 帧与时间轴

要将一幅幅静止的画面按照某种顺序快速地、连续地播放，需要用时间轴和帧来为它们完成时间和顺序的安排。

动画是通过连续播放一系列静止画面，给视觉造成连续变化的效果。

时间轴面板是实现动画效果最基本的面板。

7.1.1 动画的类型

Flash CS5 Professional 提供了用来创建动画和特殊效果的多种方法。各种方法为创作精彩的动画内容提供了多种可能。

Flash 支持以下类型的动画。

（1）补间动画：使用补间动画可设置对象的属性，如一个帧中及另一个帧中的位置和 Alpha 透明度。然后，Flash 自动地在两个帧中间的若干个帧上设置过渡属性值。对于由对象的连续运动或变形构成的动画，补间动画很有用。补间动画在时间轴中显示为连续的帧范围，也就是基于范围的补间。默认情况下，可以作为单个对象进行选择。补间动画功能强大，易于创建。

（2）传统补间：传统补间与补间动画类似，但是创建起来更复杂。传统补间允许一些特定的动画效果，使用基于范围的补间不能实现的动画效果。

（3）反向运动姿势：用于伸展和弯曲形状对象及链接元件实例组，使它们以自然方式一起移动。可以在不同帧中以不同方式放置形状对象或链接的实例，然后 Flash 将在中间的若干个帧上设置对象的过渡属性。

（4）补间形状：在形状补间中，可在时间轴中的特定帧绘制一个形状，然后更改该形状或在另一个特定帧绘制另一个形状。然后，Flash 将内插中间的帧的中间形状，创建一个形状变形为另一个形状的动画。

（5）逐帧动画：使用此动画技术，可以为时间轴中的每个帧指定不同的艺术作品。使用此技术可创建与快速连续播放的影片帧类似的效果。对于每个帧的图形元素必须不同的复杂动画而言，此技术非常有用。

7.1.2 帧的概念

在 Flash Professional CS5 的动画中，一系列单幅的画面称为帧，是动画中最小时间单位里出现的画面。每秒钟显示的帧数叫帧频，如果帧频太慢就会给人造成视觉上不流畅的感觉。所以，按照人的视觉原理，一般将动画的帧频设为 24 帧/秒。

在 Flash Professional CS5 中，动画制作的过程就是决定动画每一帧显示什么内容的过程。用户可以像绘制传统动画一样自己绘制动画的每一帧，即逐帧动画。但逐帧动画的工作量非常大，为此，Flash Professional CS5 还提供了一种简单的动画制作方法，即采用关键帧处理技术的插值动画。插值动画又分为运动动画和变形动画两种。

制作插值动画的关键是绘制动画的起始帧和结束帧，中间帧的效果由 Flash Professional CS5 自动计算得出。为此，在 Flash Professional CS5 中提供了关键帧、过渡帧、空白关键帧的概念。关键帧描绘动画的起始帧和结束帧。当动画内容发生变化时必须插入关键帧，即使是逐帧动画也要为每个画面创建关键帧。关键帧有延续性，开始关键帧中的对象会延续到结束关键帧。过渡帧是动画起始、结束关键帧中间系统自动生成的帧。空白关键帧是不包含任何对象的关键帧。因为 Flash Professional CS5 只支持在关键帧中绘画或插入对象，所以，当动画内容发生变化而又不希望延续前面关键帧的内容时需要插入空白关键帧。

7.1.3 帧频

帧频是动画播放的速度，以每秒播放的帧数（fps）为度量单位。帧频太慢会使动画看起来一顿一顿的，帧频太快会使动画的细节变得模糊。24 fps 的帧速率是新 Flash 文档的默认设置，通常在 Web 上提供最佳效果。标准的动画速率也是 24 fps。

医学证明，人类具有视觉暂留的特点，即人眼看到物体或画面后，在 1/24 秒内不会消失。利用这一原理，在一幅画没有消失之前播放下一幅画，就会给人造成流畅的视觉变化效果。所以，动画就是通过连续播放一系列静止画面，给视觉造成连续变化的效果。

动画的复杂程度和播放动画的计算机的速度会影响回放的流畅程度。若要确定最佳帧速率，要在各种不同的计算机上测试动画。

由于只给整个 Flash 文档指定一个帧频，因此在开始创建动画之前须先设置帧频。

7.1.4 帧的显示形式

在 Flash Professional CS5 动画制作过程中，帧包括下述多种显示形式。

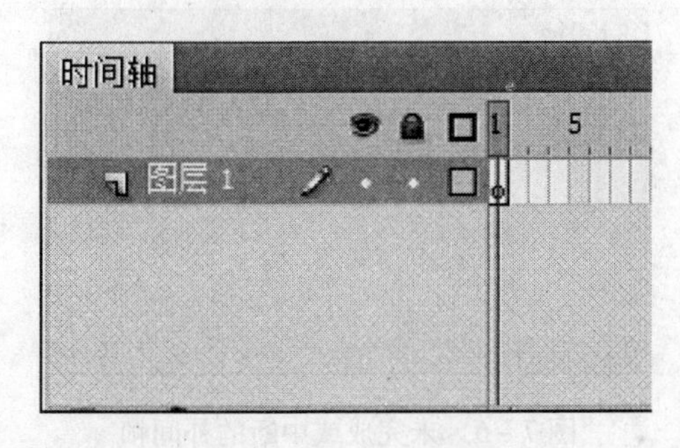

图 7－1 空白关键帧

1. 空白关键帧

在时间轴中，白色背景带有黑圈的帧为空白关键帧。表示在当前舞台中没有任何内容，如图 7－1 所示。

2. 关键帧

在时间轴中，灰色背景带有黑点的帧为关键帧。表示在当前场景中存在一个关键帧，在关键帧相对应的舞台中存在一些内容，如图 7-2 所示。

在时间轴中，存在多个帧。带有黑色圆点的第 1 帧为关键帧，最后 1 帧上面带有黑色矩形框，为普通帧。除了第 1 帧以外，其他帧均为普通帧，如图 7-3 所示。

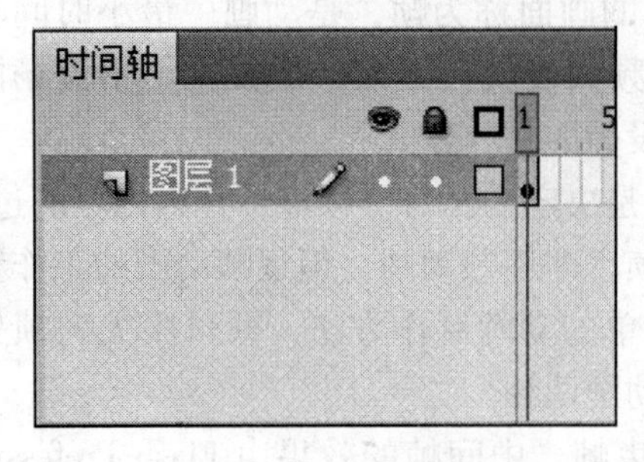

图 7-2 关键帧

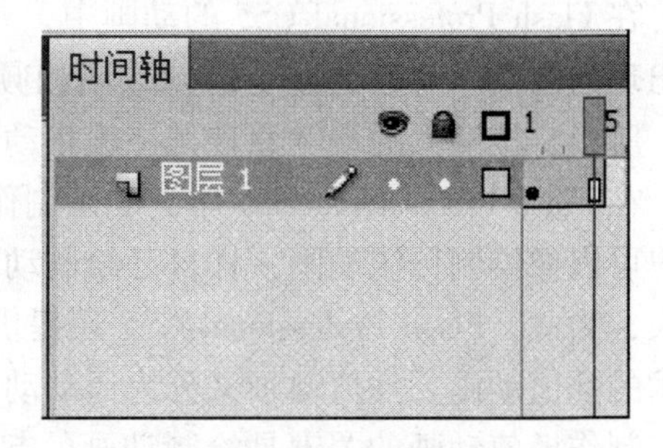

图 7-3 普通帧

3. 动作补间帧

在时间轴中，带有黑色圆点的第 1 帧和最后 1 帧为关键帧，中间蓝色背景带有黑色箭头的为动作补间帧，如图 7-4 所示。

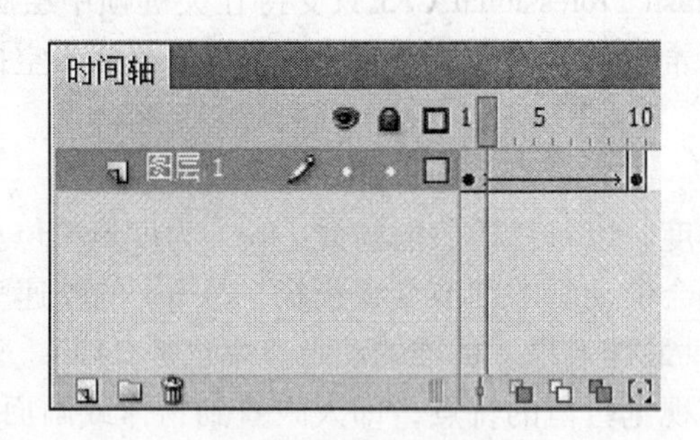

图 7-4 动作补间帧

4. 形状补间帧

在时间轴中，带有黑色圆点的第 1 帧和最后 1 帧为关键帧，中间绿色背景带有黑色箭头的帧为形状补间帧，如图 7-5 所示。

在时间轴中，帧上出现虚线，表示是未完成或中断了的补间动画，虚线表示不能够生成补间帧，如图 7-6 所示。

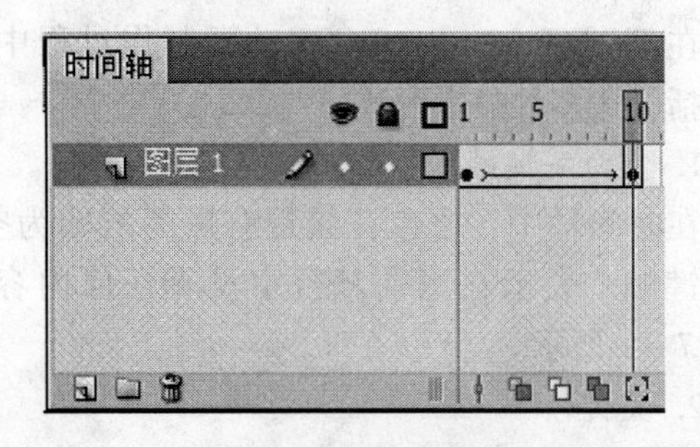

图 7-5 形状补间帧

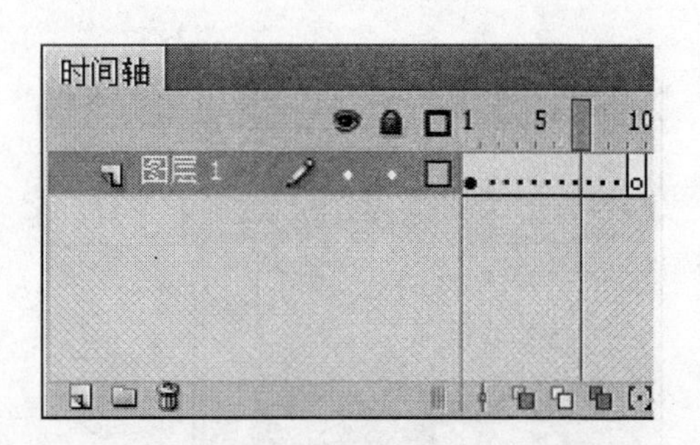

图 7-6 未完成或中断的补间帧

5. 包含动作语句的帧

在时间轴中，第1帧上出现一个字母“a”，表示这一帧中包含了使用“动作”面板设置的动作语句，如图7-7所示。

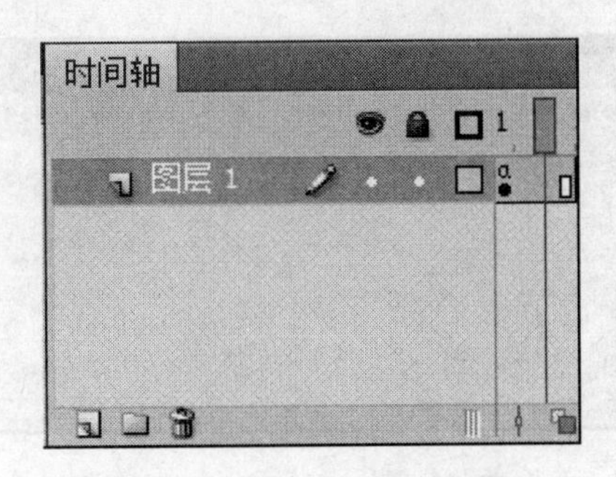

图7-7 包含动作语句的帧

6. 帧标签

在时间轴中，第1帧上出现一面红旗，表示这一帧的标签类型是名称。红旗右侧的“wo”是帧标签的名称，如图7-8所示。

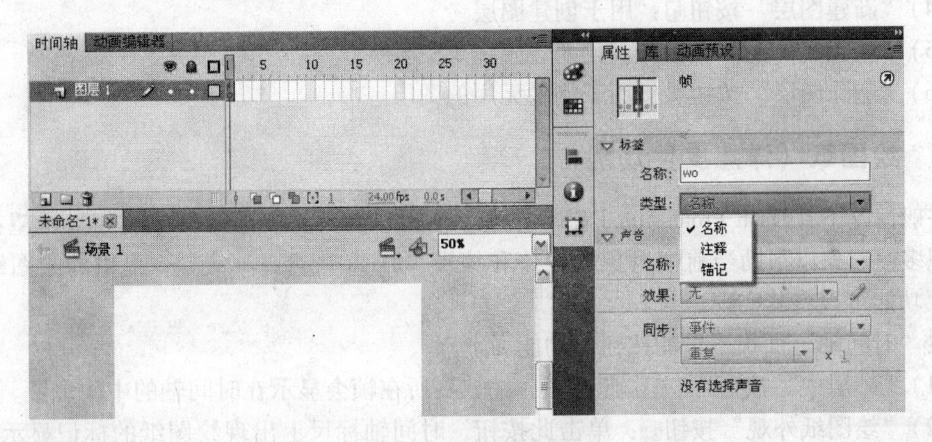

图7-8 标签类型名称

在时间轴中，第1帧上出现两条绿色斜杠，表示这一帧的标签类型是注释，如图7-9所示。帧注释是对帧的解释，帮助理解该帧在影片中的作用。

在时间轴中，第1帧上出现一个金色的锚，表示这一帧的标签类型是锚记，如图7-10所示。帧锚记表示该帧是一个定位，方便浏览者在浏览器中快进、快退。

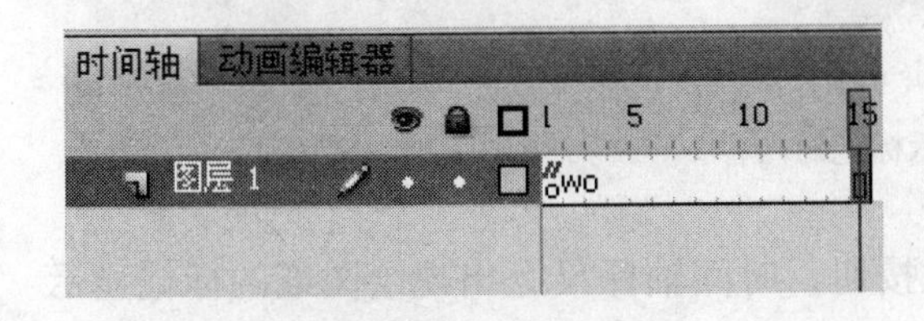

图7-9 注释类型

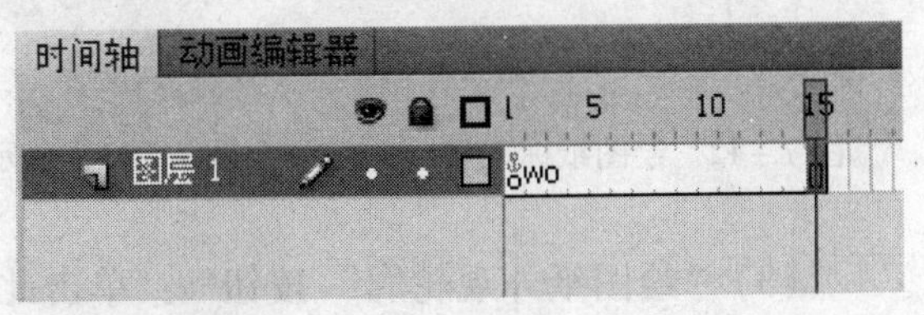

图7-10 锚记类型

7.1.5 “时间轴”面板

“时间轴”面板由图层面板和时间轴组成，如图 7 – 11 所示。

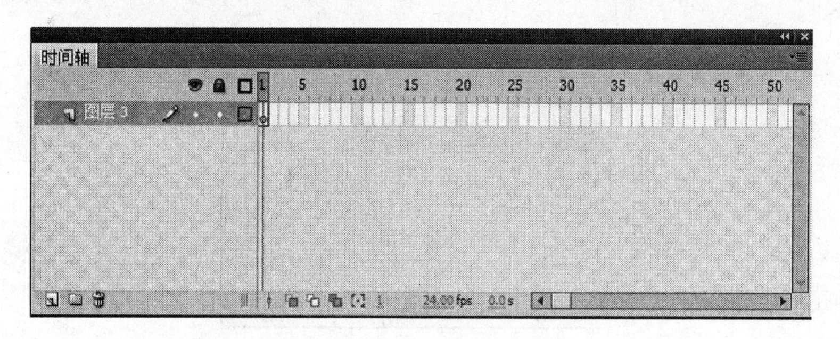

图 7 – 11 “时间轴”面板

（1）眼睛图标：单击此图标，可以隐藏或显示图层中的内容。

（2）锁状图标：单击此图标，可以锁定或解锁图层。

（3）线框图标：单击此图标，可以将图层中的内容以线框的方式显示。

（4）“新建图层”按钮：用于创建图层。

（5）“新建文件夹”按钮：用于创建图层文件夹。

（6）“删除图层”按钮：用于删除无用的图层。

7.1.6 绘图纸（洋葱皮）功能

一般情况下，Flash Professional CS5 的舞台只能显示当前帧中的对象。如果希望在舞台上出现多帧对象以帮助当前帧对象的定位和编辑，Flash Professional CS5 提供的绘图纸（洋葱皮）功能可以将其实现。

在“时间轴”面板下方的按钮的功能如下。

（1）“帧居中”按钮：单击此按钮，播放头所在帧会显示在时间轴的中间位置。

（2）“绘图纸外观”按钮：单击此按钮，时间轴标尺上出现绘图纸的标记显示 1，如图 7 – 12 所示，在标记范围内帧上的对象将同时显示在舞台中，显示标记的内容 1 如图 7 – 13 所示。可以拖动标记点来增加显示的帧数，如图 7 – 14 所示。

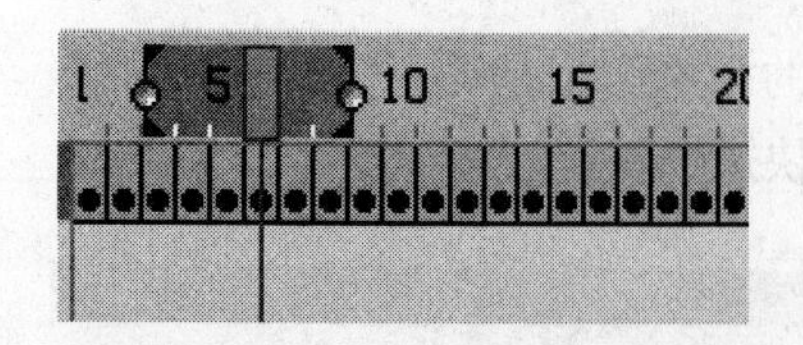

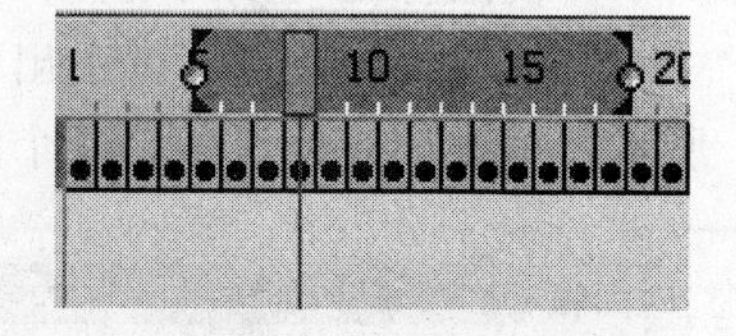

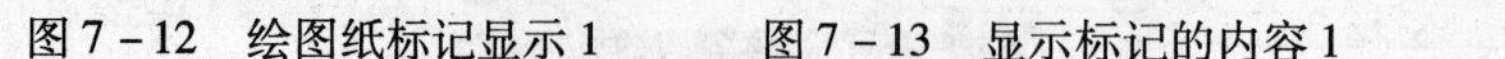

图 7 – 12 绘图纸标记显示 1　图 7 – 13 显示标记的内容 1　图 7 – 14 增加显示的帧数

（3）“绘图纸外观轮廓”按钮：单击此按钮，时间轴标尺上出现绘图纸的标记显示 2，如图 7 – 15 所示，在标记范围内帧上的对象将以轮廓线的形式同时显示在舞台中，显示标记的内容 2 如图 7 – 16 所示。

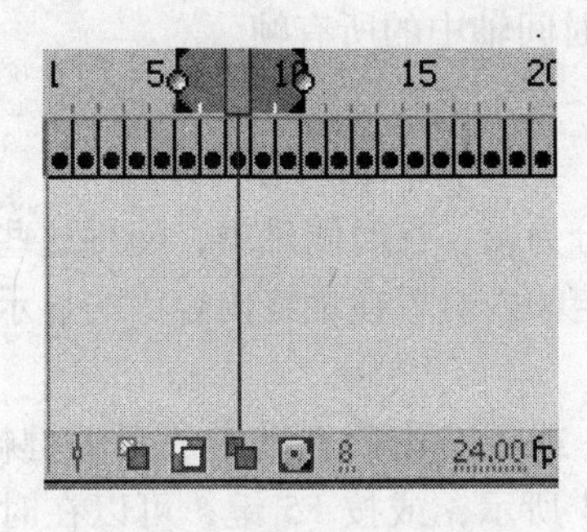

图 7－15 绘图纸标记显示 2

图 7－16 显示标记的内容 2

（4）“编辑多个帧”按钮：单击此按钮，绘图纸标记显示 3 如图 7－17 所示。绘图纸标记范围内帧上的对象将同时显示在舞台中，可以同时编辑所有的对象，显示标记的内容 3 如图 7－18 所示。

（5）“修改绘图纸标记”按钮：单击此按钮，弹出下拉菜单，如图 7－19 所示。

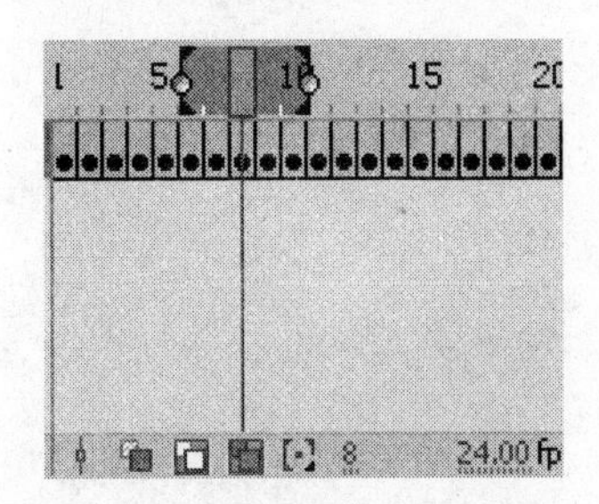

图 7－17 绘图纸标记显示 3

图 7－18 显示标记的内容 3

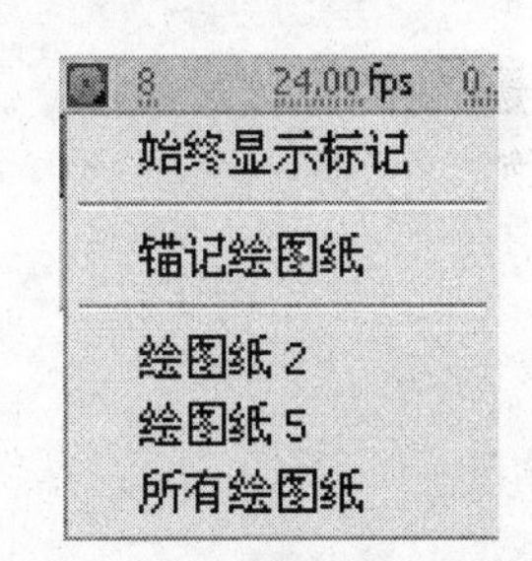

图 7－19 修改绘图纸标记

①“始终显示标记”命令：在时间轴标尺上总是显示出绘图纸标记。

②“锚记绘图纸”命令：将锁定绘图纸标记的显示范围，移动播放头将不会改变显示范围，如图 7－20 所示。

③“绘图纸 2”命令：绘图纸标记显示范围为从当前帧的前 2 帧开始，到当前帧的后 2 帧结束，如图 7－21 所示。图形显示效果如图 7－22 所示。

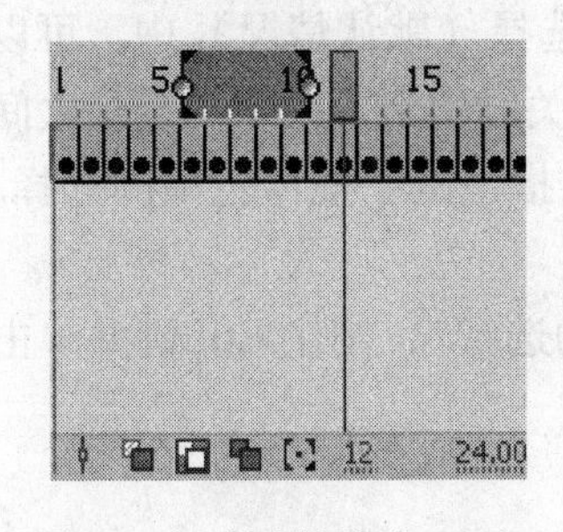

图 7－20 绘图纸标记显示 4

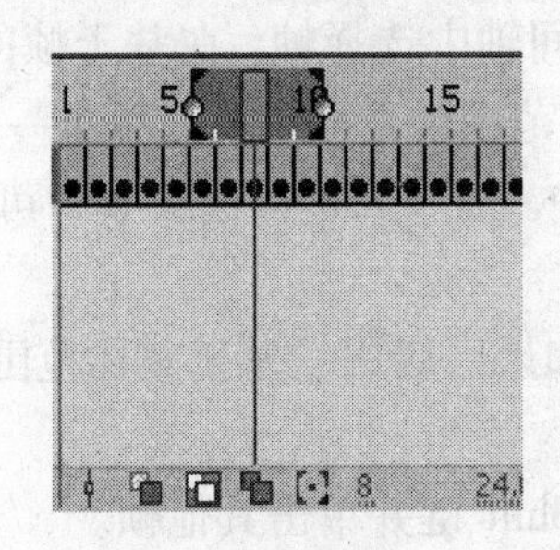

图 7－21 绘图纸标记显示 5

图 7－22 显示标记的内容 4

④“绘图纸 5”命令：绘图纸标记显示范围为从当前帧的前 5 帧开始，到当前帧的后 5 帧结束。

⑤“所有绘图纸”命令：绘图纸标记显示范围为时间轴中的所有帧。

7.1.7 在“时间轴”面板中设置帧

与胶片一样，Flash Professional CS5 文档也将时长分为帧。在时间轴中，使用这些帧来组织和控制文档的内容。在时间轴中放置帧的顺序将决定帧内对象在最终内容中的显示顺序。

1. 在时间轴中插入帧

（1）插入新普通帧：选择“插入→时间轴→帧”，或者右击要在其中放置关键帧的帧，然后从“上下文”菜单中选择“插入帧”，如图 7－23 所示，或按 F5 键，可以在时间轴上插入一个普通帧。

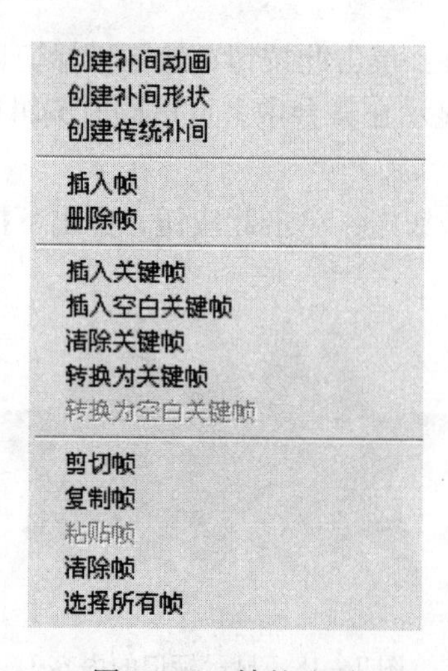

图 7－23　帧的选项

（2）创建新关键帧：选择“插入→时间轴→关键帧”，或者右击要在其中放置关键帧的帧，然后从“上下文”菜单中选择“插入关键帧”，或按 F6 键。

（3）创建新的空白关键帧，选择“插入→时间轴→空白关键帧”，或者右击要在其中放置关键帧的帧，然后从“上下文”菜单中选择“插入空白关键帧”，或按 F7 键。

2. 在时间轴中选择帧

Flash 提供两种不同的方法在时间轴中选择帧。在基于帧的选择（默认情况）中，可以在时间轴中选择单个帧。在基于整体范围的选择中，在单击一个关键帧到下一个关键帧之间的任何帧时，整个帧序列都将被选中。在 Flash 首选参数中可以指定基于整体范围的选择。单击要选的帧，帧变为深色。

（1）选择一个帧：单击该帧。如果已启用“基于整体范围的选择”，按住 Ctrl 键并单击该帧。

（2）选择多个连续的帧：按住 Shift 键并单击其他帧。

（3）选择多个不连续的帧：按住 Ctrl 键单击其他帧。

（4）选择时间轴中的所有帧：选择“编辑→时间轴→选择所有帧”。

（5）选择整个静态帧范围：双击两个关键帧之间的帧。如果已启用“基于整体范围的选择”，单击序列中的任何帧。

（6）用鼠标指针选中要选择的帧，再向前或向后进行拖动，其间指针经过的帧全被选中。

3. 复制或粘贴帧或帧序列

（1）选择帧或序列并选择“编辑→时间轴→复制帧”命令。选择要替换的帧或序列，然后选择“编辑→时间轴→粘贴帧”命令。

（2）按住 Alt 再单击帧，并将关键帧拖到要粘贴的位置，完成复制帧或帧序列。

（3）选中帧或序列并选择“编辑→时间轴→剪切帧”命令，或按 Ctrl + Alt + X 组合键，剪切所选的帧；选中目标位置，选择“编辑→时间轴→粘贴帧”命令，或按 Ctrl + Alt + V 组合键，在目标位置上粘贴所选的帧。

4. 移动帧

选中一个或多个帧，按住鼠标左键，拖动所选帧到目标位置。在移动过程中，如果按住 Alt 键，会在目标位置上复制出所选的帧，如图 7－24 所示。

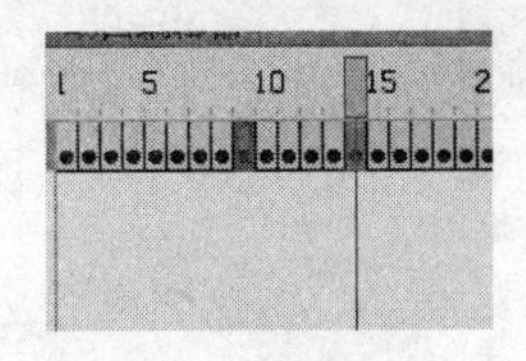

图 7－24 移动帧

5. 删除帧或帧序列

（1）选择帧或序列并选择“编辑→时间轴→删除帧”命令。

（2）选择帧或序列并选择“编辑→时间轴→清除帧”命令。

（3）右击帧或序列，从“上下文”菜单中选择“删除帧→清除帧”命令。

（4）选中要删除的普通帧，按 Shift + F5 组合键，删除帧。选中要删除的关键帧，按 Shift + F6 组合键，删除关键帧。

注意：在 Flash Professional CS5 系统默认状态下，时间轴面板中每一个图层的第 1 帧都被设置为关键帧。

7.1.8 案例：制作物体移动

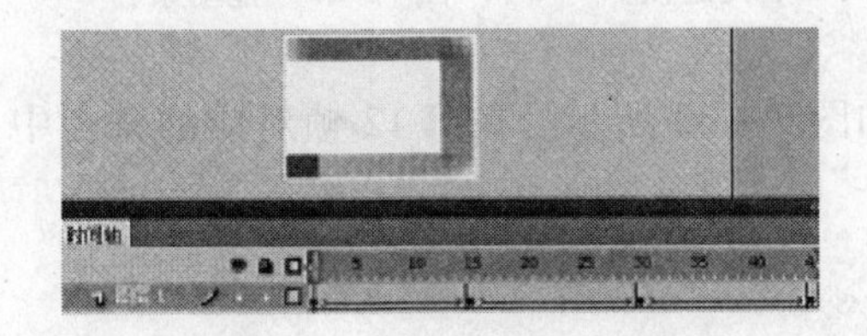

案例描述

本实例设计的是物体移动过程中的查看和编辑。本实例主要是针对洋葱皮功能。

练习提示

打开电子资料中的 chapter \ 7.1 \ 物体移动 . fla，进行下面的操作。

（1）使用矩形工具绘制一个矩形，在第 15、30、45 帧处插入关键帧，并移动矩形位置。

（2）在时间轴上创建传统补间。选择时间轴面板下的“绘图纸外观”按钮，并拖动编辑区域至第 45 帧，可以观察矩形的移动轨迹。

7.2 关键帧动画

应用帧可以制作帧动画或逐帧动画，利用在不同帧上设置不同的对象来实现动画效果。

7.2.1 制作帧动画

新建空白文档，选择椭圆工具，在第1帧的舞台中绘制出一个椭圆，如图7－25所示。在“时间轴”面板中单击第5帧，选择“插入→时间轴→关键帧”命令，插入一个关键帧，如图7－26所示。

图7－25 绘制一个椭圆

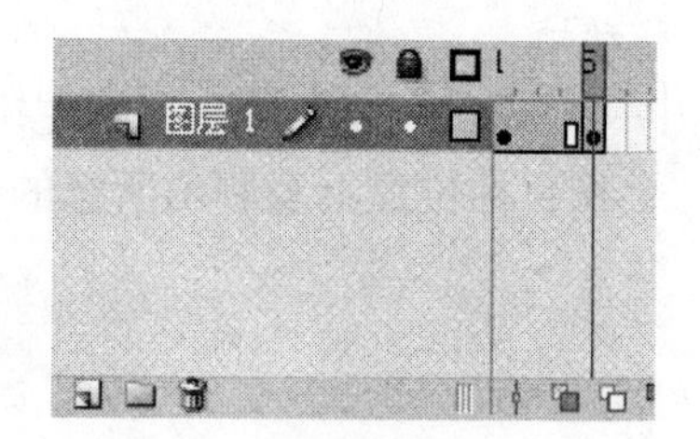

图7－26 插入一个关键帧

选择“文件→导入→导入到舞台”命令，将电子资料中的example \ chapter7 \ example7.2.1 \ 熊猫.jpg导入到舞台中，将其移动到舞台的右上方，如图7－27所示。

右击“时间轴”面板中的第9帧，在弹出的菜单中选择“插入关键帧”命令，插入一个关键帧，如图7－28所示。在第9帧对应的舞台中，将熊猫拖动到舞台的中间，如图7－29所示。

图7－27 导入素材

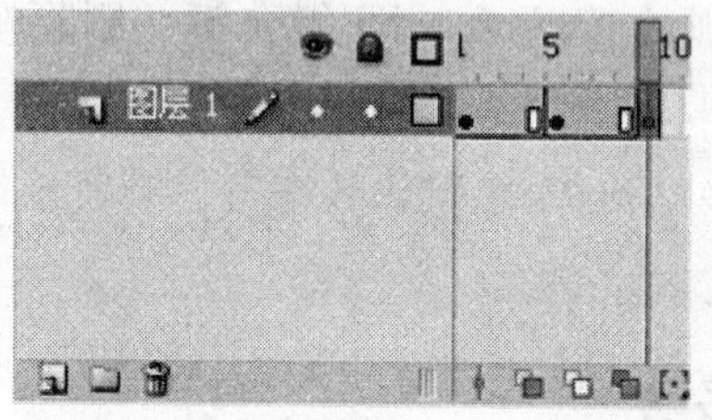

图7－28 再次插入一个关键帧

图7－29 拖动素材

按F6键，在第12帧处插入一个关键帧，如图7－30所示。在第12帧对应的舞台中，将熊猫移动到舞台的左下方，如图7－31所示。

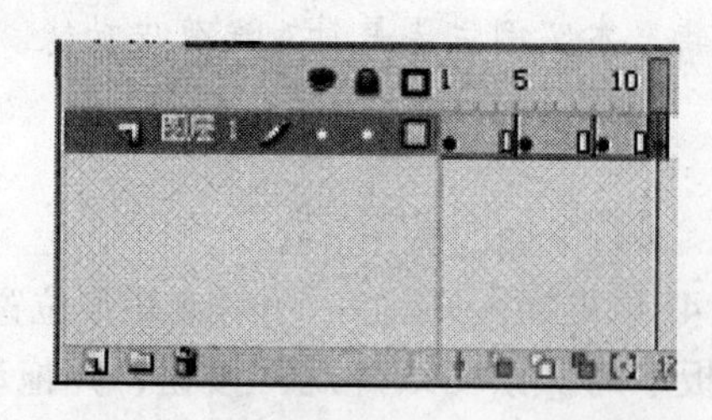

图7－30 继续插入一个关键帧

图7－31 再次拖动素材

按 Enter 键，让播放头进行播放，即可观看制作效果。在不同的关键帧上动画显示的效果如图 7－32 所示。

（a）第 1 帧　（b）第 5 帧　（c）第 9 帧　（d）第 12 帧

图 7－32　播放过程

7.2.2　制作逐帧动画

逐帧动画在每一帧中都会更改舞台内容，它最适合于图像在每一帧中都在变化而不仅是在舞台上移动的复杂动画。逐帧动画增加文件大小的速度比补间动画快得多。在逐帧动画中，Flash 会存储每个完整帧的值。

若要创建逐帧动画，将每个帧都定义为关键帧，然后为每个帧创建不同的图像。每个新关键帧最初包含的内容和它前面的关键帧是一样的，因此可以递增地修改动画中的帧。

新建空白文档，选择文本工具，在第 1 帧的舞台中输入文字字段“上海 Flash 平台技术实训中心”，并在文字后使用线条工具绘制笔触为 3 的竖直线作为“光标”，如图 7－33 所示。在“时间轴”面板中选中第 2 帧，按 F6 键，插入关键帧。

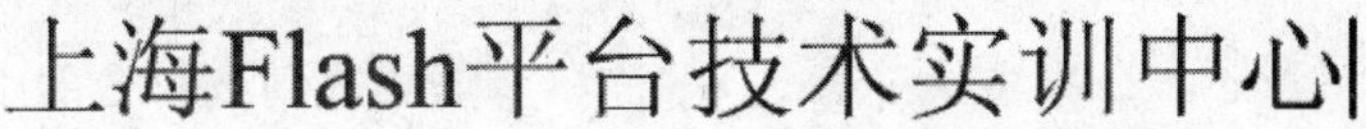

上海Flash平台技术实训中心|

图 7－33　使用文本工具输入文字

在第 2 帧的舞台中将字段中的“心”字删除，并将“光标”移动至“中”字后，如图 7－34 所示。用相同的方法在第 3 帧处插入关键帧，删除字段中的“中”字，并将“光标”移动至“训”字后，如图 7－35 所示。将在第 4 帧处插入关键帧，在舞台中将字段中的“训”字删除，并将“光标”移动至“实”字后，如图 7－36 所示。

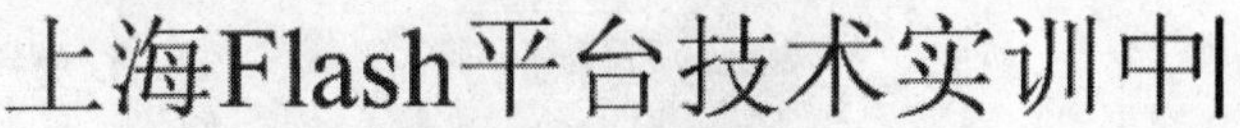

上海Flash平台技术实训中|

图 7－34　删除一个字

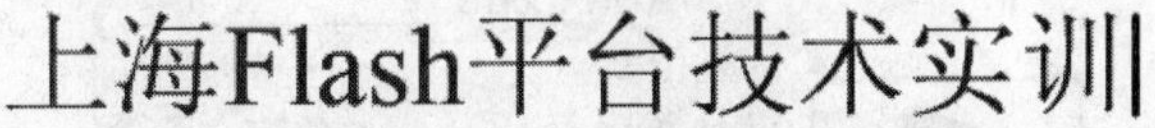

上海Flash平台技术实训|

图 7－35　再删除一个字

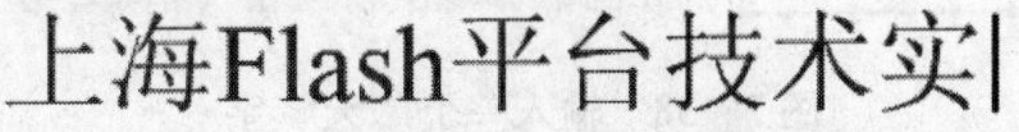

上海Flash平台技术实|

图 7－36　继续删除一个字

依次按相同步骤完成所有操作，直到最后一个字“上”。

选中所有关键帧，右击并点选“翻转帧”，如图7－37所示。按Enter键，让播放头进行播放，即可观看制作效果。

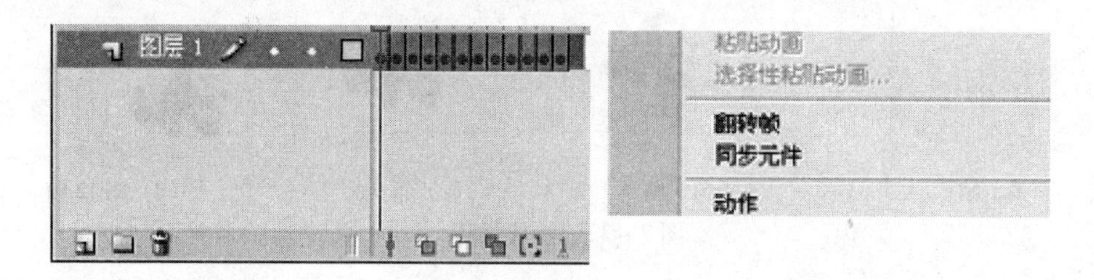

图7－37　翻转帧

7.2.3　案例：制作帧帧动画

案例描述

本实例设计的是书法字效果，以帧帧动画的形式在白色背景上写上一个华文行楷的“天”字。本实例主要是针对帧的使用。

练习提示

（1）到互联网上下载“华文行楷字体.TTF”复制粘贴到控制面板中的字体文件夹里。

（2）在Flash中新建文件命名为“书法文字”，并使用文本工具，选择“华文行楷”字体输入一个“天”字，如图7－38所示。

图7－38　输入一个“天”字

（3）将文本转化为元件，双击进入元件内部，按 Ctrl + B 组合键将“天”字分离，如图 7－39 所示。

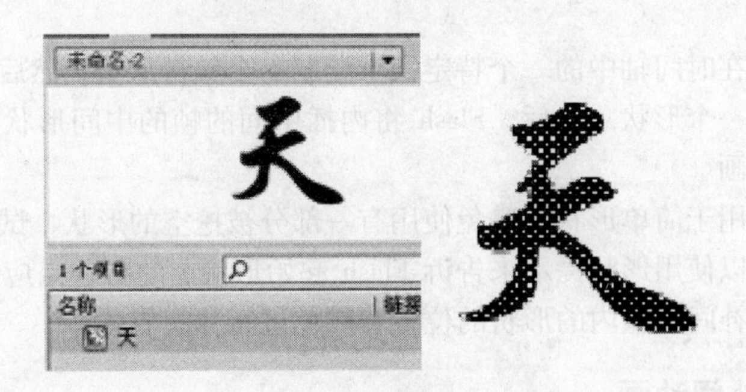

图 7－39　将文字转化为元件并打散

（4）使用橡皮擦工具对文字按笔画进行逐帧擦除，并在笔触叠加处隔开几帧再进行关键帧插入修改，如图 7－40 所示。

图 7－40　逐帧擦除文字

（5）按住 Shift 键选中所有帧并进行翻转，如图 7－41 所示。

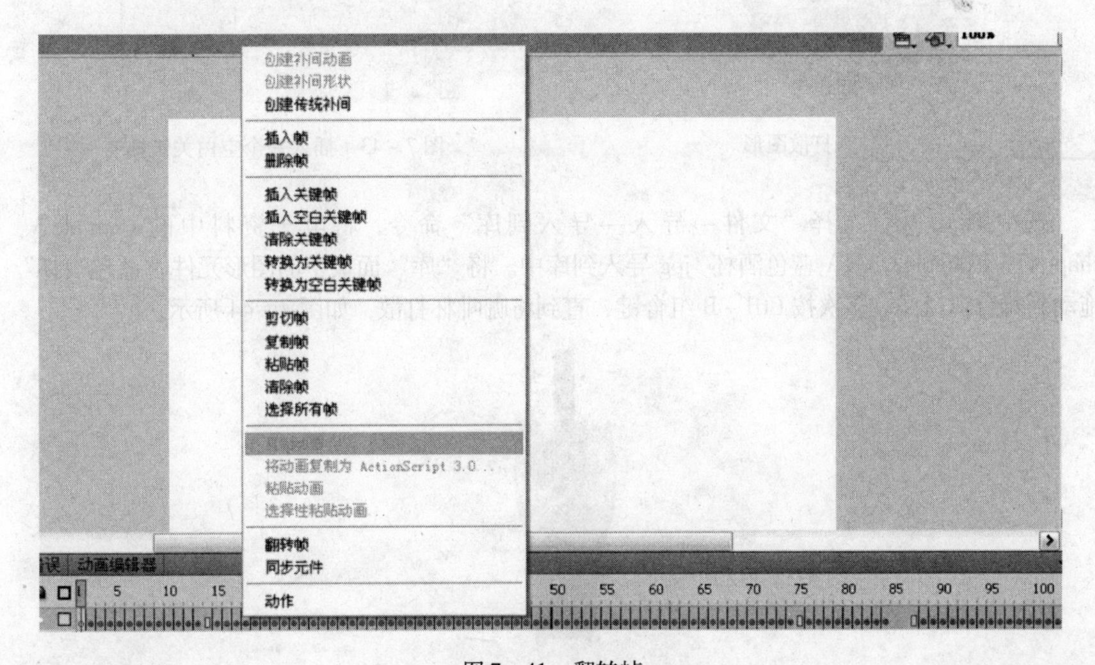

图 7－41　翻转帧

7.3 形状补间动画

在形状补间中，在时间轴中的一个特定帧上绘制一个矢量形状，然后在另一个特定帧上更改该形状或绘制另一个形状。然后，Flash 将内插中间的帧的中间形状，创建一个形状变形为另一个形状的动画。

补间形状最适合用于简单形状。避免使用有一部分被挖空的形状，试验要使用的形状以确定相应的结果。可以使用形状提示来告诉 Flash 起始形状上的哪些点应与结束形状上的特定点对应。也可以对补间形状内的形状的位置和颜色进行补间。

7.3.1 简单形状补间动画

如果舞台上的对象是组件实例、多个图形的组合、文字、导入的素材对象，必须先分离或取消组合，将其打散成图形，才能制作形状补间动画。利用这种动画，也可以实现上述对象的大小、位置、旋转、颜色及透明度等变化。

选择“文件→导入→导入到舞台”命令，将电子资料中的 example \ chapter7 \ example7. 3. 1 \ 炫彩图案 . jpg 导入到舞台的第 1 帧中。多次按 Ctrl + B 组合键，直到将炫彩图案打散，如图 7 – 42 所示。

右击“时间轴”面板中的第 10 帧，在弹出的菜单中选择“插入空白关键帧”命令，在第 10 帧上插入一个空白关键帧，如图 7 – 43 所示。

图 7 – 42 打散图形

图 7 – 43 插入一个空白关键帧

选中第 10 帧，选择“文件→导入→导入到库”命令，将电子资料中的 example \ chapter7 \ example7. 3. 1 \ 蓝色酒杯 . jpg 导入到库中。将“库”面板中的图形元件“蓝色酒杯”拖动到舞台窗口中，多次按 Ctrl + B 组合键，直到将咖啡杯打散，如图 7 – 44 所示。

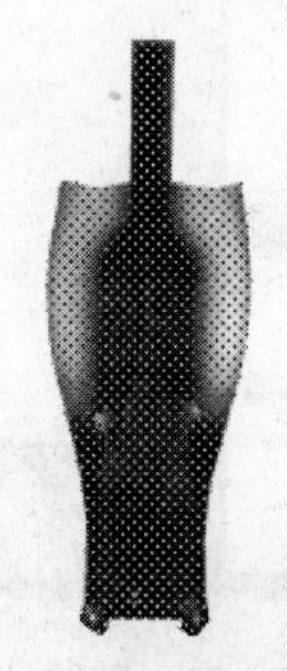

图 7 – 44 打散图片

单击“时间轴”面板中的第1帧，在弹出的菜单中选择“创建补间形状”命令，如图7-45所示。

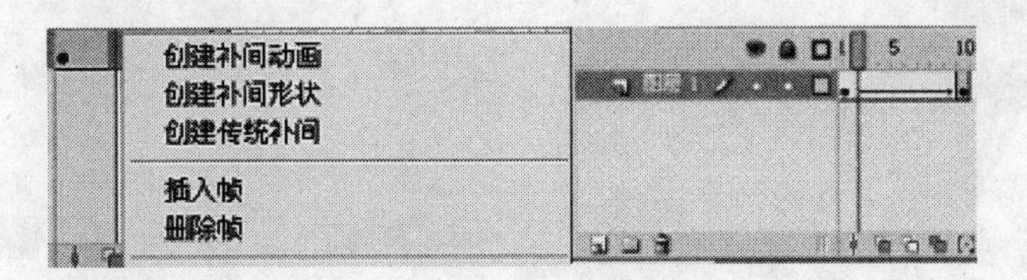

图7-45 “创建补间形状”命令

在变形过程中每一帧上的图形都发生不同的变化，如图7-46所示。

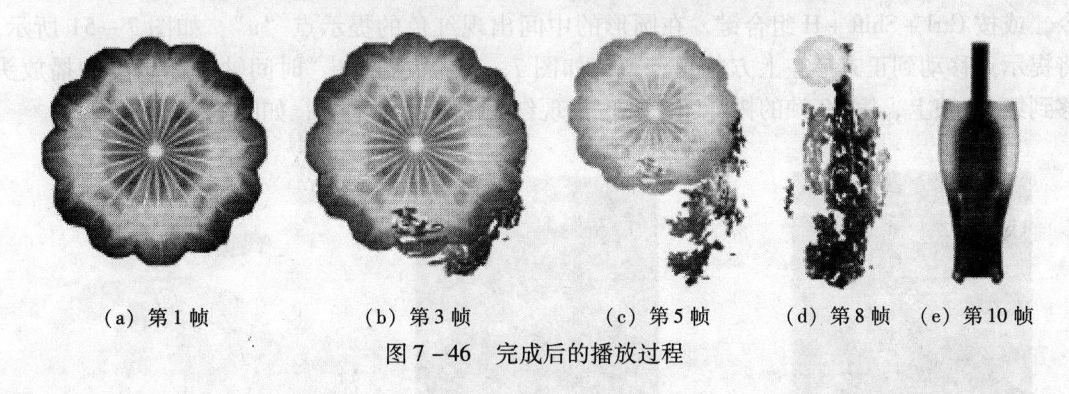

(a) 第1帧　(b) 第3帧　(c) 第5帧　(d) 第8帧　(e) 第10帧

图7-46 完成后的播放过程

7.3.2 应用变形提示

使用变形提示，可以让原图形上的某一点变换到目标图形的某一点上。应用变形提示可以制作出各种复杂的变形效果。

选择矩形工具，在第1帧的舞台中绘制出一个正方形，如图7-47所示。右击“时间轴”面板中的第10帧，在弹出的菜单中选择“插入空白关键帧”命令，在第10帧处插入一个空白关键帧，如图7-48所示。

图7-47 绘制一个矩形

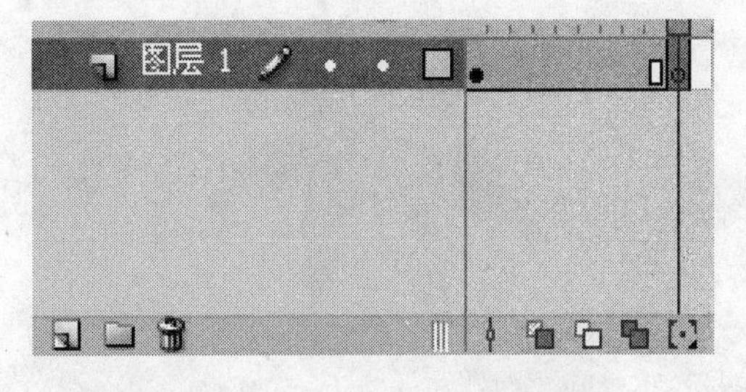

图7-48 插入一个空白关键帧

在第10帧的舞台中导入一个树叶图形（电子资料中的example\chapter7\example7.3.2\叶子.jpg），如图7-49所示。在“时间轴”面板中选中第1帧，在弹出的菜单中选择“创建补间形状”命令，在“时间轴”面板中，第1帧到第10帧之间出现绿色的背景和黑色的箭头，表示生成形状补间动画，如图7-50所示。

图 7-49　绘制一片树叶

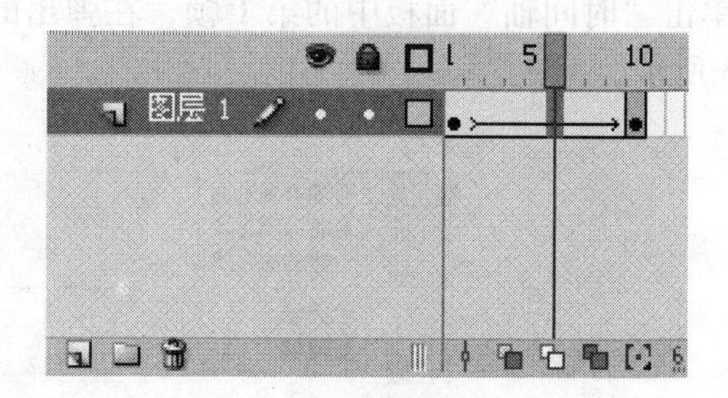

图 7-50　创建补间形状的补间动画

将“时间轴”面板中的播放头放在第 1 帧上，选择“修改→形状→添加形状提示”命令，或按 Ctrl + Shift + H 组合键，在圆形的中间出现红色的提示点“a”，如图 7-51 所示。将提示点移动到正方形左上方的角点上，如图 7-52 所示。将“时间轴”面板中的播放头移到第 10 帧上，第 10 帧的树叶图形上也出现红色的提示点“a”，如图 7-53 所示。

图 7-51　添加形状提示点

图 7-52　移动提示点

图 7-53　同样出现提示点

将树叶图形上的提示点移动到右上方的边线上，提示点从红色变为绿色，如图 7-54 所示。这时，再将播放头放置在第 1 帧上，可以观察到刚才红色的提示点变为黄色，如图 7-55 所示。这表示在第 1 帧中的提示点和第 10 帧的提示点已经相互对应。

图 7-54　移动树叶提示点

图 7-55　提示点变色

用相同的方法在第 1 帧的圆形中再添加 3 个提示点，分别为“b”、“c”、“d”，并将其放置在正方形的角点上，如图 7-56 所示。在第 10 帧中，将提示点按顺时针的方向分别设置在树叶图形的边线上，如图 7-57 所示。完成提示点的设置，按 Enter 键，让播放头进行播放，即可观看制作效果。

图 7-56 增加提示点

图 7-57 再移动树叶提示点

注意：形状提示点一定要按顺时针的方向添加，顺序不能错，否则无法实现效果。

7.3.3 案例：制作 Loading 条

案例描述

本实例设计的是一个进度条效果，它以动态的图片显示处理文件的速度。本实例主要是针对形状补间的应用。

练习提示

打开电子资料中的 chapter \ 7.3 \ loading 条 . fla，进行下面的操作。

（1）新建影片剪辑元件 text，输入文本 Loading，然后在第 9、17、25 帧处插入关键帧。

（2）选择这 3 个关键帧，并在文本 Loading 后面输入"."，在第 9 帧处输入 1 个、在第 17 帧处输入 2 个，在第 25 帧处输入 3 个，在第 32 帧处插入普通帧。

（3）新建影片剪辑元件 Loading，拖入元件 text，然后在第 100 帧处插入普通帧。新建图层 2，在编辑区域绘制一个白色矩形。

（4）在第 100 帧处插入关键帧。使用任意变形工具将白色矩形拉长，创建形状补间。

（5）新建图层 3，绘制一个灰色矩形框。在第 100 帧插入普通帧，如图 7-58 所示。

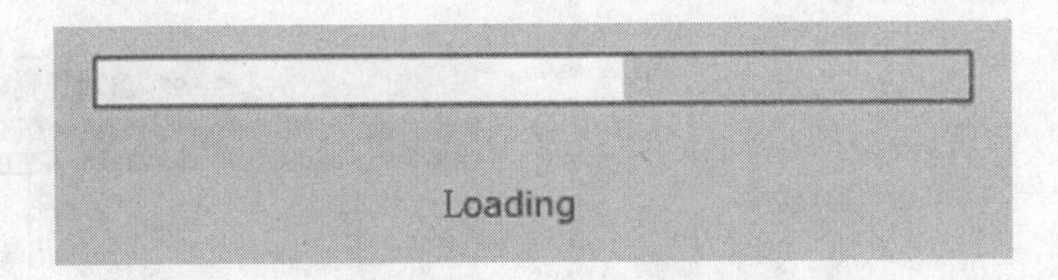

图 7-58 Loading 效果

（6）返回主场景，拖放入素材风车影片剪辑。新建图层，将完成的 Loading 元件放入。

7.4 动作补间动画

动作补间动画所处理的对象必须是舞台上的组件实例、多个图形的组合、文字、导入的素材对象。利用这种动画，可以实现上述对象的大小、位置、旋转、颜色及透明度等变化效果。

7.4.1 传统动作补间动画

新建空白文档，选择“文件→导入→导入到库”命令，将电子资料中的 example \ chapter7 \ example7.4.1 \ 海宝.jpg 导入到“库”面板中，如图 7-59 所示。将海宝图片拖动到舞台的右上方，如图 7-60 所示。

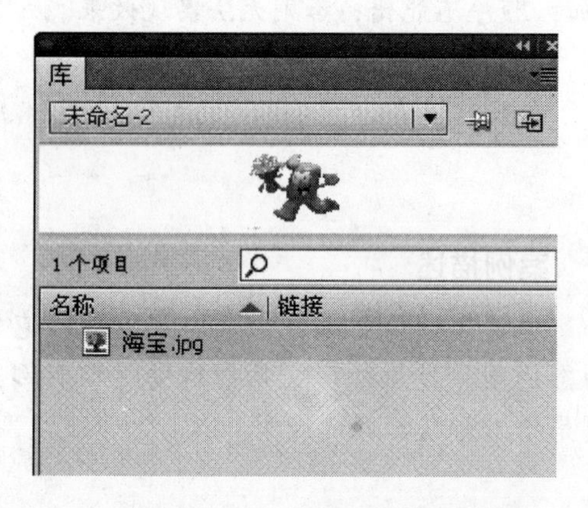

图 7-59 导入外部素材到“库”面板中

图 7-60 拖动至舞台的右上方

右击“时间轴”面板中的第 10 帧，在弹出的菜单中选择“插入关键帧”命令，在第 10 帧处插入一个关键帧。将海宝图片拖动到舞台的左下方，如图 7-61 所示。

右击“时间轴”面板中的第 1 帧，在弹出的菜单中选择“创建传统补间”命令。在“时间轴”面板中，第 1 帧至第 10 帧出现蓝色的背景和黑色的箭头，表示生成传统动作补间动画，如图 7-62 所示。完成动作补间动画的制作，按 Enter 键，让播放头进行播放，即可观看制作效果。

图 7-61 拖动至舞台的左下方

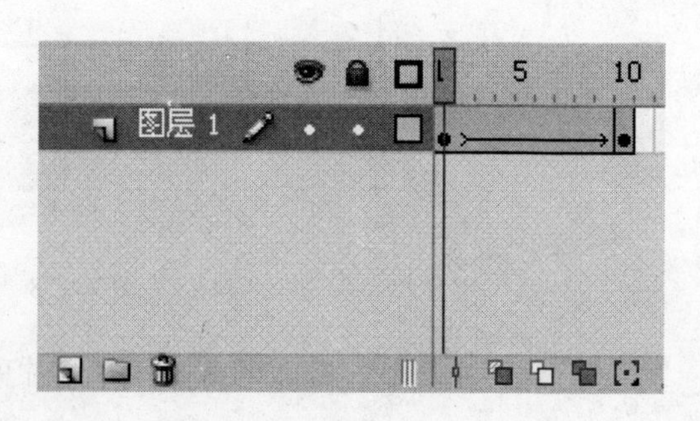

图 7-62 创建一个传统补间

设为“动画”后，“属性”面板中出现多个新的选项，如图7-63所示。

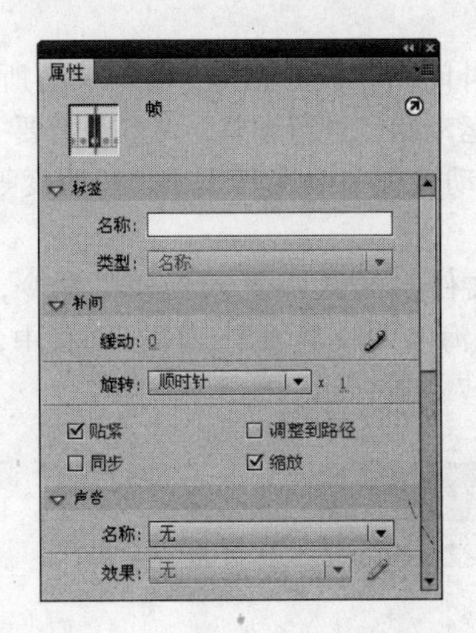

图7-63 “属性”面板中的新选项

（1）“缓动”选项：用于设定动作补间动画从开始到结束时的运动速度。其取值范围为-100～100。当设置正数时，运动速度呈减速度，即开始时速度快，然后速度逐渐减慢；当设置负数时，运动速度呈加速度，即开始时速度慢，然后速度逐渐加快。

（2）“旋转”选项：用于设置对象在运动过程中的旋转样式和次数。

（3）“贴紧”选项：勾选此选项，如果使用运动引导动画，则根据对象的中心点将其吸附到运动路径上。

（4）“调整到路径”选项：勾选此选项，对象在运动引导动画过程中，可以根据引导路径的曲线改变变化的方向。

（5）“同步”选项：勾选此选项，如果对象是一个包含动画效果的图形组件实例，其动画和主时间轴同步。

（6）“缩放”选项：勾选此选项，对象在动画过程中可以改变比例。

如果在帧“属性”面板中，将“旋转”选项设为默认选项“顺时针”。那么在不同的帧中，海宝位置的变化效果，如图7-64所示。

图7-64 位置的变化过程

7.4.2 （现代）补间动画

（现代）补间动画与传统补间动画极为相似，然而又有所不同，与传统补间动画相比，（现代）补间动画可以直接对运动路径进行调整，并且只需要一个关键帧。

补间动画可以在对象的运动过程中改变其大小、透明度等，下面通过（现代）补间动画的制作进行介绍。

新建空白文档，选择“文件→导入→导入到库”命令，将电子资料中的 example \ chapter7 \ example7.4.2 \ hello 海宝.jpg 导入到“库”面板中，如图 7-65 所示。将海宝图片拖动到舞台的右上方，如图 7-66 所示。

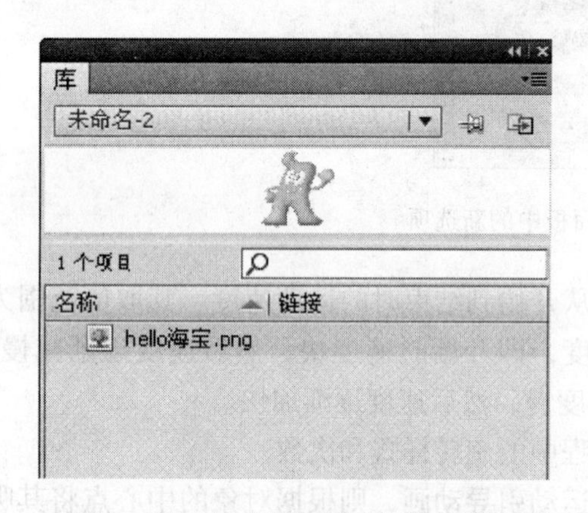

图 7-65 在“库”面板中导入素材

图 7-66 调整位置

右击“时间轴”面板中的第 10 帧，在弹出的菜单中选择“插入帧”命令，在第 10 帧处插入一个普通帧，如图 7-67 所示。

右击海宝图像，选择“转化为元件”命令，将海宝图像转换为元件。右击第 10 帧，在弹出的菜单中选择“创建补间动画”命令，在“时间轴”面板中，第 1 帧至第 10 帧出现蓝色的背景，表示生成（现代）补间动画，如图 7-68 所示。

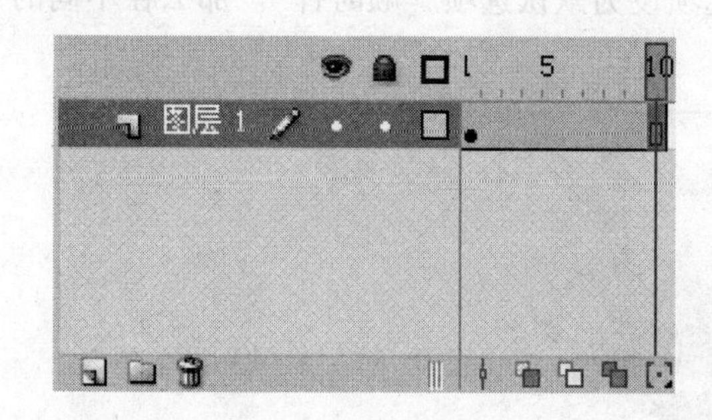

图 7-67 插入普通帧

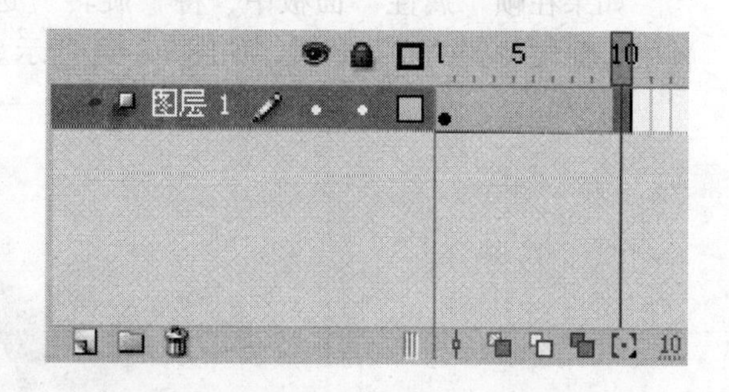

图 7-68 创建一个（现代）补间动画

选中第 10 帧，将海宝元件拖动到舞台中央，如图 7-69 所示。拖动绿色虚线改变运动路径，如图 7-70 所示。

图 7－69　拖动素材到中央　　　　图 7－70　改变移动的轨迹

单击任意变形工具，将海宝图形变形放大，如图 7－71 所示。选择选择工具，选中海宝图形，选择“窗口→属性”命令，弹出图形“属性”面板，在“色彩效果→样式”选项的下拉列表中选择“Alpha”，将下方的“Alpha 数量”选项设为 20，如图 7－72 所示。舞台中海宝图形的不透明度被改变，如图 7－73 所示。按 Enter 键，让播放头进行播放，即可观看制作效果。

图 7－71　放大图片

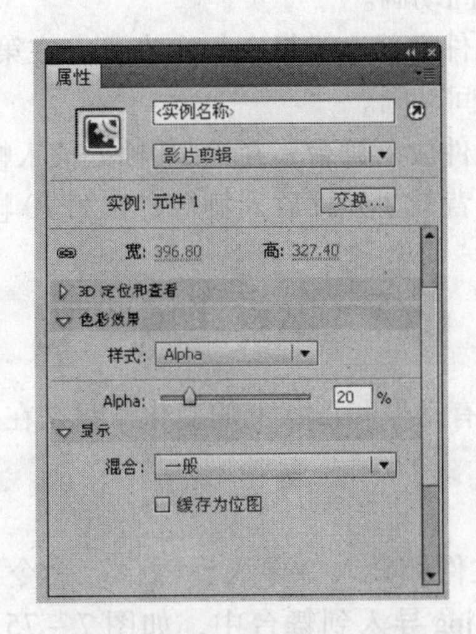

图 7－72　设置 Alpha 数值

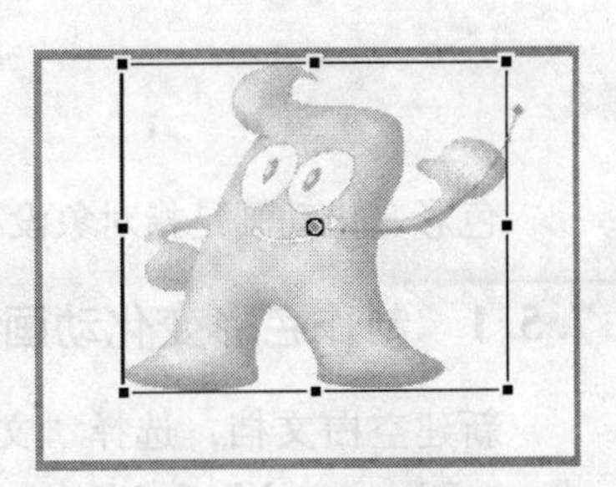

图 7－73　变化的效果

在不同的关键帧中，海宝图形的动作变化效果如图 7－74 所示。

（a）第 1 帧

（b）第 3 帧

（c）第 7 帧

（d）第 10 帧

图 7－74　变化的动画过程

7.4.3 案例：制作高速路上的汽车

案例描述

本实例设计的是汽车在高速公路上跑。本实例主要是针对补间动画的应用。

练习提示

打开电子资料中的 chapter \ 7.4 \ 高速路上的车 . fla，进行下面的操作。

（1）将背景 1 拖放入舞台，在第 70 帧处插入帧。

（2）新建云图层，将云元件放在舞台左面的外部，在第 70 帧处插入关键帧，将云放置于舞台右面的外部，并创建补间动画。

（3）新建山图层，将山元件放在舞台左面的外部，在第 70 帧处插入关键帧，将山放置于舞台右面的外部，并创建补间动画。

（4）新建树图层，将树元件右部边缘靠在舞台右面，在第 70 帧处插入关键帧，将树向右拖放至适当位置，并创建补间动画。

（5）新建车图层，将车元件放入舞台，在第 70 帧处插入帧。

（6）新建背景 2 图层，将背景 2 元件放入舞台，在第 70 帧处插入帧。

7.5 色彩变化动画

色彩变化动画是指对象没有动作和形状上的变化，只是在颜色上产生了变化。

7.5.1 制作色彩变化动画

新建空白文档，选择“文件→导入→导入到舞台”命令，将电子资料中的 example \ chapter7 \ example7.5.1 \ 龙 . jpg 导入到舞台中，如图 7－75 所示。选中龙图案，反复按 Ctrl + B 组合键，直到图形完全被打散，如图 7－76 所示。在“时间轴”面板中选择第 10 帧，按 F6 键，在第 10 帧处插入关键帧，第 10 帧中也显示出第 1 帧中的玫瑰花。

将第 10 帧中绿色的龙全部选中，单击工具箱下方的“填充色”按钮，在弹出的色彩框中选择粉色。这时，绿色龙的颜色发生变化，被修改为粉色，如图 7－77 所示。在“时间轴”面板中选中第 1 帧并右击，在弹出的菜单中选择“创建补间形状”命令。在“时间轴”面板中，第 1 帧至第 10 帧之间生成色彩变化动画，如图 7－78 所示。

在不同的关键帧中，龙的颜色变化效果如图 7－79 所示。

图 7－75　龙素材

图 7－76　打散龙素材

图 7－77　修改龙的颜色

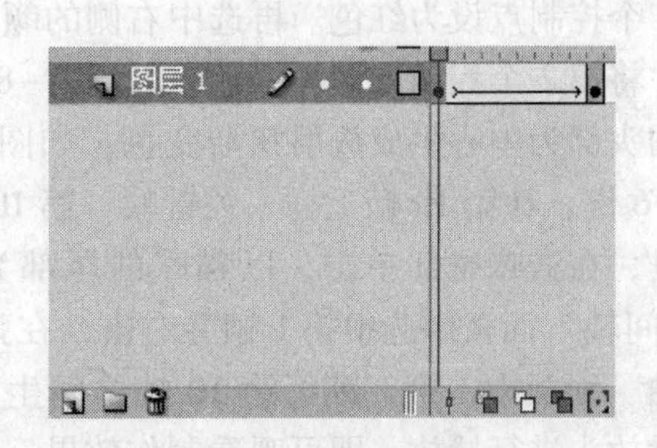

图 7－78　创建龙变化补间形状

(a) 第 1 帧　(b) 第 3 帧

(c) 第 5 帧

(d) 第 7 帧

(e) 第 9 帧

(f) 第 10 帧

图 7－79　龙的色彩变化过程

还可以应用渐变色彩来制作色彩变化动画，具体介绍如下。

新建空白文档，选择“文件→导入→导入到舞台”命令，将电子资料中的 example \ chapter7 \ example7. 5. 1 \ 猫咪 . jpg 导入到舞台中，如图 7－80 所示。选中猫图形，多次按 Ctrl + B 组合键，将图形打散，如图 7－81 所示。选择“窗口→颜色”命令，弹出

“颜色”面板，在“填充样式”选项的下拉列表中选择“径向渐变”命令，如图7-82所示。

图7-80 猫素材

图7-81 打散猫素材

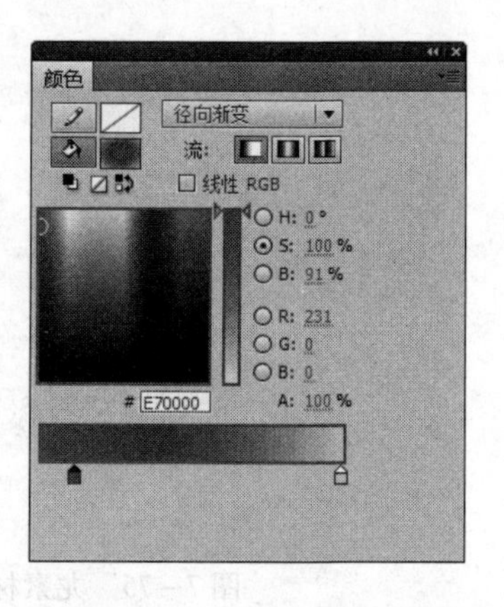

图7-82 选择径向渐变色

在“颜色”面板中，在滑动色带上选中左侧的颜色控制点。在面板的颜色框中设置控制点的颜色，在面板右下方的颜色明暗度调节框中，通过拖动鼠标来设置颜色的明暗度，将第1个控制点设为红色。再选中右侧的颜色控制点，在颜色选择框和明暗度调节框中设置颜色，将第2个控制点设为绿色，如图7-82所示。选择颜料桶工具，在猫咪头部单击，以猫咪的头部为中心生成放射状渐变色，如图7-83所示。在“时间轴”面板中选择第10帧，按F6键，在第10帧上插入关键帧。第10帧中也显示出第1帧中的猫咪图形。选择颜料桶工具，在猫咪尾部单击，以猫咪的尾部为中心生成放射状渐变色，如图7-84所示。在“时间轴”面板中选中第1帧并右击，在弹出的菜单中选择“创建补间形状”命令，在“时间轴”面板中，第1帧至第10帧之间生成色彩变化动画，如图7-85所示。按Enter键，让播放头进行播放，即可观看制作效果。

图7-83 改变猫的填充渐变色

图7-84 动画效果的渐变色

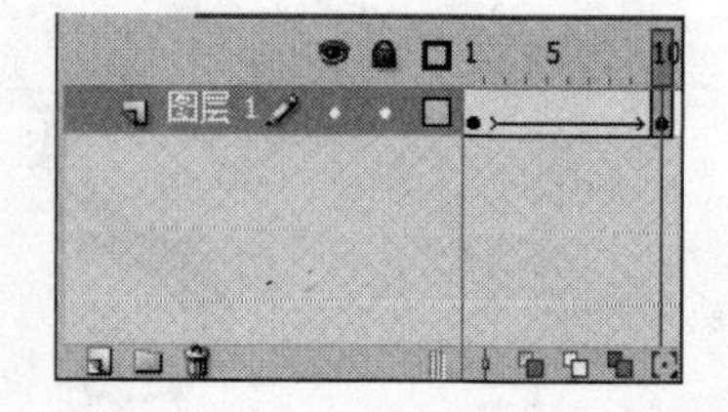

图7-85 创建猫的补间形状

7.5.2 测试动画

在制作完成动画后，要对其进行测试。可以通过多种方法来测试动画。

1. 应用“控制器”面板

选择“窗口→工具栏→控制器”命令，弹出“控制器”面板，如图7-86所示。

图7－86 “控制器”面板

2. 应用播放命令

选择“控制→播放”命令，或按Enter键，可以对当前舞台中的动画进行浏览。在“时间轴”面板中，可以看见播放头在运动，随着播放头的运动，舞台中显示出播放头所经过的帧上的内容。

3. 应用测试影片命令

选择“控制→测试影片”命令，或按Ctrl＋Enter组合键，可以进入动画测试窗口，对动画作品的多个场景进行连续的测试。

4. 应用测试场景命令

选择“控制→测试场景”命令，或按Ctrl＋Alt＋Enter组合键，可以进入动画测试窗口，测试当前舞台窗口中显示的场景或元件中的动画。

注意：如果需要循环播放动画，可以选择“控制→循环播放”命令，再应用“播放”按钮或其他测试命令即可。

7.5.3 “影片浏览器”面板的功能

“影片浏览器”面板，可以将Flash Professional CS5文件组成树形关系图，方便用户进行动画分析、管理或修改。在其中可以查看每一个元件，熟悉帧与帧之间的关系，查看动作脚本等，也可快速查找需要的对象。

选择“窗口→影片浏览器”命令，弹出“影片浏览器”面板，如图7－87所示。

图7－87 “影片浏览器”面板

（1）“显示文本”按钮A：用于显示动画中的文字内容。

（2）“显示按钮、影片剪辑和图形”按钮：用于显示动画中的按钮、影片剪辑和图形。

（3）“显示动作脚本”按钮：用于显示动画中的脚本。

(4)“显示视频、声音和位图”按钮：用于显示动画中的视频、声音和位图。

(5)“显示帧和图层”按钮：用于显示动画中的关键帧和图层。

(6)“自定义要显示的项目”按钮：单击此按钮，弹出“影片管理器设置”对话框，在对话框中可以自定义在“影片浏览器”面板中显示的内容。

(7)“查找”选项：可以在此选项的文本框中输入要查找的内容，这样可以快速地找到需要的对象。

7.5.4 案例：制作变色效果

案例描述

本实例设计的是一幅具有变色的龙图案，使用位图上抠下来的团龙图案，对其创建补间动画并在特定帧上改变其色彩，使其产生连贯的变色效果。本实例主要是考查对色彩变化的应用。

练习提示

打开电子资料中的 chapter \ 7.5 \ 变色效果 . fla，进行下面的操作。

(1) 新建一个文件，并保存为“龙 . fla”，并将舞台设置为黑色，如图 7-88 所示。

图 7-88 新建一个黑色背景文件

（2）使用“文件→导入”命令，导入素材，如图7－89所示。

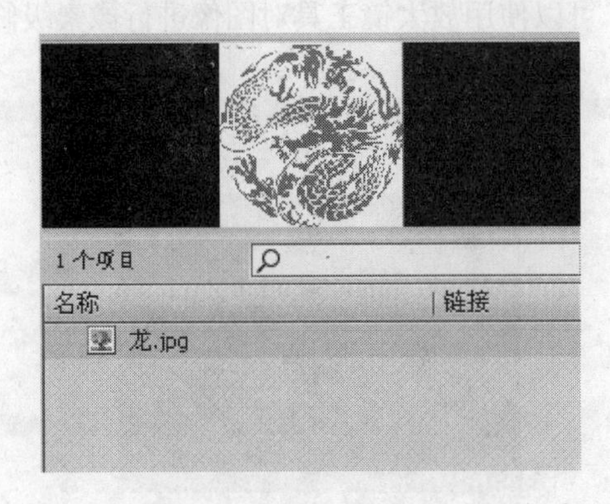

图7－89　导入龙.jpg素材

（3）在时间轴“图层1”上的第240帧处插入关键帧，如图7－90所示。

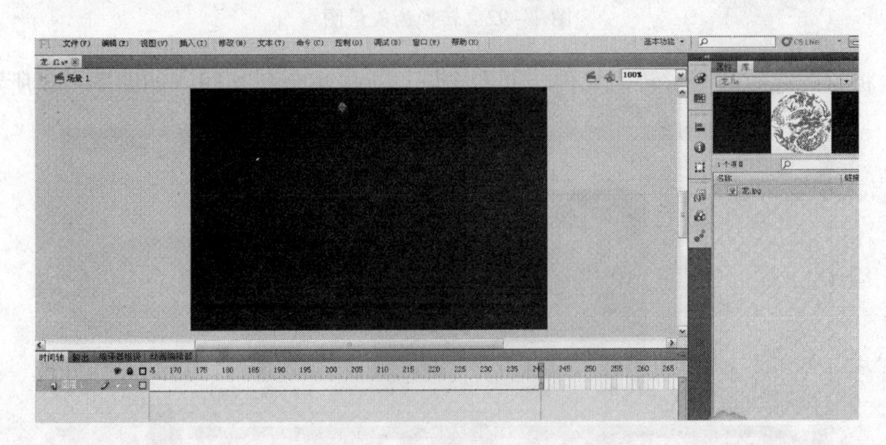

图7－90　在图层1上插入关键帧

（4）将素材拖动到舞台上，如图7－91所示。

图7－91　将素材拖动到舞台上

（5）选择“修改→位图→转换位图为矢量图”命令，将位图转为矢量图，删除白色部分进行抠图。在抠图过程中，可以使用放大镜工具对图像进行像素级修改，如图 7－92 所示。

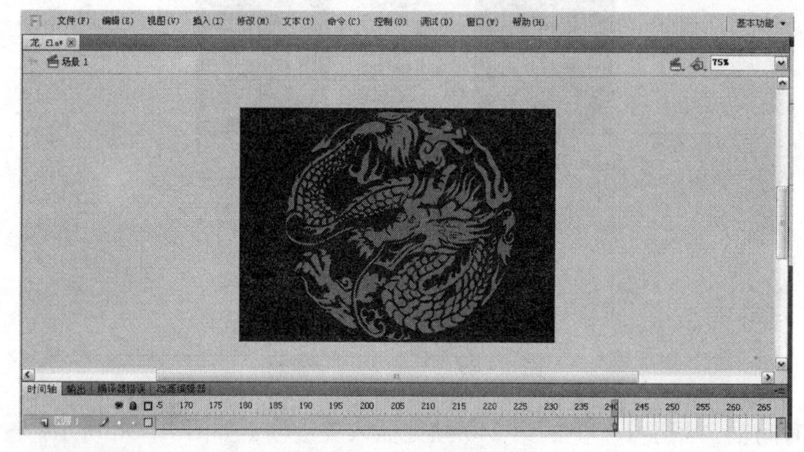

图 7－92　转换为矢量图

（6）将抠图之后的图形转为元件，并右击图层上的帧创建补间，如图 7－93 所示。

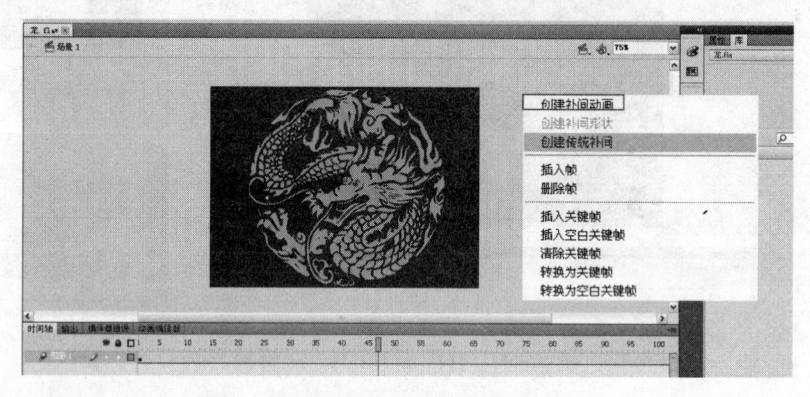

图 7－93　转化为元件并创建补间动画

（7）在时间轴上的第 60、120、180、240 帧处选中元件并对“属性”面板中色彩效果里的色调参数作出变化，并使第 240 帧与第 1 帧的色彩保持一致，如图 7－94 所示。

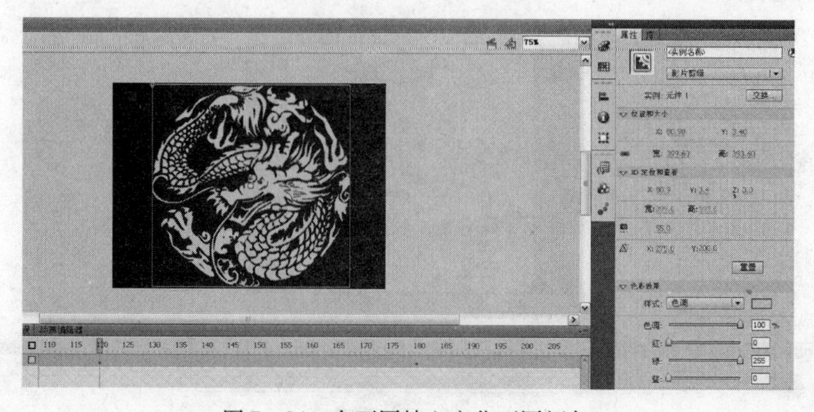

图 7－94　在不同帧上变化不同颜色

7.6 本章练习

1. 制作正负极和正极抛物线

（1）进入正极图标影片剪辑元件编辑环境，在第3帧处插入关键帧，在第4帧处插入帧。将第3帧的图形用任意变形工具旋转角度。负极同样制作，如图7－95所示。

（2）在库中新建影片剪辑元件，将正极图标图形元件拖放至适当位置。在第5、6、7、8、9帧处插入关键帧，并调整图形位置使其呈向左抛物线运动，在第10帧处插入帧，如图7－96所示。

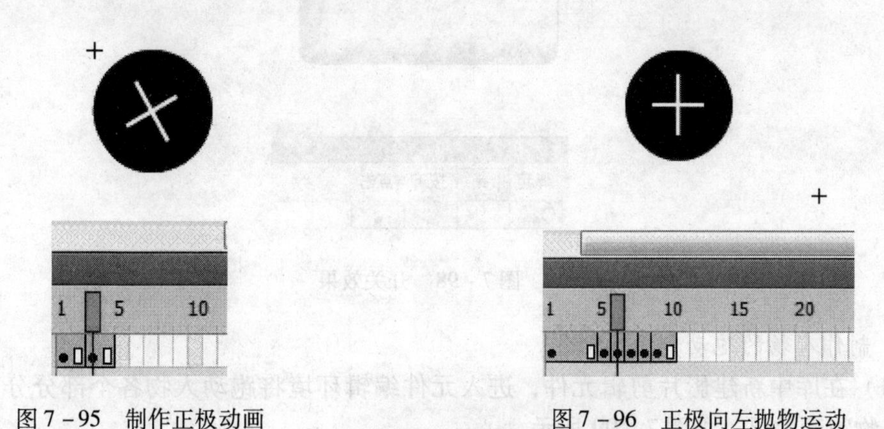

图7－95 制作正极动画　　图7－96 正极向左抛物运动

2. 制作电流流动

进入电路影片剪辑元件编辑环境，在第70帧处插入帧，新建图层，使用矩形工具绘制一个矩形，将第70帧转换为关键帧，在第5帧处插入关键帧，将矩形移动至左上角端点；在第15帧处插入关键帧，将矩形移动至左下角端点；在第37帧处插入关键帧，将矩形移动至右下角端点；在第51帧处插入关键帧，将矩形移动至右上角端点；创建传统补间动画。将矩形图层转变为遮罩层、遮电流，如图7－97所示。

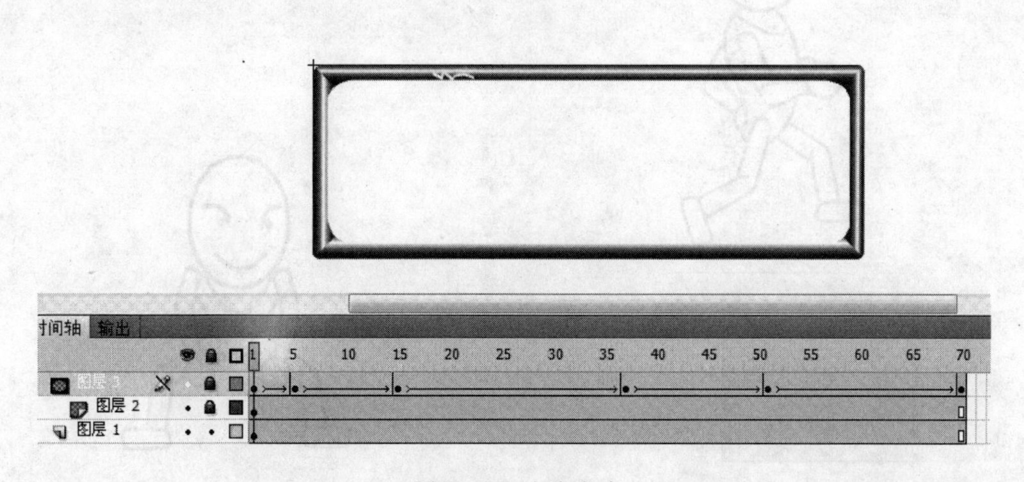

图7－97 电流流动

3. 制作开关按钮

进入开关按钮元件编辑环境，在4个关键帧处分别插入关键帧。在第2帧处加入声音，在第3帧的图形上，改变开关按钮的大小，如图7－98所示。

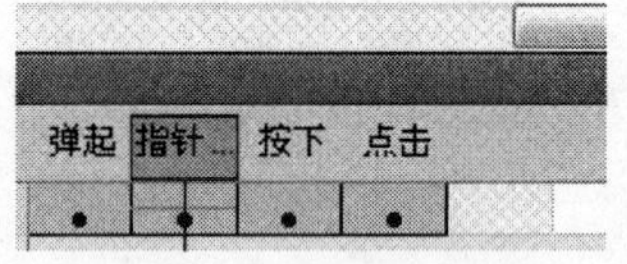

图7－98　开关效果

4. 制作人物的跑动和抛物动作

（1）在库中新建影片剪辑元件，进入元件编辑环境将跑动人物各个部分分图层放入。制作人物跑动效果，如图7－99所示。

（2）进入半蹲人物状态影片剪辑元件编辑环境。在第3帧处插入关键帧，并调整部位，如图7－100所示。

图7－99　人物跑动效果

图7－100　调整人物手位置

（3）在第5帧处插入关键帧，更改头部3，并调整部位，如图7－101所示。

（4）在第7帧插入关键帧，改回原来的头部，并调整部位。在第9帧处插入关键帧，将人物还原，在第10帧处插入帧，如图7－102所示。

图7－101　改变人物状态

图7－102　改变人物的动作

5. 制作主时间轴

（1）导入背景图片，在第100帧处插入帧，锁定图层。新建图层，在第2帧处插入关键帧，在第1帧上将相关文本拖动至适当位置，如图7－103所示。

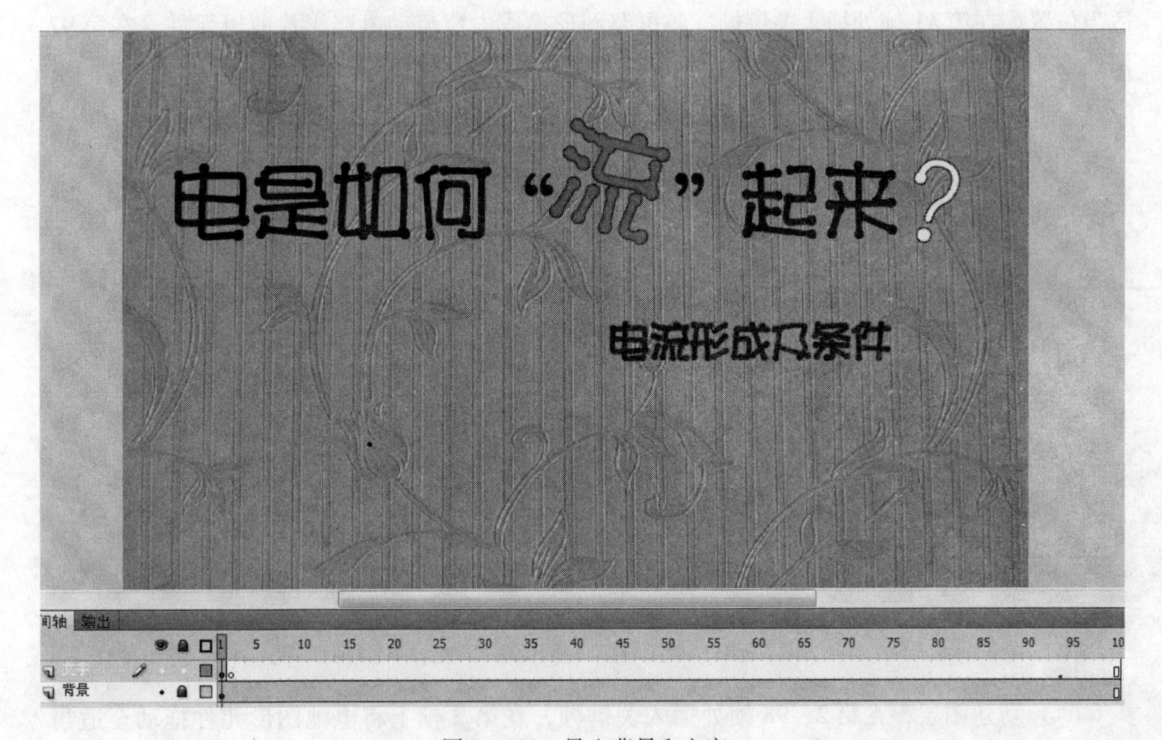

图7－103　导入背景和文字

（2）在第2、97、98、99、100帧处插入关键帧，在第2、97、98、99、100帧处放入相关文本。将电池、电路、发光灯泡、开关按钮拖放入第98帧，如图7－104所示。

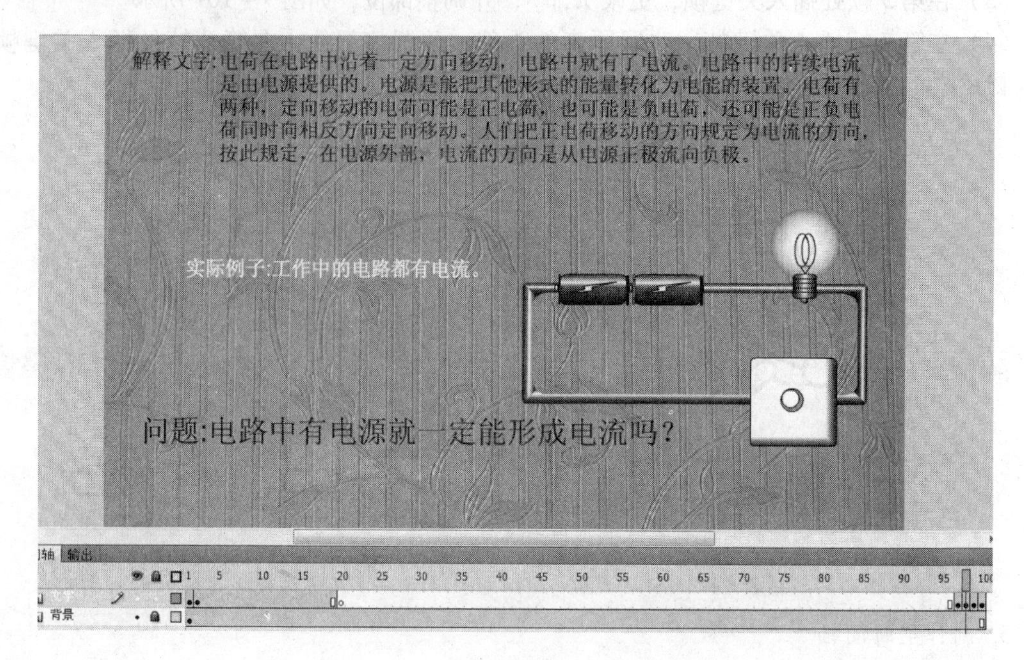

图7－104 在不同帧上放入相关文本

（3）新建图层，在第2、97、98帧处插入关键帧，在第2帧上将电路图形元件拖动至适当位置。在第41帧处插入关键帧，将电路图形换成电流流动电路影片剪辑元件。在第97帧处插入关键帧，将电流流动电路影片剪辑元件换成电路图形元件，如图7－105所示。

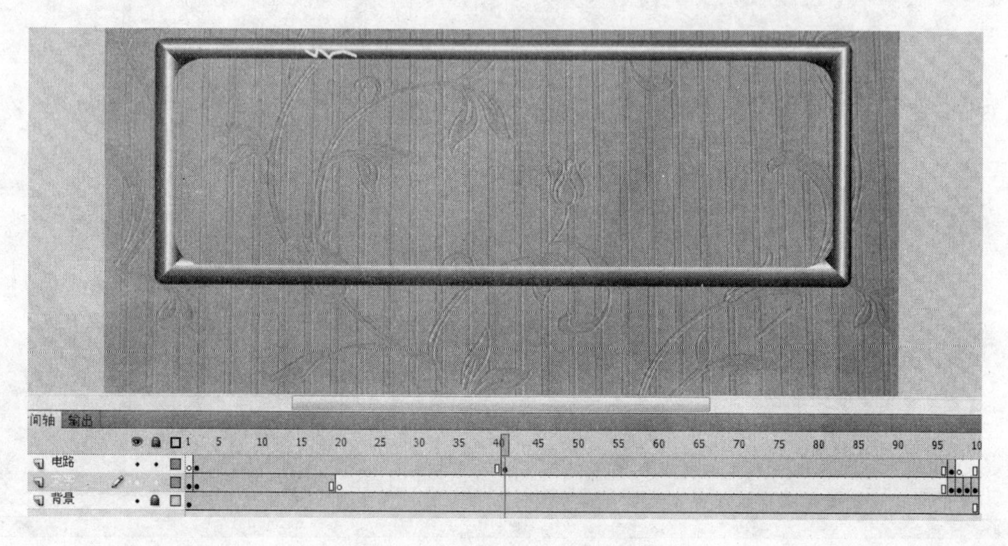

图7－105 放入电流的元件

（4）新建图层，在第2、98帧处插入关键帧，在第2帧上将电池图形元件拖动至适当位置。新建图层，在第2、98帧处插入关键帧，在第2帧上将开关图形元件拖动至适当位置，如图7－106所示。

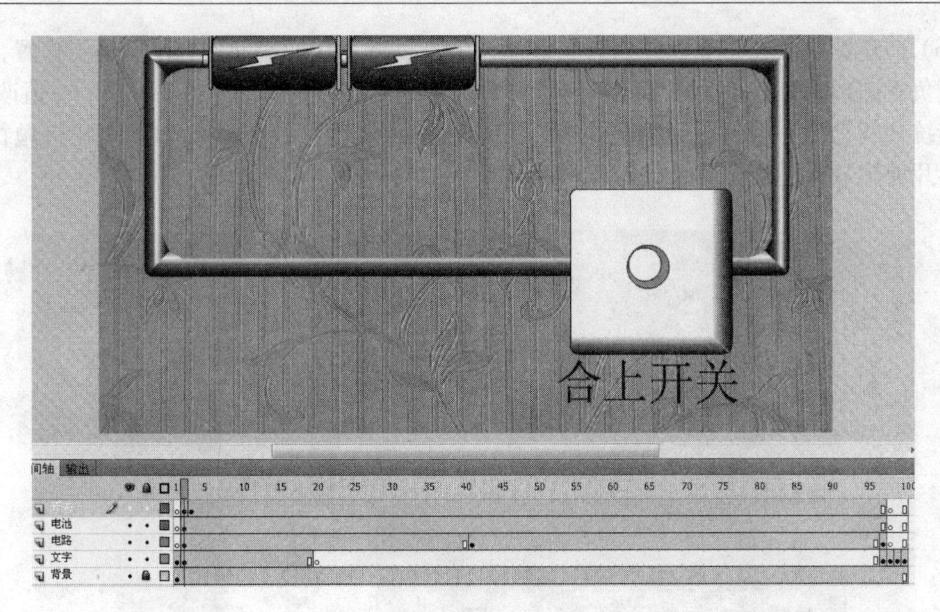

图 7-106　放入电池和开关

（5）新建图层，在第 2、98 帧处插入关键帧，在第 2 帧上将熄灭灯泡图形元件拖动至适当位置。在第 96、97 帧处插入关键帧，将第 96 帧的熄灭灯泡替换成点亮灯泡图形元件。新建图层，在第 2、98 帧处插入关键帧，在第 2 帧上将站立人物拖动至适当位置，在第 20 帧处插入关键帧，将第 2 帧图形 Alpha 值改为 0，创建传统补间动画。在第 21 帧处插入关键帧，将跑动人物影片剪辑元件替换成站立人物，在第 40 帧处插入关键帧，将跑动人物拖动至适当位置，创建传统补间动画。在第 41 帧处插入关键帧，用抛物人物替换跑动人物。在第 97 帧处插入关键帧，用站立人物替换抛物人物，如图 7-107 所示。

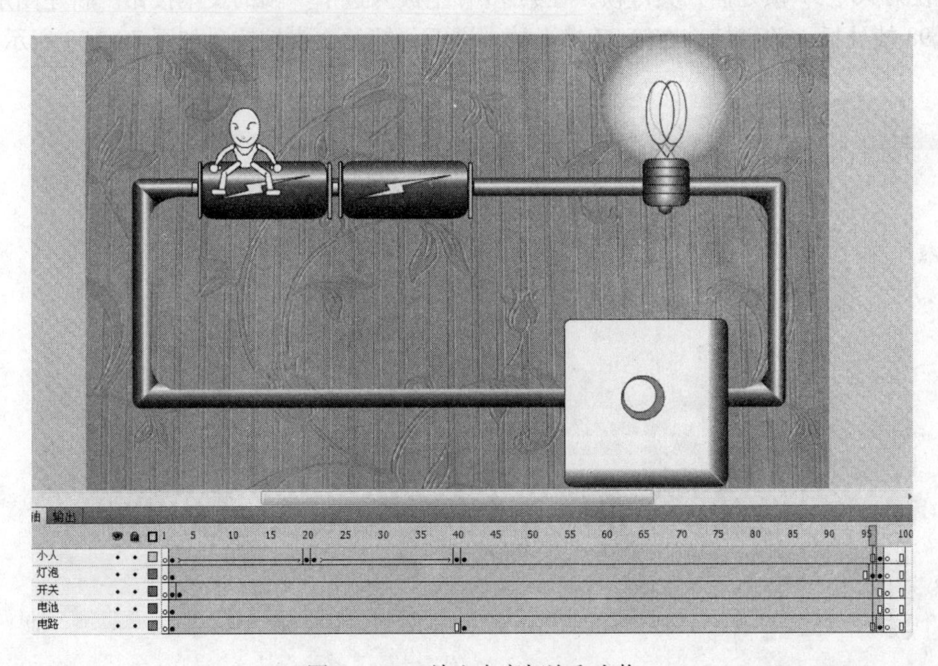

图 7-107　放入点亮灯泡和人物

（6）新建图层，在第 2 帧处插入关键帧，将正负极影片剪辑元件拖动至适当位置，选中所有正负极图形将其转换为图形元件，在第 20 帧处插入关键帧，将第 2 帧 Alpha 值改为 0，创建传统补间动画。新建图层，在第 41、97 帧处插入关键帧，在第 41 帧上将正极抛物线运动的影片剪辑放入适当位置，如图 7－108 所示。

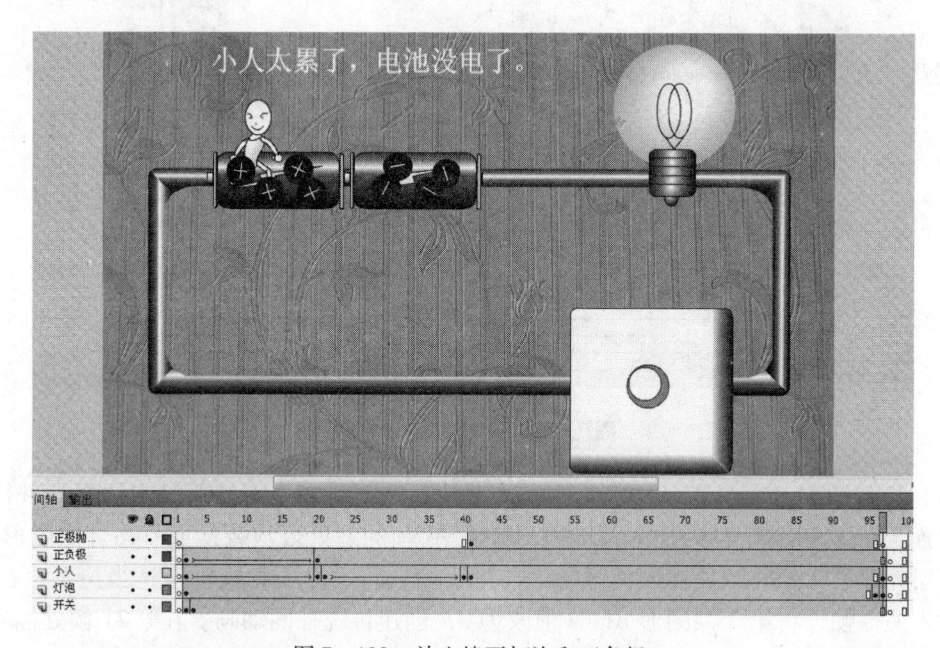

图 7－108　放入熄灭灯泡和正负极

（7）新建图层，在第 2 帧处插入关键帧，在第 1 帧上放入进下一帧的文本按钮。新建图层，在第 96、97 帧处插入关键帧，在第 96 帧上放入进下一帧的文本按钮。新建图层，在第 97、98 帧处插入关键帧，在第 97 帧上放入进下一帧的文本按钮，如图 7－109 所示。

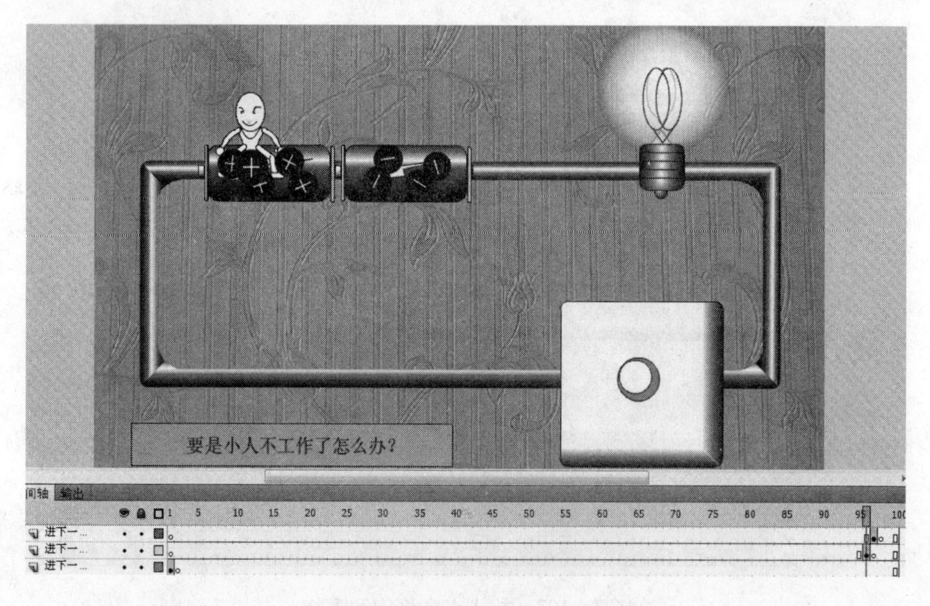

图 7－109　放入矩形文本

（8）新建图层，在第 98 帧处插入关键帧，将正确答案的文本按钮放入舞台。新建图层，在第 98 帧处插入关键帧，将错误答案的文本按钮放入舞台。新建图层，插入音频，如图 7－110 所示。

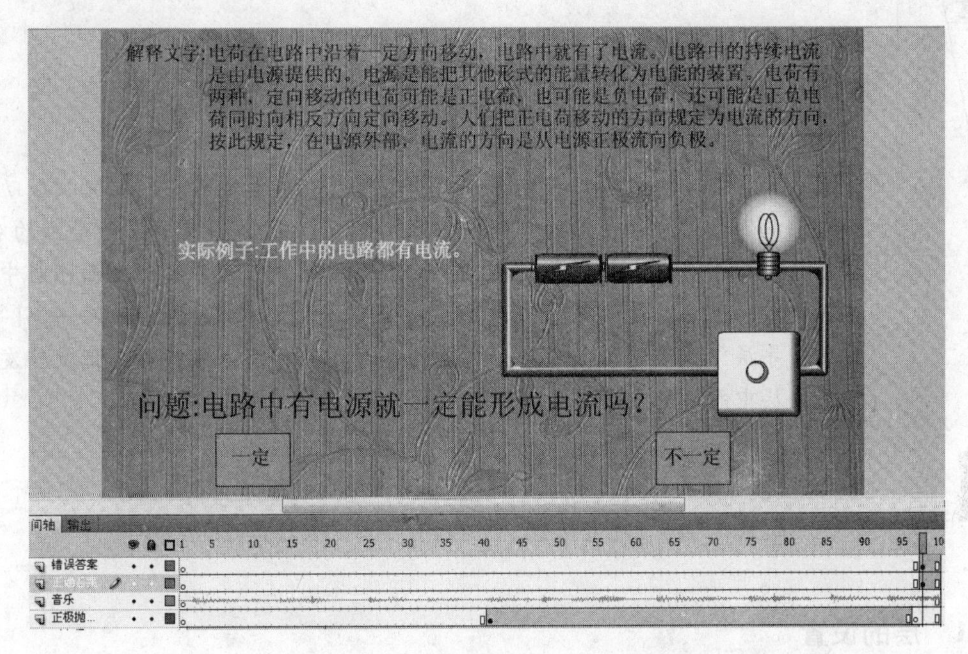

图 7－110　在不同图层放入相关文本

层与高级动画

层在 Flash Professional CS5 中有着举足轻重的作用。图层可以帮助组织文档中的插图。在图层上绘制和编辑对象，而不会影响其他图层上的对象。图层类似于叠在一起的透明纸，下面图层中的内容可以通过上面图层中不包含内容的区域透过来。除普通图层，还有一种特殊类型的图层——引导层。在引导层中，可以像其他层一样绘制各种图形和引入元件等，但最终发布时引导层中的对象不会显示出来。

8.1 层、引导层与运动引导层的动画

8.1.1 层的设置

1. 层的弹出式菜单

右击“时间轴”面板中的图层名称，弹出菜单，如图 8 - 1 所示。

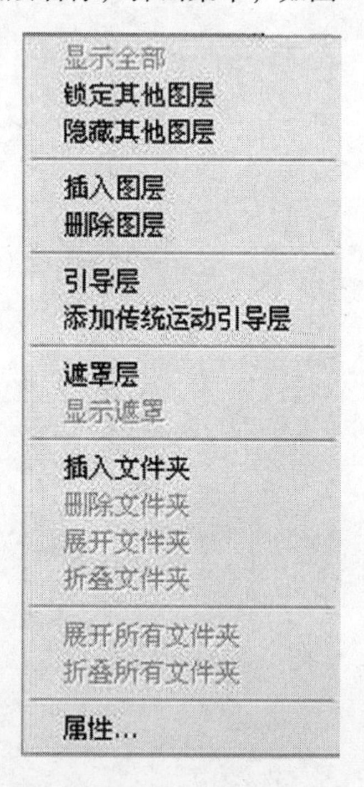

图 8 - 1 时间轴菜单

(1)“显示全部”命令：用于显示所有的隐藏图层和图层文件夹。

(2)“锁定其他图层”命令：用于锁定除当前图层以外的所有图层。

(3)“隐藏其他图层”命令：用于隐藏除当前图层以外的所有图层。

(4)“插入图层”命令：用于在当前图层上创建一个新的图层。

(5)“删除图层”命令：用于删除当前图层。

(6)“引导层”命令：用于将当前图层转换为普通引导层。

(7)“添加传统运动引导层”命令：用于为当前图层添加运动引导层。

(8)“遮罩层”命令：用于将当前图层转换为遮罩层。

(9)“显示遮罩”命令：用于在舞台窗口中显示遮罩效果。

(10)“插入文件夹”命令：用于在当前图层上创建一个新的层文件夹。

(11)“删除文件夹”命令：用于删除当前的层文件夹。

(12)“展开文件夹”命令：用于展开当前的层文件夹，显示出其包含的图层。

(13)“折叠文件夹”命令：用于折叠当前的层文件夹。

(14)“展开所有文件夹”命令：用于展开“时间轴”面板中所有的层文件夹，显示出所包含的图层。

(15)“折叠所有文件夹”命令：用于折叠“时间轴”面板中所有的层文件夹。

(16)“属性”命令：用于设置图层的属性。

2. 创建图层

为了分门别类地组织动画内容，需要创建普通图层。选择“插入→时间轴→图层”命令，创建一个新的图层，或在“时间轴”面板下方单击“新建图层”按钮，创建一个新的图层。

注意：系统默认状态下，新创建的图层按“图层1”、“图层2”……的顺序进行命名，也可以根据需要自行设定图层的名称。

3. 选取图层

选取图层就是将图层变为当前图层，用户可以在当前图层上放置对象、添加文本和图形并进行编辑。要使图层成为当前图层的方法很简单，在“时间轴”面板中单击该图层即可。当前图层会在“时间轴”面板中以深色显示，铅笔图标表示可以对该图层进行编辑，如图8－2所示。

按住Ctrl键，同时单击要选择的图层，可以一次选择多个图层，如图8－3所示。按住Shift键，同时单击两个图层，在这两个图层中间的其他图层也会被同时选中，如图8－4所示。

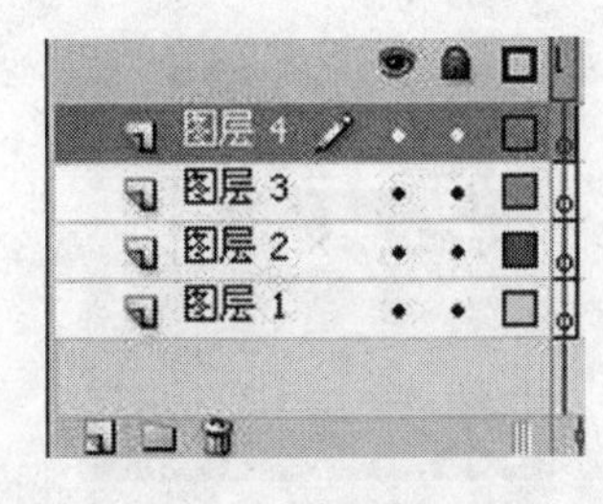

图8－2 编辑图层

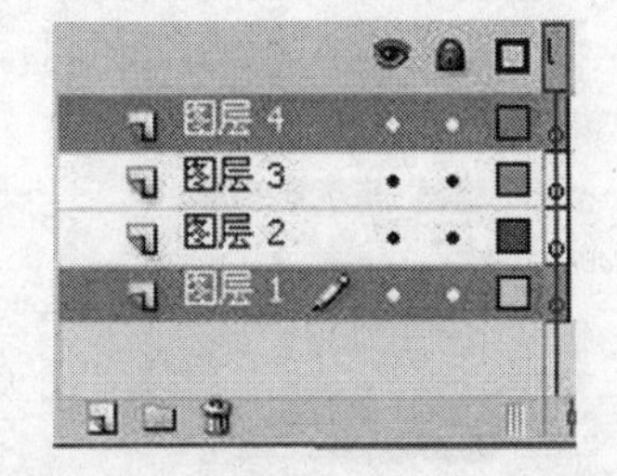

图8－3 按Ctrl键选中多个图层

图8－4 按Shift键选中多个图层

4. 排列图层

可以根据需要，在“时间轴”面板中为图层重新排列顺序。

在“时间轴”面板中选中“图层3”，如图8－5所示。按住左键不放，将“图层3”向下拖动，这时会出现一条前方带圆环的粗线，如图8－6所示。将虚线拖动到“图层1”的上方，释放左键，图层移动完毕，如图8－7所示。

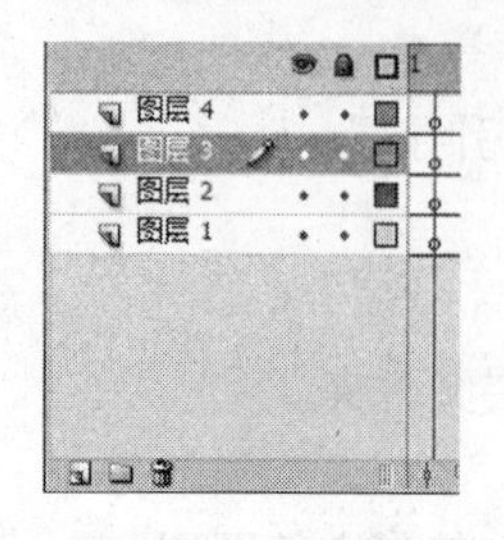

图8－5 选中图层

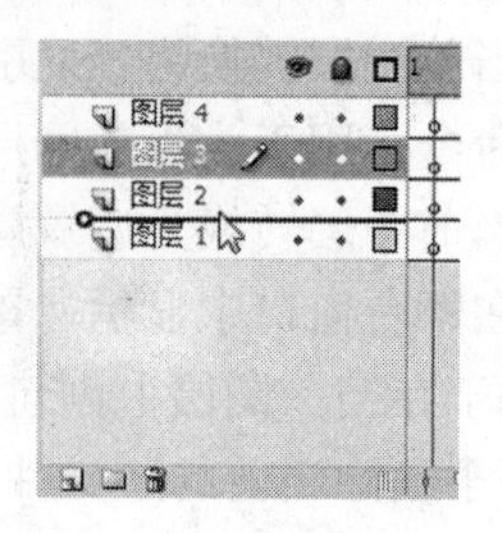

图8－6 拖动图层

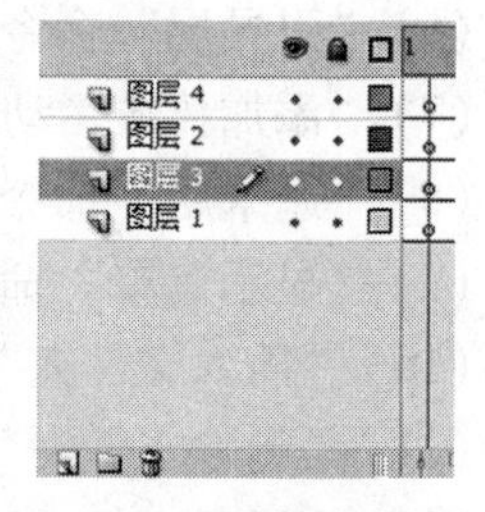

图8－7 拖动效果

5. 复制、粘贴图层

可以根据需要，将图层中的所有对象复制并粘贴到其他图层或场景中。在“时间轴”面板中单击要复制的图层，选择“编辑→时间轴→复制帧”命令，进行复制。在“时间轴”面板下方单击“新建图层”按钮，创建一个新的图层，选中新的图层，选择“编辑→时间轴→粘贴帧”命令，在新建的图层中粘贴复制过的内容。

6. 删除图层

如果某个图层不再需要，可以将其删除。删除图层有两种方法：在“时间轴”面板中选中要删除的图层，在面板下方单击“删除”按钮，即可删除选中图层，如图8－8所示；还可在“时间轴”面板中选中要删除的图层，按住左键不放，将其向下拖动，这时会出现一条前方带圆环的粗线，将其拖动到“删除”按钮上进行删除。

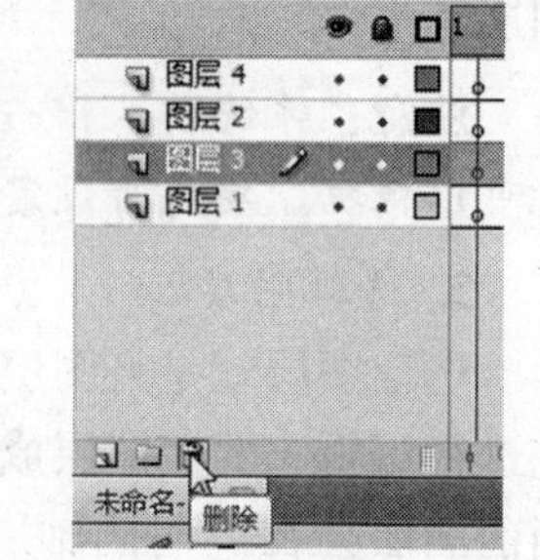

图8－8 删除按钮

7. 隐藏、锁定图层和图层的线框显示模式

1）隐藏图层

动画经常是多个图层叠加在一起而产生的效果，为了便于观察某个图层中对象的效果，可以把其他的图层先隐藏起来。

（1）要隐藏图层，单击时间轴中该图层名称右侧的“眼睛”列。要显示图层，再次单击它，如图8－9所示。

（2）要显示或隐藏多个图层，在“眼睛”列中拖动，如图8－10所示。

（3）要显示或隐藏所有图层，直接单击“眼睛”列中“眼睛”图标，如图8－11所示。

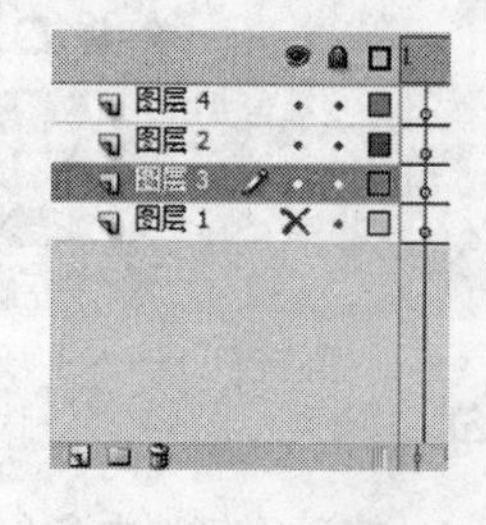

图8－9 隐藏图层

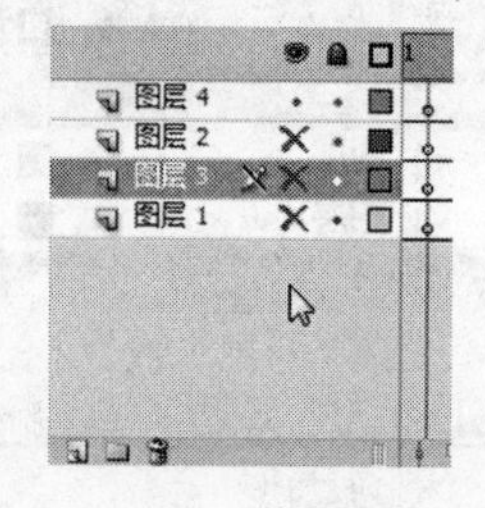

图8－10 显示或隐藏多个图层

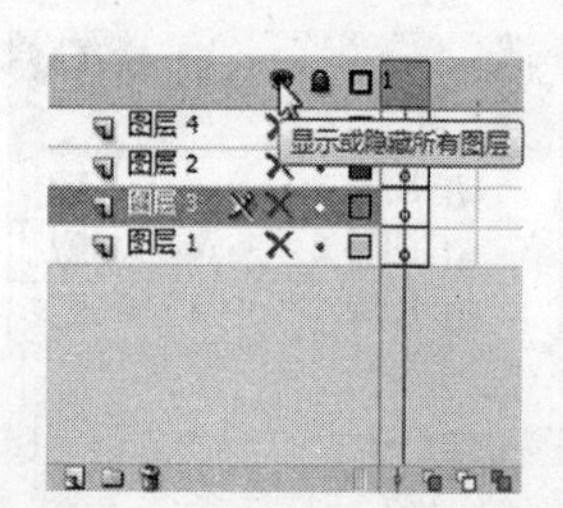

图8－11 显示或隐藏所有图层

2）锁定图层

如果某个图层上的内容已符合要求，则可以锁定该图层，以避免内容被意外更改。

（1）要锁定图层，单击时间轴中该图层名称右侧的“锁”列。要解锁图层，再次单击它。

（2）要锁定或解锁多个图层，在“锁”列中拖动。

（3）要锁定或解锁所有图层，直接单击“锁”列中“锁”图标。

3）图层的线框显示模式

为了便于观察图层中的对象，可以将对象以线框的模式进行显示。

（1）要将图层上所有对象显示为轮廓，单击该图层名称右侧的“轮廓”列。要关闭轮廓显示，再次单击它，如图8-12所示。

（2）要将所有图层上的对象显示为轮廓，单击轮廓图标。要关闭所有图层上的轮廓显示，再次单击它，如图8-13所示。

（3）若要将除当前图层以外的所有图层上的对象显示为轮廓，按住Alt键单击图层名称右侧的“轮廓”列。要关闭所有图层的轮廓显示，再次按住Alt键单击，如图8-13所示。

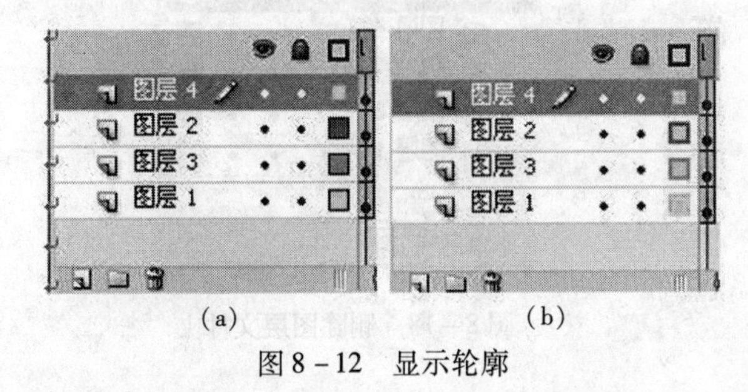

图8-12　显示轮廓

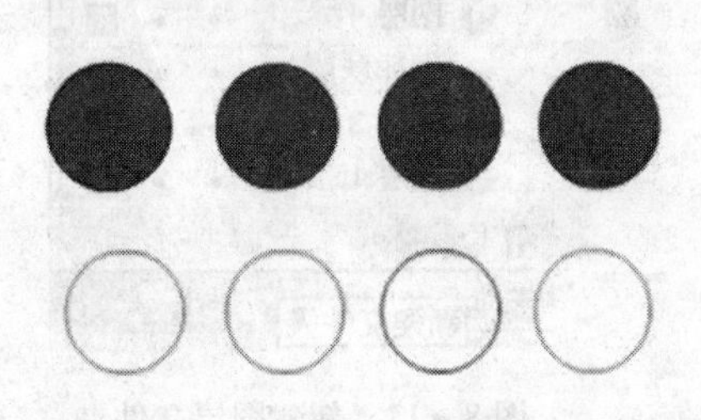

图8-13　显示所有轮廓

8. 重命名图层

可以根据需要更改图层的名称，更改图层名称的方法有以下两种。

（1）双击“时间轴”面板中的图层名称，名称变为可编辑状态，如图8-14所示。输入要更改的图层名称，如图8-15所示。在图层旁边单击，完成图层名称的修改，如图8-16所示。

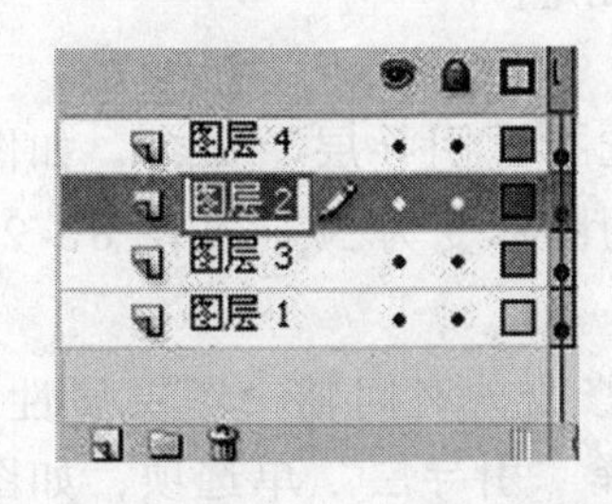

图8-14　选中一个要重命名的图层

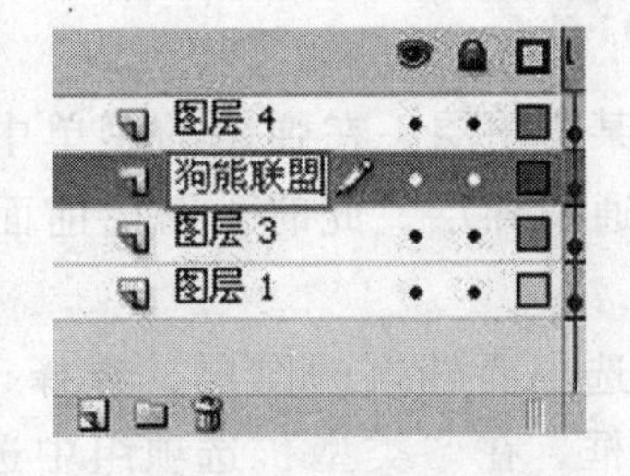

图8-15　可编辑状态

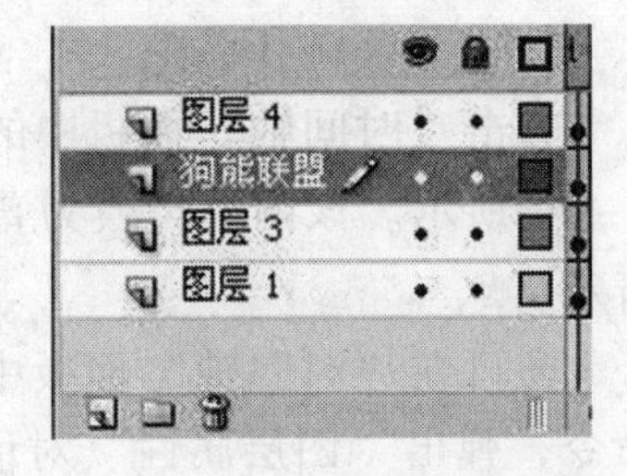

图8-16　编辑图层

（2）选中要修改名称的图层，选择“修改→时间轴→图层属性”命令，在弹出的“图层属性”对话框中修改图层的名称。

8.1.2 图层文件夹

在“时间轴”面板中可以创建图层文件夹来组织和管理图层，这样“时间轴”面板中图层的层次结构将非常清晰。

1. 创建图层文件夹

选择“插入→时间轴→图层文件夹”命令，在“时间轴”面板中创建图层文件夹。还可单击“时间轴”面板下方的“新建文件夹”按钮，在“时间轴”面板中创建图层文件夹，如图 8－17 所示。

2. 删除图层文件夹

在“时间轴”面板中选中要删除的图层文件夹，单击面板下方的“删除”按钮，即可删除图层文件夹，如图 8－18 所示。还可在“时间轴”面板中选中要删除的图层文件夹，按住左键不放，将其向下拖动，这时会出现一条前方带圆环的粗线，将其拖动到“删除”按钮上进行删除。

图 8－17 新建图层文件夹

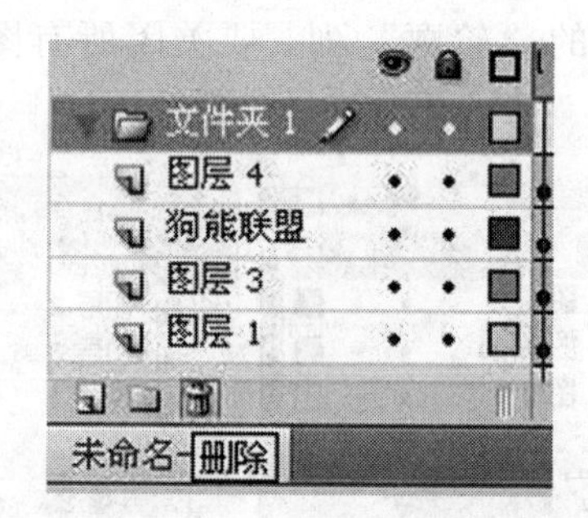

图 8－18 删除图层文件夹

8.1.3 普通引导层

为了在绘画时帮助对齐对象，创建引导层，然后将其他图层上的对象与在引导层上创建的对象对齐，引导层不会导出，因此不会显示在发布的 SWF 文件中。任何图层都可以作为引导层。图层名称左侧的辅助线图标表明该层是引导层。引导层分为两种：普通引导层和运动引导层。普通引导层主要用于为其他图层提供辅助绘图和绘图定位。

1. 创建普通引导层

右击“时间轴”面板中的某个图层，在弹出的菜单中选择“引导层”命令，如图 8－19 所示。该图层转换为普通引导层，此时，图层前面的图标变为 ，如图 8－20 所示。

还可在“时间轴”面板中选中要转换的图层，选择“修改→时间轴→图层属性”命令，弹出“图层属性”对话框，在“类型”选项组中选择“引导层”单选项，如图 8－21 所示。单击“确定”按钮，选中的图层转换为普通引导层。

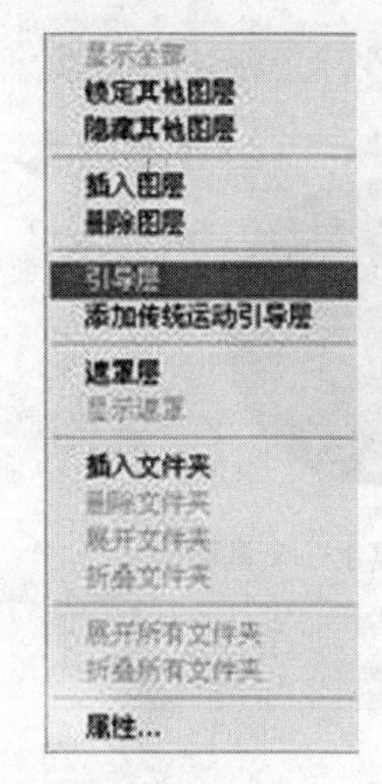

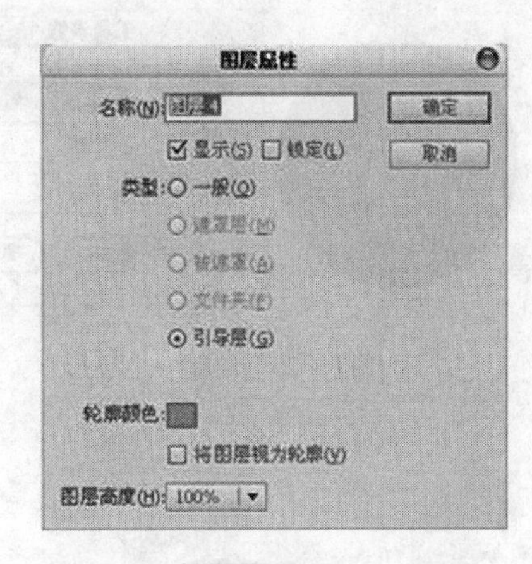

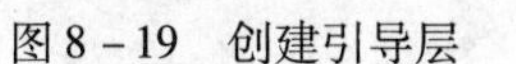

图 8－19　创建引导层　　图 8－20　普通引导层效果　　图 8－21　“图层属性”对话框

2. *将普通引导层转换为普通图层*

如果播放影片时要显示引导层上的对象，还可将引导层转换为普通图层。右击“时间轴”面板中的引导层，在弹出的菜单中选择“引导层”命令，引导层转换为普通图层，此时，图层前面的图标变回 。

同样还可在“时间轴”面板中选中“引导层”，选择“修改→时间轴→图层属性”命令，弹出“图层属性”对话框，在“类型”选项组中选择“一般”单选项，单击“确定”按钮，选中的引导层转换为普通图层。

3. *应用普通引导层制作动画*

新建空白文档，将“图层 1”设置为“引导层”，如图 8－22 所示。选择椭圆工具，在引导层的舞台窗口中绘制出一个正圆，如图 8－23 所示。在“时间轴”面板下方单击“新建图层”按钮，创建新的图层“图层 2”，如图 8－24 所示。

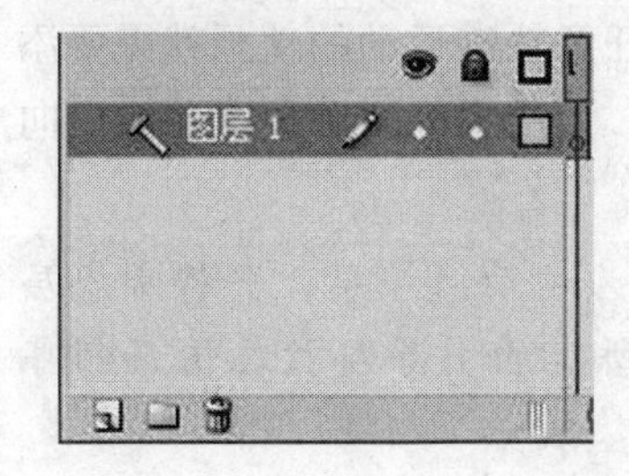

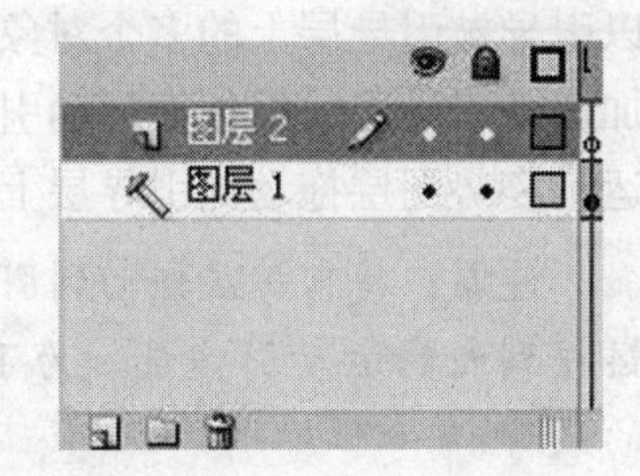

图 8－22　设置图层为引导层　　图 8－23　绘制一个正圆　　图 8－24　创建新的图层

选中“图层 2”，使用“多角星形”工具在正圆的上方绘制出一个星形，如图 8－25 所示。选择选择工具，按住 Alt 键，同时将星形向右侧拖动，释放左键，星形被复制，如图 8－26 所示。

用相同的方法，再复制出多个星形，并将它们绕着正圆的外边线进行排列，如图 8－27 所示。图形绘制完成，按 Ctrl + Enter 组合键，测试图形效果，如图 8－28 所示。引导层中的正圆没有被显示。

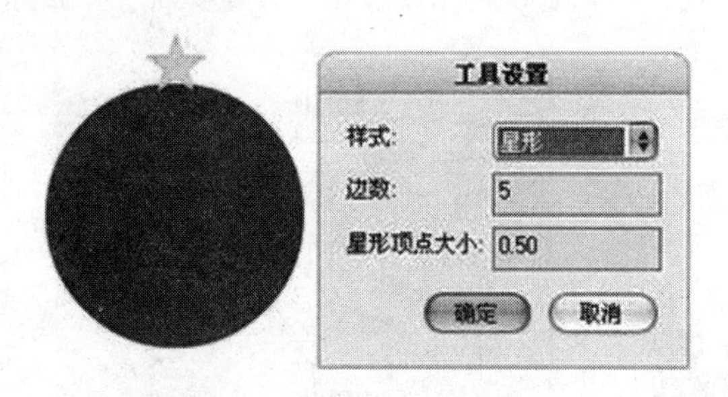

图 8-25　绘制一个星形

图 8-26　复制一个星形

图 8-27　复制多个星形

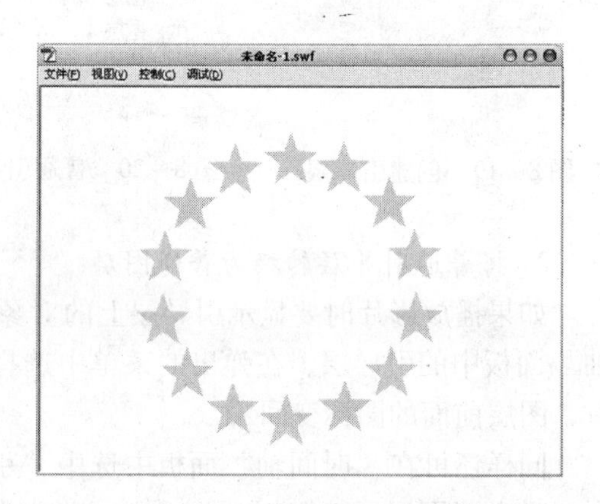

图 8-28　最终效果

8.1.4　运动引导层

运动引导层的作用是设置对象运动路径的导向，使与之相链接的被引导层中的对象沿着路径运动，运动引导层上的路径在播放动画时不显示。在引导层上还可创建多个运动轨迹，以引导被引导层上的多个对象沿不同的路径运动。要创建按照任意轨迹运动的动画就需要添加运动引导层，但创建运动引导层动画时要求是动作补间动画，无法将补间动画图层或反向运动姿势图层拖动到引导层上。

注意：将常规层拖动到引导层上。此操作会将引导层转换为运动引导层，并将常规层链接到新的运动引导层。为了防止意外转换引导层，可以将所有的引导层放在图层顺序的底部。

1. 创建运动引导层

右击“时间轴”面板中要添加引导层的图层，在弹出的菜单中选择“添加传统运动引导层”命令，如图 8-29 所示。为图层添加运动引导层，此时引导层前面出现图标，如图 8-30 所示。

2. 将运动引导层转换为普通图层

将运动引导层转换为普通图层的方法与普通引导层转换的方法一样，这里不再具体阐述。

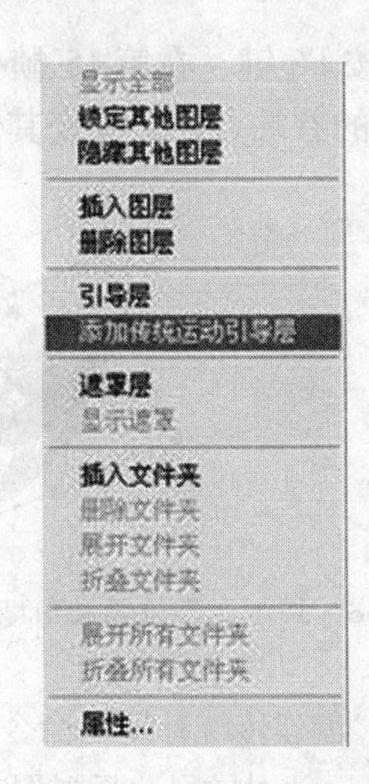

图8-29 添加传统运动引导层

图8-30 传统引导层效果

3. *应用运动引导层制作动画*

新建空白文档，右击“时间轴”面板中的“图层1”，在弹出的菜单中选择“添加传统运动引导层”命令，为“图层1”添加运动引导层，如图8-31所示。在第15帧处插入普通帧，如图8-32所示。使用“线条”工具和“选择”工具，在引导层的舞台窗口中绘制一条弧线，如图8-33所示。

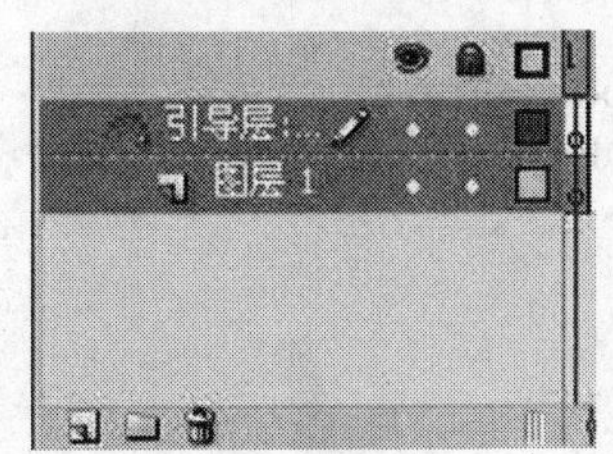

图8-31 为图层添加引导层

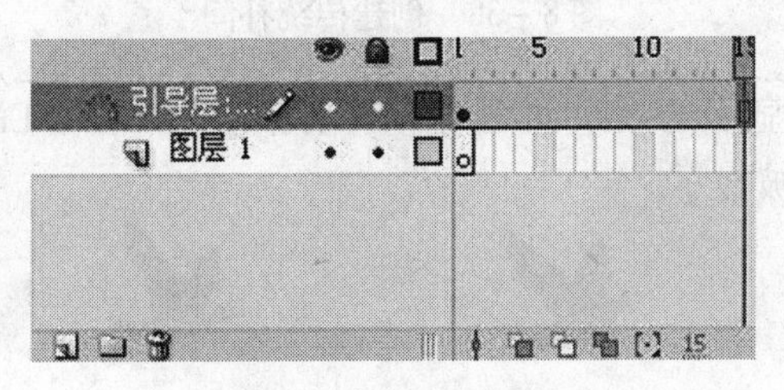

图8-32 插入普通帧

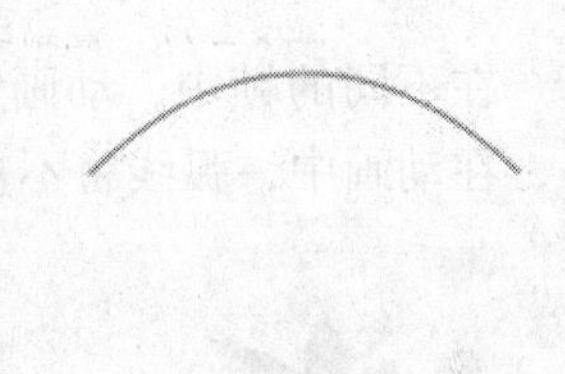

图8-33 绘制一条弧线

选择“文件→导入→导入到库”命令，将电子资料中的example \ chapter8 \ example8. 1. 4 \ 飞鸟 . jpg导入到“库”面板中。在“时间轴”面板中选中“图层1”，将“库”面板中的图形拖动到舞台窗口中，放置在弧线的左端点上，如图8-34所示。选择任意变形工具，调整图形的倾斜度，并将图形的中心点和弧线对齐，如图8-35所示。

图8-34 添加飞鸟

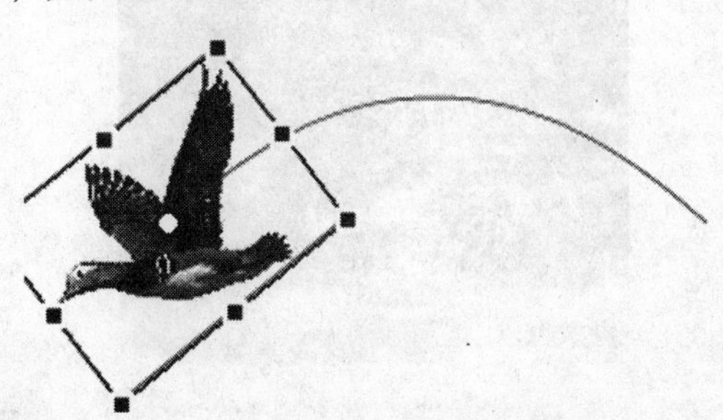

图8-35 将飞鸟中心放置在弧线上

选择“时间轴”面板，单击“图层 1”中的第 15 帧，按 F6 键，在第 15 帧处插入关键帧，如图 8－36 所示。将舞台窗口中的飞鸟图形拖动到弧线的右端点，并改变其倾斜度，如图 8－37 所示。

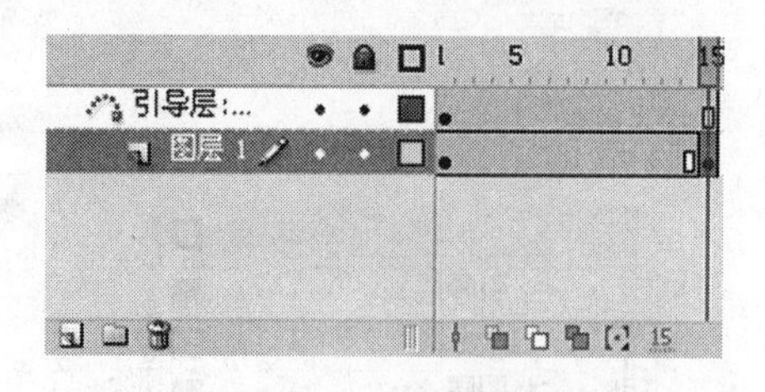

图 8－36　选中最后一帧

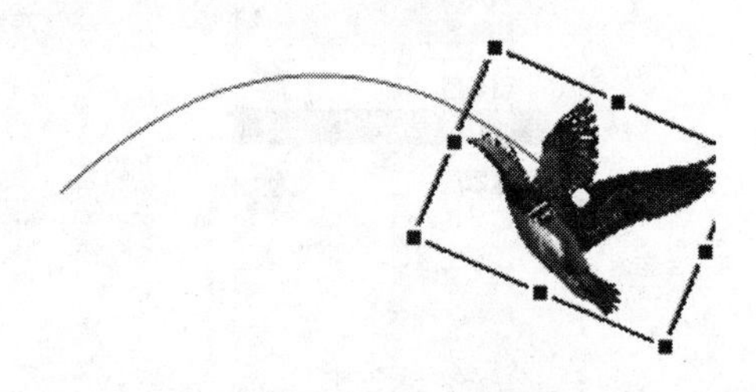

图 8－37　调整位置和角度

选中“图层 1”中的第 1 帧，右击，在弹出的菜单中选择“创建传统补间”命令，在“图层 1”中，第 1 帧至第 15 帧生成动作补间动画，如图 8－38 所示。运动引导层动画制作完成。

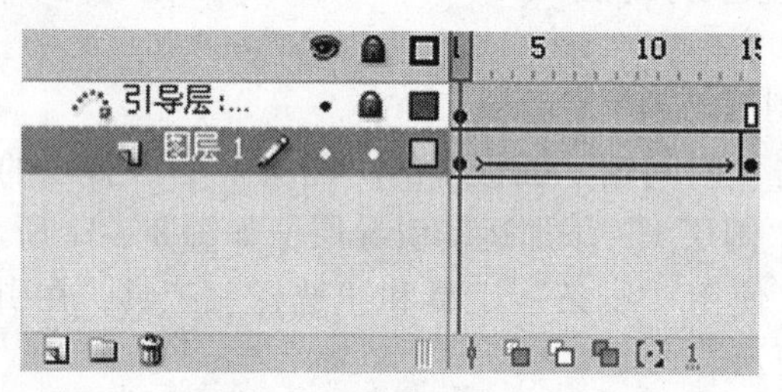

图 8－38　创建传统补间

在不同的帧中，动画显示的效果如图 8－39 所示。按 Ctrl + Enter 组合键，测试动画效果，在动画中，弧线将不被显示。

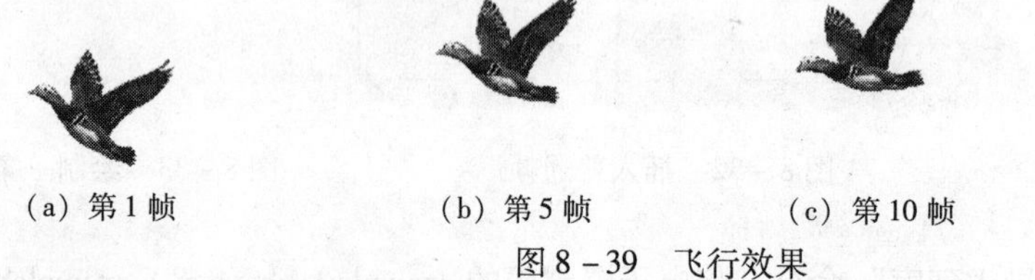

(a) 第 1 帧　(b) 第 5 帧　(c) 第 10 帧　(d) 第 15 帧

图 8－39　飞行效果

8.1.5　案例：制作环绕动画

案例描述

本实例设计的是环绕动画，模拟月亮绕地球运转。本实例主要是针对引导层的应用。

练习提示

打开电子资料中的 chapter \ 8. 1 \ 环绕动画 . fla，进行下面的操作。

（1）将素材导入到库中。新建按钮元件 button，将 image1. jpg 拖动至编辑区。新建图层，在“指针”帧处插入空白关键帧并绘制一个图形，转换为图形元件 shape1。新建图层，在“指针”帧处插入空白关键帧，添加声音元件 sound，在图层 1 ～ 3 的第 4 帧处插入普通帧。

（2）新建影片剪辑元件 sprite。从“库”面板中将图片 image2 拖动至编辑区域，将图片打散，绘制一个圆框将月球框住，将多余部分删除并转换为图形元件 shape2。

（3）将图形元件 shape2 放置于编辑区域右侧。在第 30 帧处插入关键帧。新建引导层 2，绘制一条曲线，如图 8 - 40 所示。

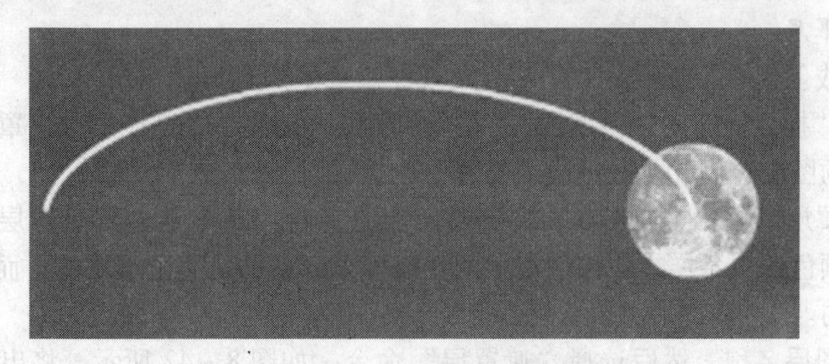

图 8 - 40 月球曲线绘制

（4）选择图层 1 的第 30 帧，将图形元件 shape2 放置于编辑区左侧位置，以制作月球运动的效果。

（5）新建图层 3，将元件 button 拖入并在第 60 帧处插入普通帧。新建图层 4，在第 30 帧处插入关键帧绘制黑色圆球，再转换为图形元件 shape3，设置 Alpha 值为 5% 。新建引导层 5，在第 30 帧处插入关键帧，绘制白色曲线。在第 60 帧处插入普通帧，并制作黑色圆球运动效果。复制图形元件 shape2 得到元件 shape4。新建图层 6，在第 30 帧处插入关键帧，将图形元件 shape4 拖动到编辑区，在第 60 帧处插入普通帧。新建引导层 7，在第 30 帧处插入关键帧绘制白色曲线，在第 60 帧处插入普通帧，如图 8 - 41 所示。

图 8 - 41 地球曲线绘制

(6) 返回主场景，将图片 image3 拖动到编辑区域。

(7) 新建图层 2，将元件 sprite 放置在舞台适当位置。

8.2 遮罩层与遮罩的动画制作

遮罩层可以用来显示下方图层中图片或图形的部分区域。若要创建遮罩，将图层指定为遮罩层，然后在该图层上绘制或放置一个填充形状。可以将任何填充形状用做遮罩，包括组、文本和元件。透过遮罩层可查看该填充形状下的链接层区域。

8.2.1 遮罩层

1. 创建遮罩层

(1) 选择或创建一个图层，其中包含出现在遮罩中的对象。

(2) 选择“插入→时间轴→图层”，在当前图层上创建一个新图层。遮罩层总是遮住其下方紧贴着它的图层；因此要在正确的位置创建遮罩层。

(3) 在遮罩层上放置填充形状、文字或元件的实例。Flash 会忽略遮罩层中的位图、渐变、透明度、颜色和线条样式。在遮罩中的任何填充区域都是完全透明的；而任何非填充区域都是不透明的。

(4) 右击图层名称，然后选择“遮罩层”命令，如图 8－42 所示。将出现一个遮罩层图标，表示该层为遮罩层。紧贴它下面的图层将链接到遮罩层，其内容会透过遮罩上的填充区域显示出来。被遮罩的图层的名称将以缩进形式显示，其图标将更改为一个被遮罩的图层的图标。

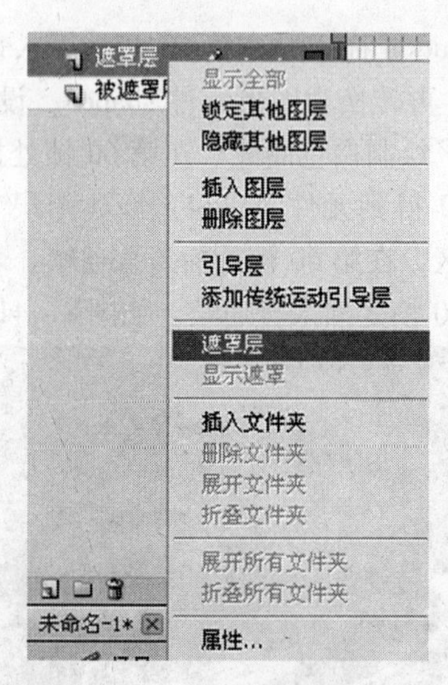

图 8－42 创建遮罩层

(5) 若要在 Flash 中显示遮罩效果，锁定遮罩层和被遮住的图层。

创建遮罩层的其他方法如下。

(1) 将现有的图层直接拖动到遮罩层下面，如图 8－43 所示。

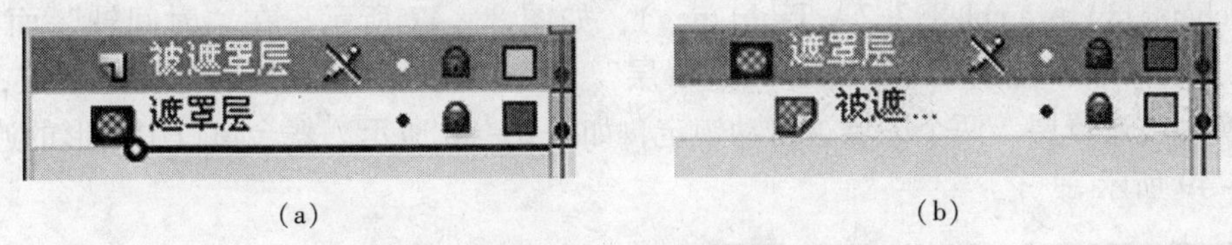

(a) (b)

图 8-43 拖动遮罩层

(2) 在遮罩层下面的任何地方创建一个新图层。

(3) 右击需被遮罩图层，选择“属性”，然后选择对话框中的“被遮罩”，如图 8-44 所示。

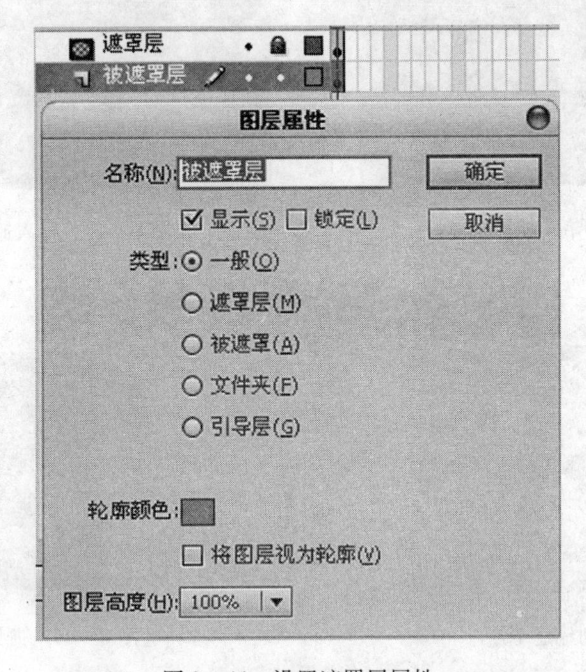

图 8-44 设置遮罩层属性

2. 将遮罩层转换为普通图层

(1) 将图层拖到遮罩层的上面或下方，使带圆圈的黑色直线变长，如图 8-45 所示。

图 8-45 将遮罩层转换为普通图层

(2) 选择“修改→时间轴→图层属性”命令，然后选择“正常”。

8.2.2 静态遮罩动画

在“图层 1”导入图片“迷彩图案.jpg”（电子资料中的 example\chapter8\example8.2.2\迷彩图案.jpg），如图 8-46 所示。在“时间轴”面板下方单击“新建图层”按钮，创建新的图层“图层 2”，在“图层 2”的舞台窗口中导入图片“Tshirt.png”文件（电子资料中的

example \ chapter8 \ example8. 2. 2 \ Tshirt. png)，如图 8 – 47 所示。在“时间轴”面板中，右击“图层 2”，在弹出的菜单中选择“遮罩层”命令，将“图层 2”转换为遮罩层，“图层 1”转换为被遮罩层，两个图层被自动锁定，如图 8 – 48 所示。舞台窗口中图形的遮罩效果如图 8 – 49 所示。

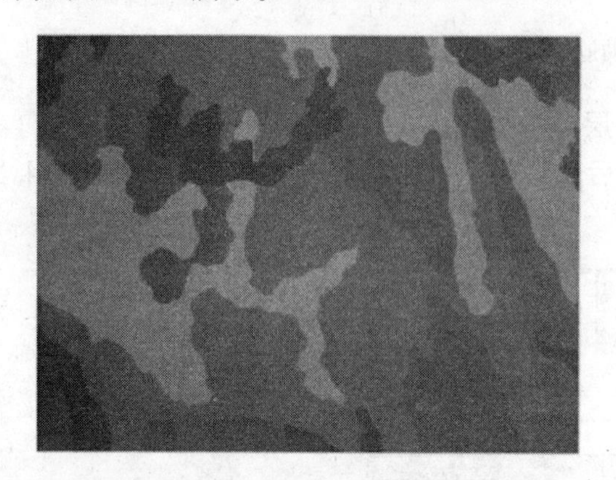

图 8 – 46 导入背景

图 8 – 47 导入遮罩层图片

图 8 – 48 创建遮罩层

图 8 – 49 遮罩效果

8. 2. 3 动态遮罩动画

(1) 新建空白文档，在“时间轴”面板下方单击“新建图层”按钮，创建新的图层“图层 2”，如图 8 – 50 所示。选择椭圆工具，在“图层 2”的舞台窗口中绘制一个正圆，如图 8 – 51 所示。

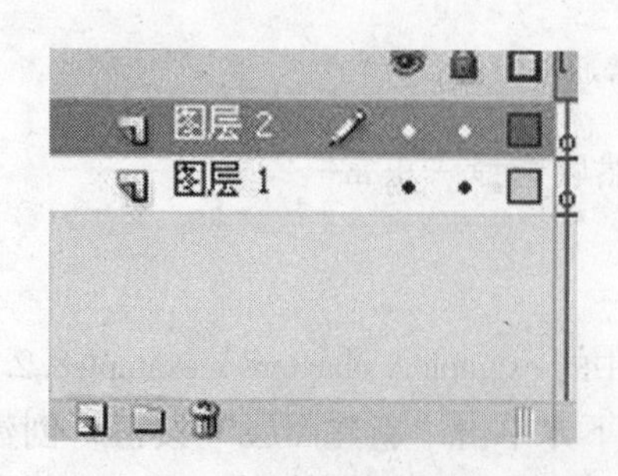

图 8 – 50 新建图层

图 8 – 51 绘制正圆

(2) 在“时间轴”面板中，选中第15帧，按F5键，在第15帧处插入普通帧，如图8-52所示。在“库”面板下方单击“新建元件”按钮，弹出“创建新元件”对话框，在“名称”选项的文本框中输入“元件1”，在“类型”选项的下拉列表中选择“图形”选项，如图8-53所示。

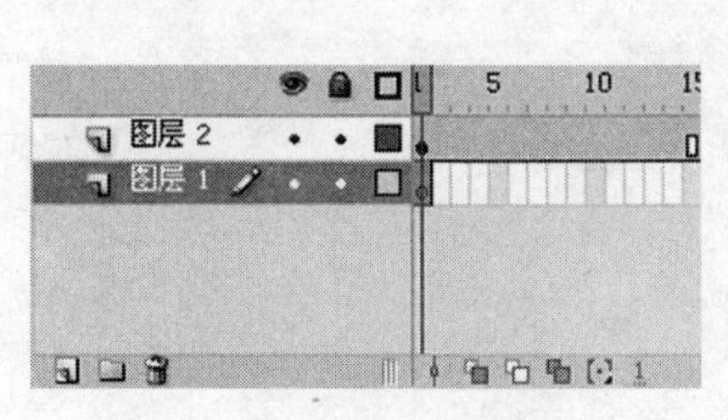

图8-52 插入普通帧

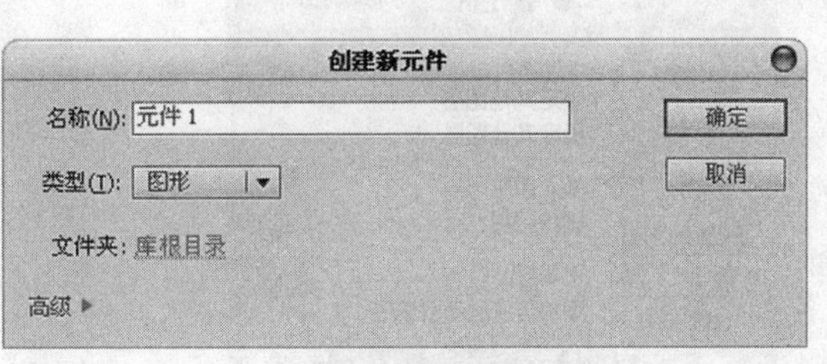

图8-53 “创建新元件”对话框

(3) 单击“确定”按钮，在“库”面板中创建“元件1”。舞台窗口也显示出“元件1”的舞台窗口。选择多角星形工具，在“元件1”的舞台窗口中绘制五角星图形，如图8-54所示。

(4) 在舞台窗口左上方单击“场景1”按钮，如图8-55所示。返回到场景的舞台窗口中。选中“图层1”，将“库”面板中的“元件1”拖动到舞台窗口中，将五角星图形放置在圆的左半部，如图8-56所示。

图8-54 绘制五角星

图8-55 单击场景1

图8-56 移动圆

(5) 选中“图层1”的第15帧，按F5键，在第15帧处插入普通帧，选中“图层1”的第1帧，右击，在弹出的菜单中选择“创建补间动画”命令生成（现代）补间动画，如图8-57所示。选中“图层1”的第15帧将五角星图形拖动至圆的右半部，如图8-58所示。在“时间轴”面板中，“图层1”的第1帧至第15帧之间的（现代）补间动画制作完成。

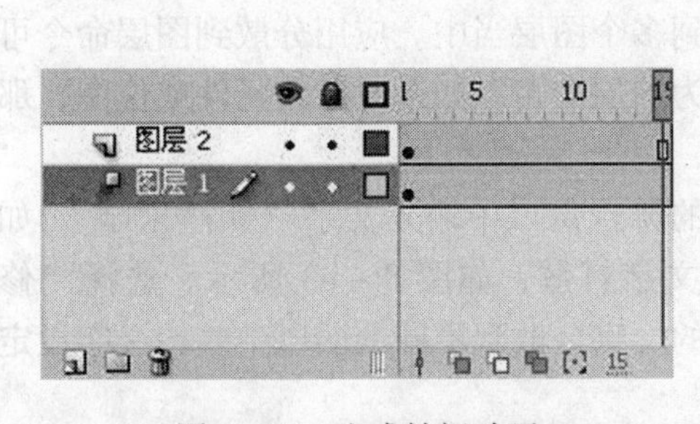

图8-57 生成补间动画

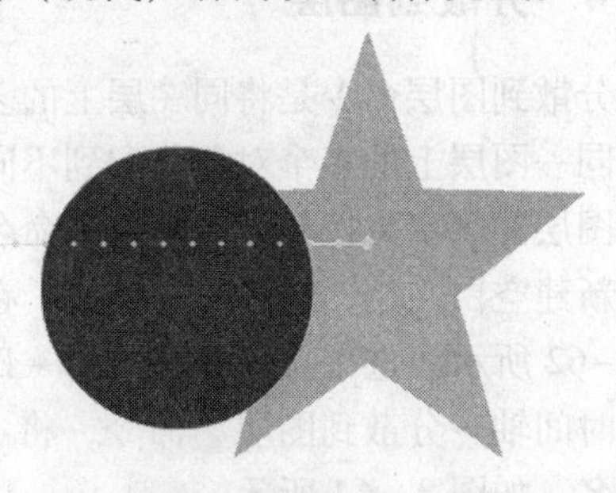

图8-58 制作补间动画

（6）在“时间轴”面板中，右击“图层 2”的名称，在弹出的菜单中选择“遮罩层”命令，如图 8－59 所示，“图层 2”转换为遮罩层，“图层 1”转换为被遮罩层，如图 8－60 所示。动态遮罩动画制作完成，按 Ctrl + Enter 组合键，测试动画效果。

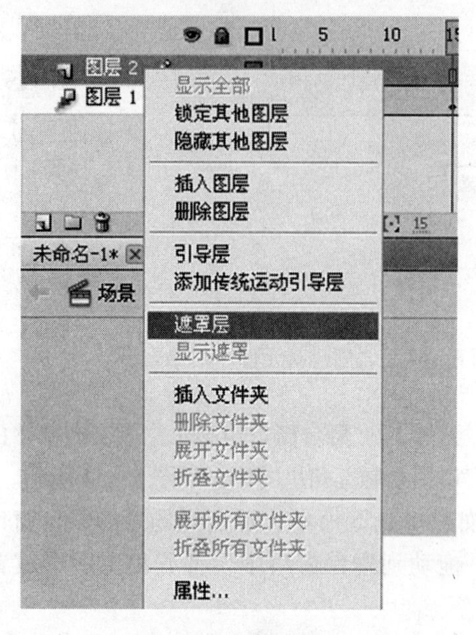

图 8－59　设置遮罩层

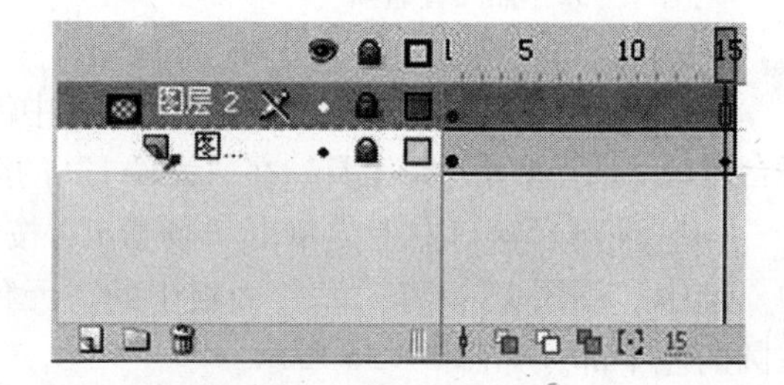

图 8－60　完成补间

在不同的帧中，动画显示的效果如图 8－61 所示。

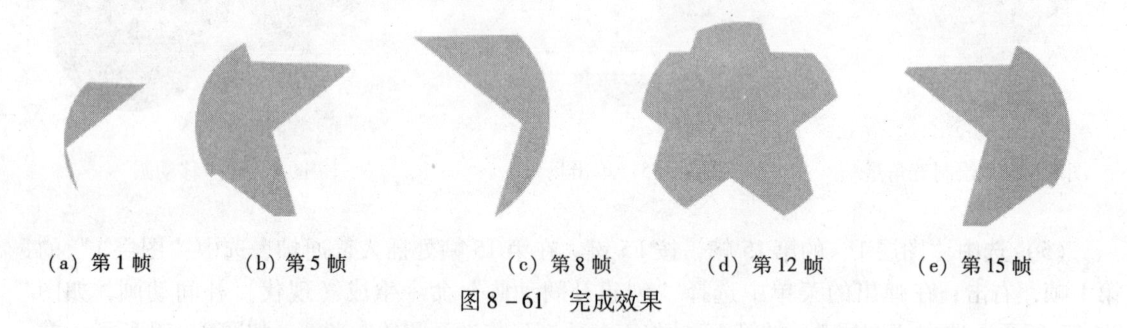

（a）第 1 帧　（b）第 5 帧　（c）第 8 帧　（d）第 12 帧　（e）第 15 帧

图 8－61　完成效果

8.2.4　分散到图层

分散到图层命令是将同一层上的多个对象分散到多个图层当中。应用分散到图层命令可以将同一图层上的多个对象分配到不同的图层中并为图层命名。如果对象是元件或位图，那么新图层的名字将按其原有的名字命名。

新建空白文档，选择文本工具，在“图层 1”的舞台窗口中输入文字“熊熊乐园”，如图 8－62 所示。选中文字，按 Ctrl + B 组合键，将文字打散，如图 8－63 所示。选择“修改→时间轴→分散到图层”命令，将“图层 1”中的文字分散到不同的图层中并按文字设定图层名，如图 8－64 所示。

图8-62 创建文本

图8-63 打散文字

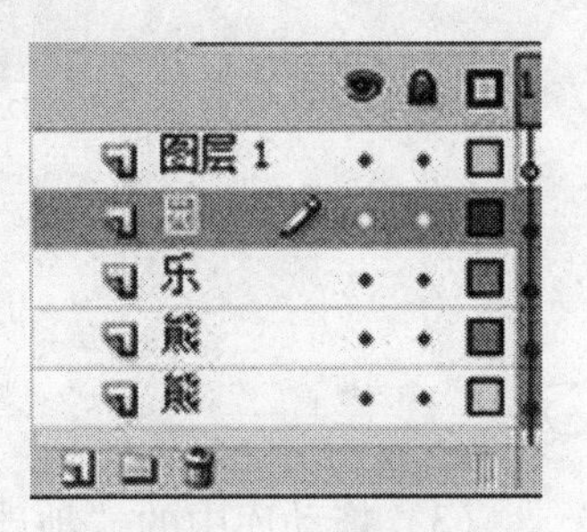

图8-64 分散到图层

注意：文字分散到不同的图层中后，“图层1”中没有任何对象。

8.2.5 案例：制作旋转的地球

案例描述

本案例设计的是地球的自转效果，由地球经纬图片作为背景，板块在遮罩下做运动，加上高光效果，突出了地球旋转的动感。本实例主要是针对遮罩的使用。

练习提示

打开电子资料中的 chapter \ 8.2 \ 旋转的地球 . fla，进行下面的操作。

(1) 创建4个图层并按照层次结构关系命名，如图8-65所示。

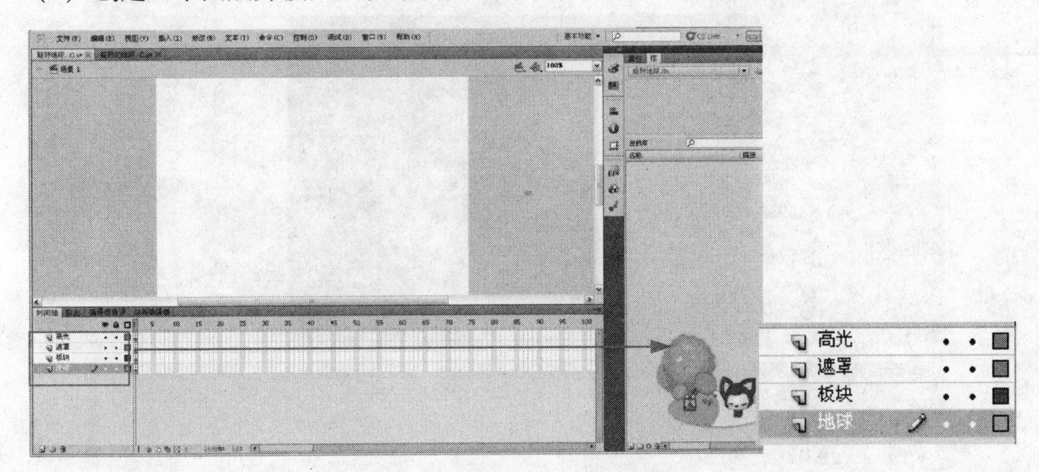

图8-65 创建4个图层并命名

(2) 选择“文件→导入”命令，导入素材 chapter \ 8.2，如图8-66所示。

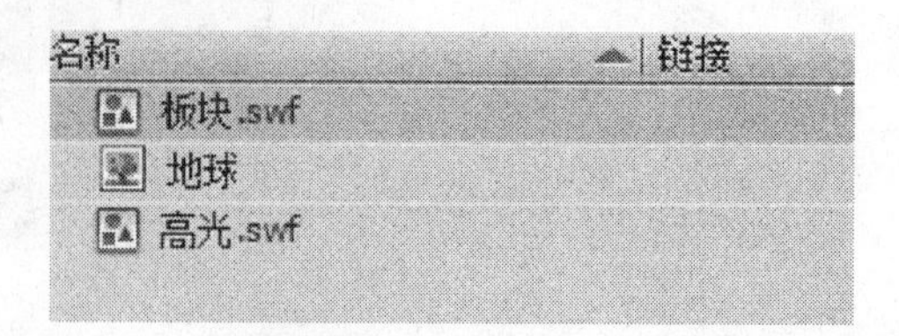

图 8-66　导入素材

（3）拖动库中的“地球”位图到“地球”图层，并锁定，如图 8-67 所示。

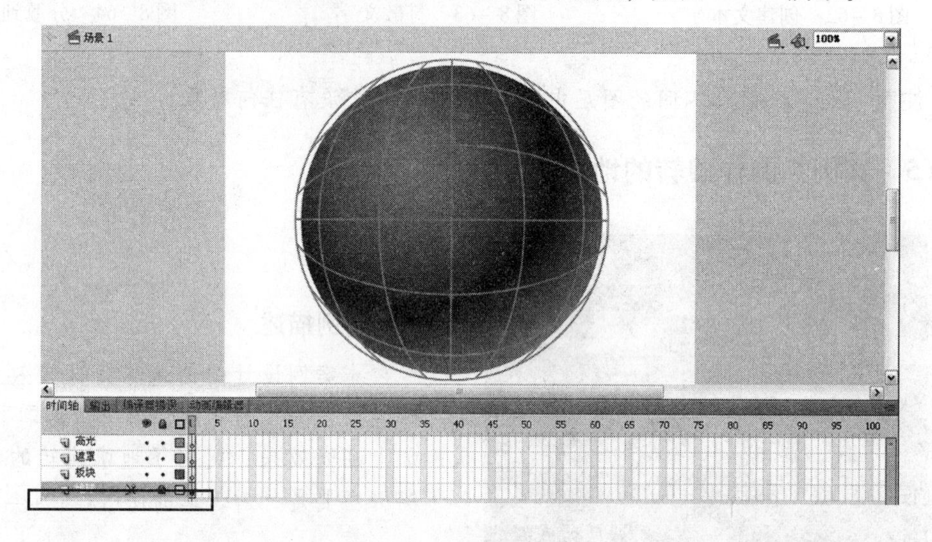

图 8-67　锁定图层

（4）将舞台改为黑色，同时拖动库中的高光元件到适当位置并锁定，如图 8-68 所示。

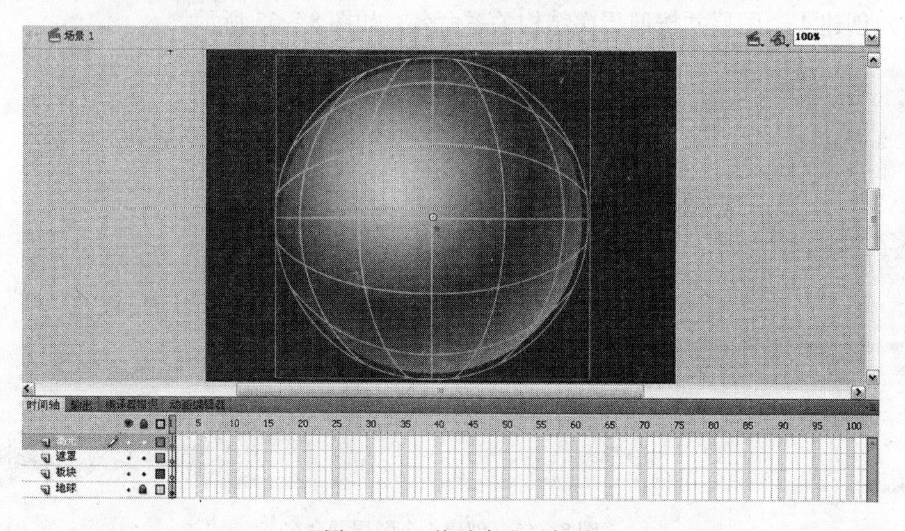

图 8-68　拖动高光元件

（5）将板块元件拖放到“板块”图层，并在所有图层的第 100 帧处插入普通帧，如图

8－69 所示。

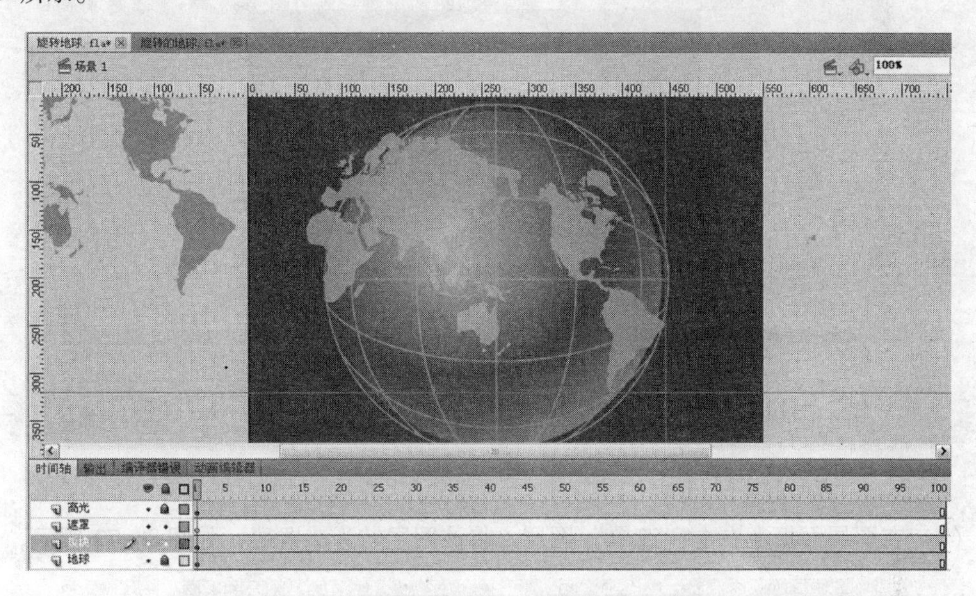

图 8－69　拖动板块元件

（6）选择菜单栏中的“视图→标尺”，拖动辅助线到相应位置，并锁定辅助线。右击板块图层上的帧，选择“创建补间动画”命令，并将播放头拖动到第 100 帧并拖动板块，产生轨迹使“板块”图层第一帧的“板块”对应辅助线的位置与第 100 帧的板块对应辅助线的位置保持一致，并按 Ctrl + Enter 组合键进行发布，对整个运动效果进行微调，以求在循环播放中，“板块”可以流畅运动不出现抖动。完成后锁定板块层，如图 8－70 所示。

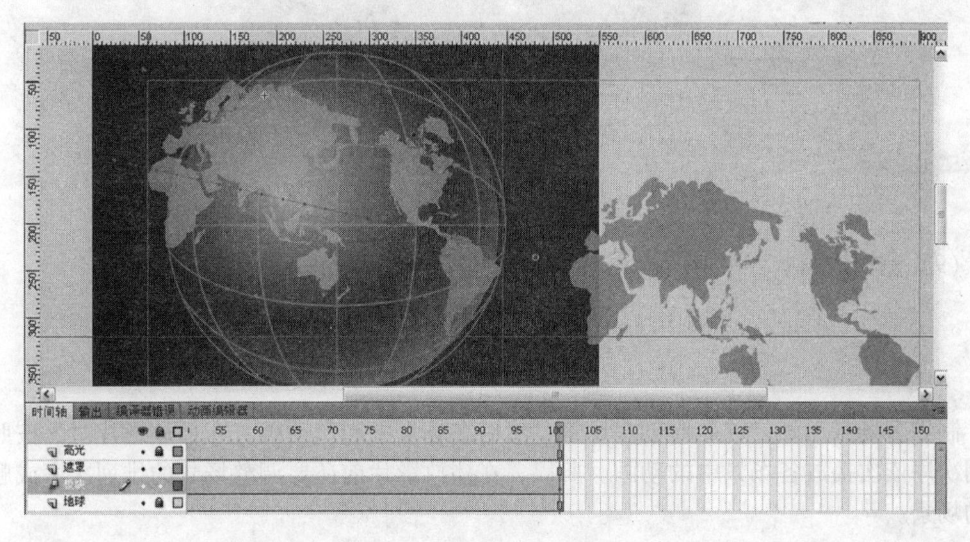

图 8－70　锁定板块层

（7）隐藏高光和板块两层的显示，使用椭圆工具在“遮罩”图层上绘制一个与地球图案内部圆形大小相仿的圆，并在“属性”面板中对该圆进行大小调试，然后将此图形转换为元件，如图 8－71 所示。

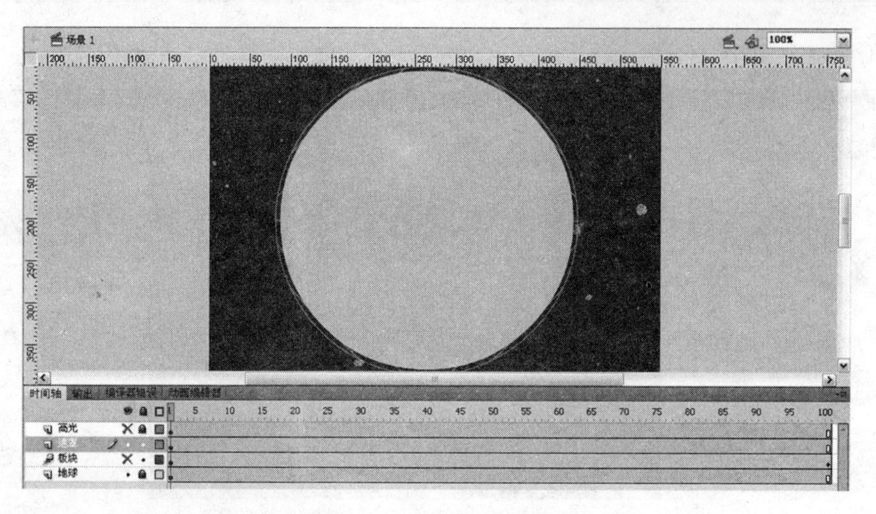

图 8 - 71 转换为元件

(8) 在图层面板上右击“遮罩”图层，将该图层转为遮罩层，如图 8 - 72 所示。

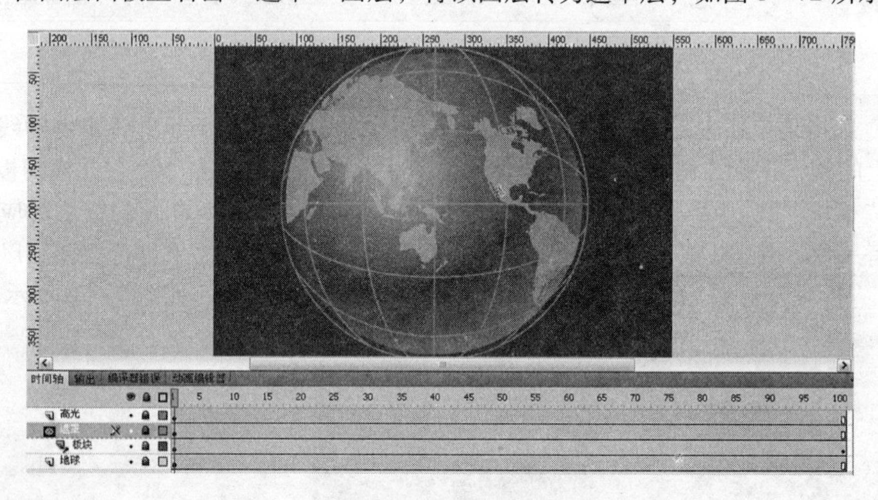

图 8 - 72 转换为遮罩层

(9) 测试动画。

8.3 场景动画

制作多场景动画，首先要创建场景，然后在场景中制作动画。在播放影片时，按照场景排列次序依次播放各场景中的动画。所以，在播放影片前还要调整场景的排列次序或删除无用的场景。

8.3.1 创建场景

选择“窗口→其他面板→场景”命令，弹出“场景”面板。单击“添加场景”按钮，创建新的场景，如图 8 - 73 所示。如果需要复制场景，可以选中要复制的场景，单击“重制场景”按钮，即可进行复制，如图 8 - 74 所示。

图 8－73 添加场景

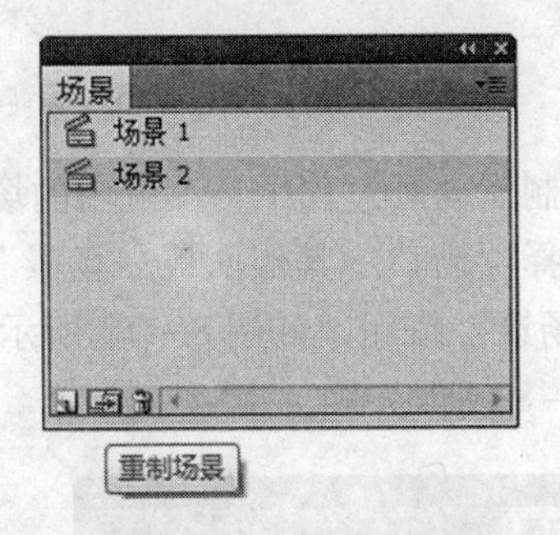

图 8－74 重制场景

还可选择“插入→场景”命令，创建新的场景。

8.3.2 选择当前场景

在制作多场景动画时常需要修改某场景中的动画，此时应该将该场景设置为当前场景。

单击舞台窗口右上方的“编辑场景”按钮，在弹出的下拉列表中选择要编辑的场景，如图 8－75 所示。

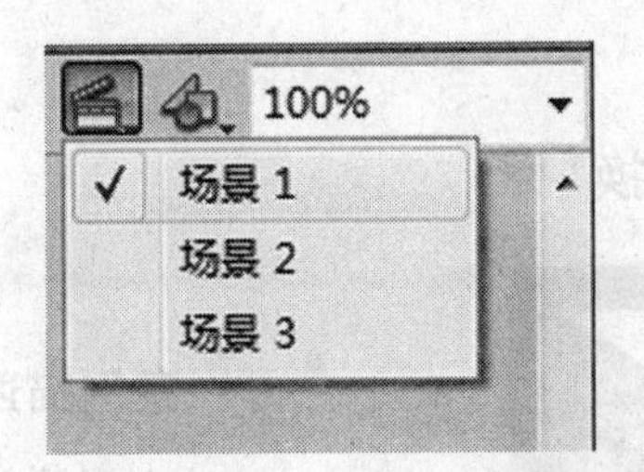

图 8－75 选择要编辑的场景

8.3.3 调整场景动画的播放次序

在制作多场景动画时常需要设置各个场景动画播放的先后顺序。

选择“窗口→其他面板→场景”命令，弹出“场景”面板。在面板中选中要改变顺序的“场景 3”，如图 8－76 所示。将其拖动到“场景 2”的上方，这时出现一个场景图标，并在“场景 2”上方出现一条带圆环头的绿线，其所在位置表示“场景 3”移动后的位置，如图 8－77 所示。释放左键，“场景 3”移动到“场景 2”的上方，这就表示在播放场景动画时，“场景 3”中的动画要先于“场景 2”中的动画播放，如图 8－78 所示。

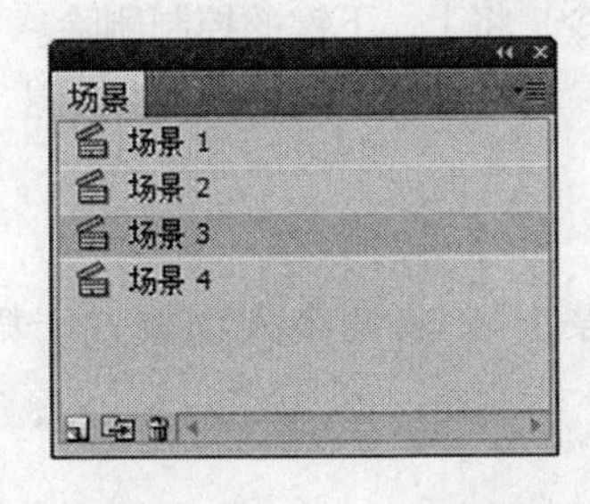

图 8－76 选择场景

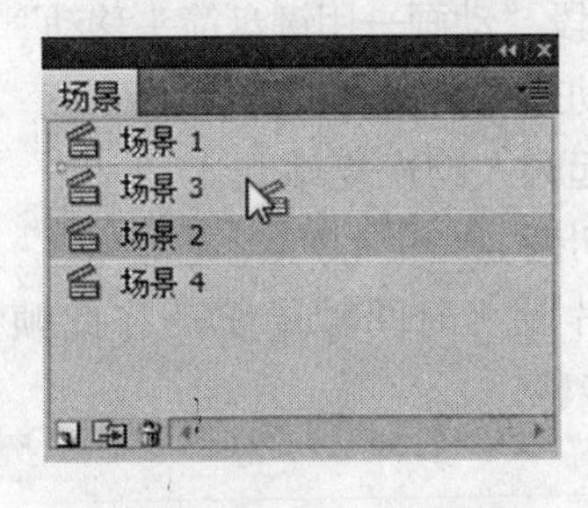

图 8－77 移动场景

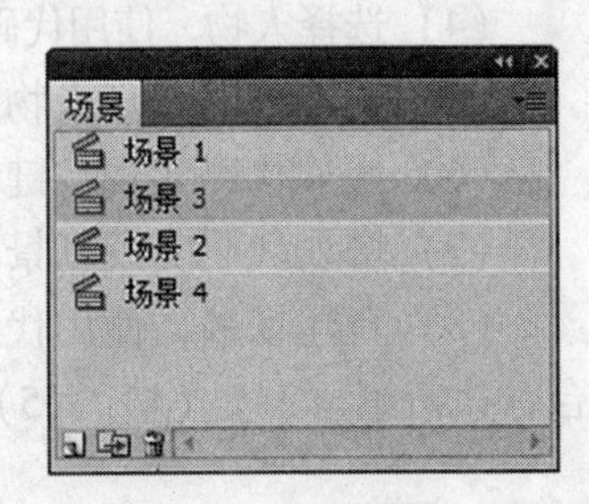

图 8－78 最终效果

8.3.4 删除场景

在制作动画过程中，没有用的场景可以将其删除。

选择“窗口→其他面板→场景”命令，弹出“场景”面板。选中要删除的场景，单击“删除场景”按钮，如图 8－79 所示，弹出提示对话框，单击“确定”按钮，场景被删除，如图 8－80 所示。

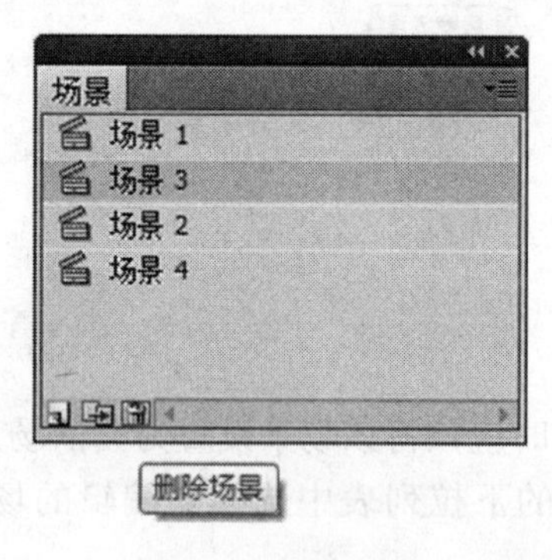

图 8－79 删除场景

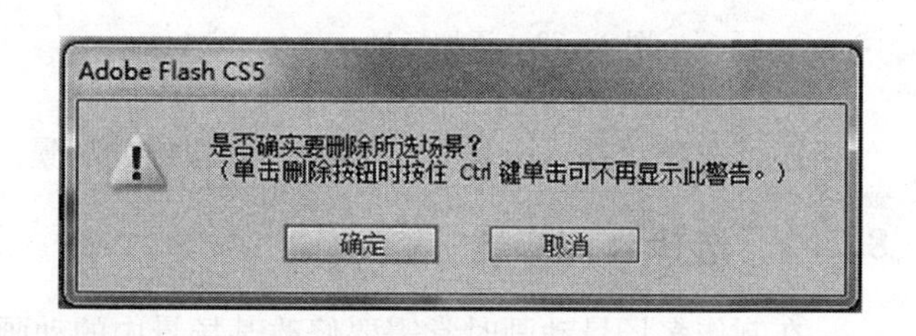

图 8－80 确定编辑

8.3.5 案例：制作场景切换

案例描述

本实例设计的是人物跑动切换场景。本实例主要是针对场景的应用。

练习提示

打开电子资料中的 chapter \ 8.3 \ 场景切换 . fla，进行下面的操作。

（1）将人物放入舞台。

（2）新建图层，绘制一个打开的门并转化为影片剪辑元件，取实例名。

（3）使用代码片段“时间轴导航→在此帧处停止”。

（4）选择人物，使用代码片段“动画→用键盘箭头移动”命令，将上、下键的控制删除。

（5）增加代码实现人物跑动效果。

（6）增加代码实现按键弹起时人物恢复站立。

（7）增加代码实现场景的切换。

（8）新建场景，使用代码片段“时间轴导航→在此帧处停止”。将两个人物放置于舞台，执行第（3）、（4）、（5）步骤。

第 4 部分

交互动画篇

代码片段

Flash Professional CS5 拥有一项称为“代码片段”的新功能，此功能包含项目中常用的 ActionScript 3.0 的代码功能片段，通过对代码片段的添加和组合，可以快速便捷地实现一些动态交互控制，从而完成一些简单的交互动画。本章主要介绍“代码片段”中的一些主要代码片段功能及相关的使用方法。

9.1 什么是代码片段

“代码片段”在一些简单交互作品的制作过程中非常实用，如横幅广告和小游戏等。

如果要寻找学习和使用 ActionScript 3.0 的便捷方法，并且希望为自己的作品添加简单的交互操作功能，就应该使用“代码片段”。代码片段不仅可以单独发挥作用，也可进行组合，快速制作出较为复杂的交互效果。熟练的程序员甚至可利用此功能来创建和存储自定义片段，以便之后在其他的作品中使用。

9.2 代码片段概述

在学习本章之前，对“代码片段”的功能有个大致的了解有助于之后的实际应用。选择菜单面板中的“窗口”（见图9－1），在下拉框中选择“代码片段”，或点击快捷栏中的图标，可以看到如图9－2所示的“代码片段”面板。

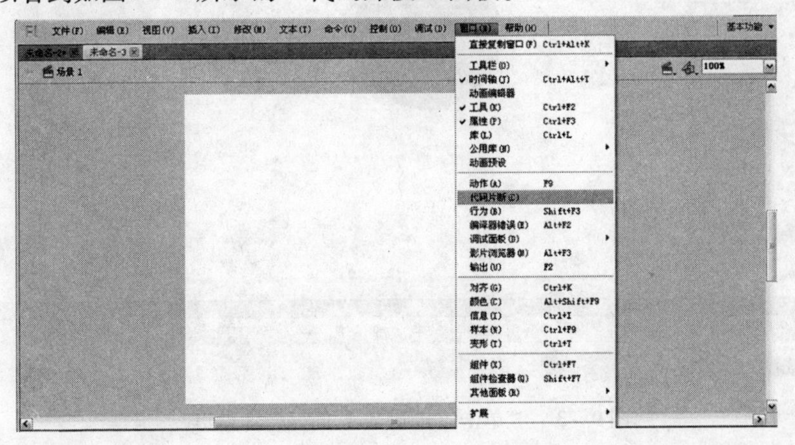

图9－1　菜单面板中窗口菜单栏

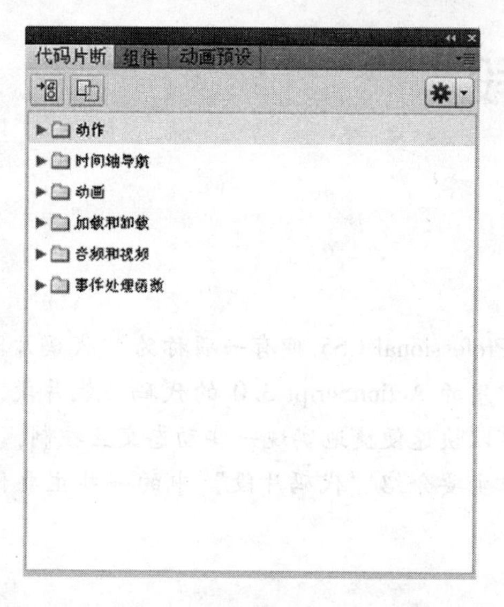

图 9-2 “代码片段”面板

在 Flash Professional CS5 中默认代码片段是使用 ActionScript 3.0 编写的。可以创建自己的代码片段，并根据需要将其保存到“代码片段”的面板文件夹中。代码片段可应用于任何图形、位图、视频、文本或元件。在应用代码片段时，Flash 会自动将图形转为影片剪辑元件，若未为添加代码片段的对象指定实例名称，则系统会提供自动生成的实例名称。

在“代码片段”面板里“动作”文件夹中双击“单击以转到 Web 页”，添加此代码片段，如图 9-3 所示。系统会自动生成一个 Actions 图层，同时，在此图层上出现有“a”标签的帧，这表示此帧上已添加了一段代码。

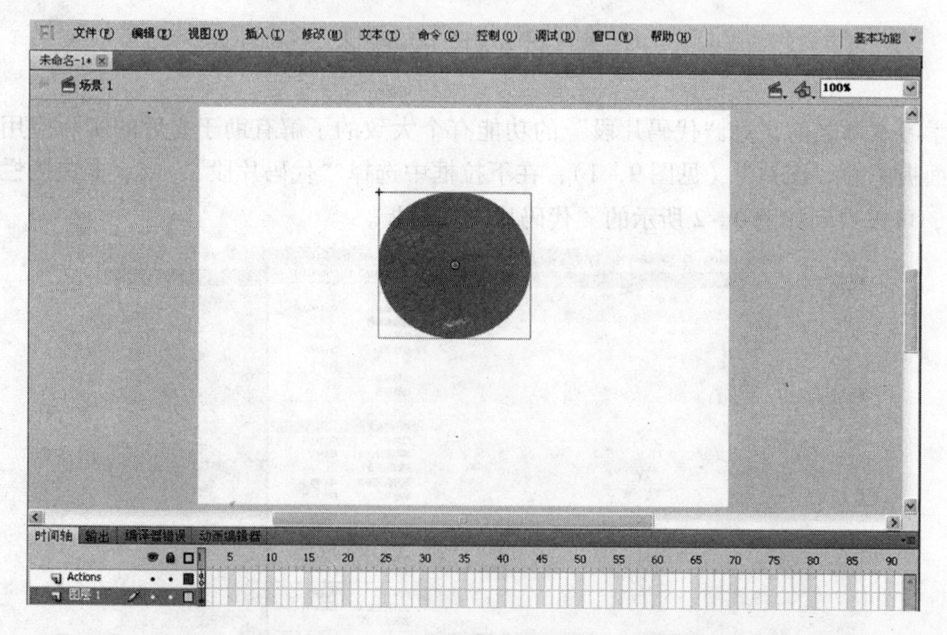

图 9-3 “单击以转到 Web 页”元件窗口

选中代码帧，按“F9”键可以打开代码动作面板，如图9-4所示。每个代码片段中都有注释、类工具箱和代码几个部分，注释中包括如何使用这个代码片段以及其中的哪些代码部分需要修改的说明。使用代码片段既可以迅速为作品添加简单的交互功能，而无须深入了解 ActionScript 3.0 语法，同时也可作为了解 ActionScript 3.0 代码构造的辅助入门手段。

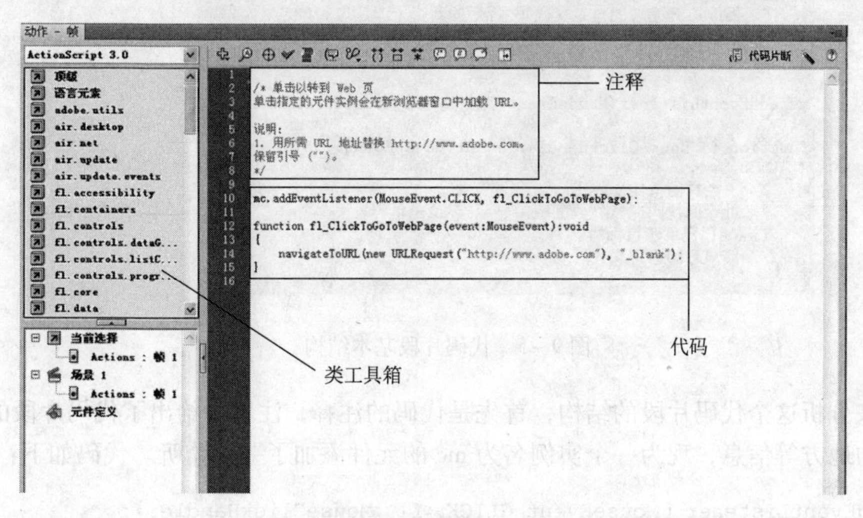

图9-4 代码窗口界面

9.3 代码片段的主要功能

Flash Professional CS5 默认代码片段的类型及其功能主要分为 Mouse（鼠标）类型、Keyboard（键盘）类型、时间轴控制类型和视频、音频控制类型。

9.3.1 Mouse 类型代码片段

Mouse 类型，顾名思义，就是通过鼠标操作的事件来执行动作的代码片段，Mouse 类型代码片段种类繁多，主要有鼠标单击、鼠标经过、鼠标离开、鼠标拖放、鼠标图标替换等。

在 Flash 的程序控制中会大量用到监听器的概念，用监听的方法是在 Flash MX 中开始出现的。顾名思义，监听器就是一个用来监听特定事件的发生情况的对象。简单来说，相当于对对象加了一个监控设备，对于这个对象发生特定的事件时才会触发监听器的响应。例如，很多大楼中装有烟感报警器，烟感报警器是一个对象，当烟雾的浓度超过一定的标准时会触发报警铃响这一行为。但是温度如何变化都不会触发这个报警铃，因为监听事件只监听了烟雾浓度这个指标。

同样的，在程序中会对很多对象如按钮加监听器，而鼠标单击、鼠标经过等就是监听的具体事件。不仅如此，对于声音、键盘、时间轴等，都可以添加不同的事件监听器。

1. 鼠标单击

用鼠标单击添加了代码片段的对象时，触发“鼠标单击事件”。舞台上选择一个对象，打开“代码片段”面板，双击“事件处理函数”文件夹中的“Mouse Click 事件”。图9-5

所示为鼠标单击的代码片段基本结构。

```
/* Mouse Click 事件
单击此指定的元件实例会执行您可在其中添加自己的自定义代码的函数。

说明:
1. 在以下"// 开始您的自定义代码"行后的新行上添加您的自定义代码。
单击此元件实例时，此代码将执行。
*/

mc.addEventListener(MouseEvent.CLICK, fl_MouseClickHandler);

function fl_MouseClickHandler(event:MouseEvent):void
{
    // 开始您的自定义代码
    // 此示例代码在"输出"面板中显示"已单击鼠标"。
    trace("已单击鼠标");
    // 结束您的自定义代码
}
```


图9-5 代码片段基本结构

下面来分析这个代码片段的结构，首先是代码的注释，注释中给出了代码片段的作用和可以修改的地方等信息，现为一个实例名为mc的元件添加了一个监听。代码如下：

```
mc.addEventListener (MouseEvent.CLICK, fl_MouseClickHandler);
```

监听的类型为鼠标单击事件。代码如下：

```
MouseEvent.CLICK
```

在添加事件监听并确定事件类型之后就要告诉系统执行怎样的操作，通过定义一个函数完成。系统会自动为事件触发所执行的动作生成一个函数名，这个函数名与下面的动作部分的名称保持一致。

```
fl_MouseClickHandler
```

事件触发后会执行与函数名标识相同的部分，称为动作部分，即鼠标单击后执行如下：

```
function fl_MouseClickHandler (event: MouseEvent): void
{
    // 开始您的自定义代码
    // 此示例代码在"输出"面板中显示"已单击鼠标"。
    trace ("已单击鼠标");
    // 结束您的自定义代码
}
```

按Ctrl+Enter组合键进行发布，单击添加了代码片段的元件，在Flash Professional CS5的输出面板中，可以看到“已单击鼠标”的字样，说明这段代码执行了动作部分中的输出“已单击鼠标”。

```
trace ("已单击鼠标");
```

通过代码片段的注释说明和对代码片段实例的分析，可以发现，只要对代码触发事件后所执行的部分进行修改就可以使鼠标单击添加了代码片段的元件实现不同的效果。下面给出添加几个不同的鼠标单击事件类型的代码片段如下。

添加“动作”文件夹中的“单击以转到 web 页”。

```
/* 单击以转到 Web 页
单击指定的元件实例会在新浏览器窗口中加载 URL。

说明:
1. 用所需 URL 地址替换 http: //www.adobe.com。
保留引号("")。
*/

mc.addEventListener (MouseEvent.CLICK, fl_ClickToGoToWebPage);

function fl_ClickToGoToWebPage (event: MouseEvent): void
{
   navigateToURL (new URLRequest (" http: //www.adobe.com"), " _blank");
}
```

这个代码片段的结构与之前的“Mouse Click 事件”的代码结构相似，在对 mc 添加一个监听并确定单击事件类型后，执行如下部分：

```
function fl_ClickToGoToWebPage (event: MouseEvent): void
{
   navigateToURL (new URLRequest (" http: //www.adobe.com"), " _blank");
}
```

作用是打开一个网址链接，可以尝试将网址改为“www.fudanria.com”，按 Crtl + Enter 组合键发布，单击后，就会自动打开所指向的网页。

综上所述，Click 鼠标单击事件的作用就是通过单击添加了代码片段的元件来执行不同的动作，此功能在之后的代码片段中使用广泛。

2. 鼠标经过

Mouse 类型中除了经常被使用的“鼠标单击事件”外，还有不少实用的事件，下面添加“事件处理函数”文件夹中的“Mouse Over 事件”，按“F9”键打开“动作”面板如下：

```
/* Mouse Over 事件
鼠标悬停到此元件实例上会执行您可在其中添加自己的自定义代码的函数。
说明:
1. 在以下" // 开始您的自定义代码" 行后的新行上添加您的自定义代码。
该代码将在鼠标悬停到符号实例上时执行。
*/

mc.addEventListener (MouseEvent.MOUSE_OVER, fl_MouseOverHandler);

function fl_MouseOverHandler (event: MouseEvent): void
{
```

```
    // 开始您的自定义代码
    // 此示例代码在" 输出" 面板中显示" 鼠标悬停"。
    trace (" 鼠标悬停");
    // 结束您的自定义代码
}
```

这个代码片段的作用在于当鼠标经过元件 mc 时，会执行动作部分。

```
function fl_ MouseOverHandler (event: MouseEvent): void
{
    // 开始您的自定义代码
    // 此示例代码在" 输出" 面板中显示" 鼠标悬停"。
    trace (" 鼠标悬停");
    // 结束您的自定义代码
}
```

按 Ctrl + Enter 组合键发布后，使用鼠标每经过元件一次，输出面板上就会出现“鼠标悬停”字样。

接下来，同样对代码片段进行修改，将上述“单击以转到 Web 页”中的动作部分复制并覆盖原来“Mouse Over 事件”中的动作部分，并修改函数名。

```
mc. addEventListener (MouseEvent. MOUSE_ OVER, fl_ MouseOverHandler);
function fl_ MouseOverHandler (event: MouseEvent): void
{
    navigateToURL (new URLRequest (" http: //www. adobe. com"), " _ blank");
}
```

按 Ctrl + Enter 组合键发布后，让鼠标经过元件 mc，同样加载了指向的网页。

3. 鼠标离开

通过对 Click 和 Over 两个事件的实际应用，不难看出，Mouse 类型的本质就是规定一个需要被监听的鼠标动作状态来执行所需的动作。在鼠标动作中，除单击、经过外，还有一种应用较少的鼠标状态——鼠标离开事件。通过添加“事件处理函数”文件夹中的“Mouse Out 事件”，可以在动作面板中看到如下代码：

```
/* Mouse Out 事件
鼠标离开此元件实例会执行您可在其中添加自己的自定义代码的函数。

说明：
1. 在以下" // 开始您的自定义代码" 行后的新行上添加您的自定义代码。
该代码将在鼠标离开符号实例时执行。
* /

mc. addEventListener (MouseEvent. MOUSE_ OUT, fl_ MouseOutHandler);

function fl_ MouseOutHandler (event: MouseEvent): void
```

```
{
    // 开始您的自定义代码
    // 此示例代码在" 输出" 面板中显示" 鼠标已离开"。
    trace (" 鼠标已离开");
    // 结束您的自定义代码
}
```

这个代码片段作用是当鼠标从元件 mc 上离开时触发事件，所以要触发此代码片段中的动作部分，必须有两个步骤：

（1）将鼠标移到元件上方；

（2）将鼠标移出元件范围。

按 Ctrl + Enter 组合键进行发布，按以上步骤执行一次，可以在输出面板上看到“鼠标已离开”字样。

4. 鼠标拖放

除了单纯地对鼠标操作状态进行监听以外，鼠标事件还可以通过鼠标事件的组合来对元件状态进行控制，从而对元件实现拖放效果。添加“代码片段”面板里“动作”文件夹中的“拖放”，可以看到如下代码片段。

```
/* 拖放
通过拖放移动指定的元件实例。
* /

mc.addEventListener (MouseEvent.MOUSE_ DOWN, fl_ ClickToDrag);

function fl_ ClickToDrag (event: MouseEvent): void
{
    mc.startDrag ();
}
stage.addEventListener (MouseEvent.MOUSE_ UP, fl_ ReleaseToDrop);

function fl_ ReleaseToDrop (event: MouseEvent): void
{
    mc.stopDrag ();
}
```

可以看到，此代码片段分为以下两部分。

（1）开始拖动，代码如下：

```
mc.addEventListener (MouseEvent.MOUSE_ DOWN, fl_ ClickToDrag);

function fl_ ClickToDrag (event: MouseEvent): void
{
    mc.startDrag ();
}
```

（2）停止拖动，代码如下：

```
stage.addEventListener (MouseEvent.MOUSE_UP, fl_ReleaseToDrop);
function fl_ReleaseToDrop (event: MouseEvent): void
{
    mc.stopDrag ();
}
```

对开始拖动的代码分析如下。

（1）为元件 mc 添加监听：

```
mc.addEventListener
```

（2）确定事件类型为“按下鼠标事件”：

```
MouseEvent.MOUSE_DOWN
```

（3）在按下鼠标时，执行动作部分 fl_ ClickToDrag，代码如下：

```
function fl_ClickToDrag (event: MouseEvent): void
{
    mc.startDrag ();
}
```

代码 mc. startDrag（）；使得元件 mc 可以被拖动。

这样，当在元件 mc 上按住鼠标左键时，可以实现对元件 mc 的拖动。

删除停止拖动的代码部分，单独对开始拖动的代码部分通过按 Ctrl + Enter 组合键发布，在元件 mc 上按住鼠标左键后，元件跟随鼠标移动，但当放开鼠标左键时，元件依然会跟随鼠标不会出现停止，可以从实践中明确停止部分的具体作用。停止拖动的代码分析如下。

（1）为元件舞台添加监听，代码如下：

```
stage.addEventListener
```

此时，学生可能会有疑问，为什么在开始拖动部分是对元件 mc 添加监听，而在停止拖动部分是对舞台添加监听？

（2）确定事件类型为“鼠标弹起”，代码如下：

```
MouseEvent.MOUSE_UP
```

注意：不难看出开始拖动代码部分中的事件类型和停止拖动代码部分中的事件类型不同，左键按下的施加对象为元件 mc，所以将监听添加到元件 mc 上；而相对地，在左键弹起的事件触发时，需要鼠标无论是否在元件范围内都能停止对元件的拖动，所以虽然对元件 mc 直接添加停止部分的监听会有同样的效果，但为了防止操作失误的出现，在停止拖动代码部分中将监听添加到舞台。可见在代码片段的使用中，严谨的思维是必不可少的。

（3）停止拖动部分代码中执行以下代码：

```
function fl_ReleaseToDrop (event: MouseEvent): void
{
```

```
    mc.stopDrag ();
}
```

代码 mc. startDrag ()；与 mc. stopDrag ()；相对实现停止拖动，在左键弹起时，令元件 mc 停止在鼠标左键弹起事件触发时的位置。

最后发布，就能实现对于元件 mc 的完美拖放效果。

5. 鼠标图标替换

在一些游戏或者广告作品中，可能需要将鼠标的图标进行替换，来实现一些美术效果，可以添加“代码片段”面板里“动作”文件夹中的“自定义鼠标光标”。代码如下：

```
/* 自定义鼠标光标
用指定的元件实例替换默认的鼠标光标。
*/

stage.addChild (mc);
mc.mouseEnabled = false;
mc.addEventListener (Event.ENTER_FRAME, fl_CustomMouseCursor);

function fl_CustomMouseCursor (event: Event)
{
    mc.x = stage.mouseX;
    mc.y = stage.mouseY;
}
Mouse.hide ();

//要恢复默认鼠标指针，对下列行取消注释：
//mc.removeEventListener (Event.ENTER_FRAME, fl_CustomMouseCursor);
//stage.removeChild (mc);
//Mouse.show ();
```

上述代码分析如下。

（1）在舞台上加载一个名为 mc 的元件，代码如下：

```
stage.addChild (mc);
```

（2）使元件 mc 上的鼠标操作都变为无效，代码如下：

```
mc.mouseEnabled = false;
```

（3）在元件上添加一个监听，代码如下：

```
mc.addEventListener
```

（4）确定触发事件类型，代码如下：

```
Event.ENTER_FRAME
```

注意：ENTER_ FRAME 事件类型为“逐帧事件类型”，其作用是在时间轴运行时，每进入一帧触发一次事件，此事件在下面章节会作详述。

（5）事件触发所执行的动作部分，代码如下：

```
function fl_ CustomMouseCursor (event: Event)
{
    mc. x = stage. mouseX;
    mc. y = stage. mouseY;
}
```

代码 mc. x 和 mc. y 表示元件 mc 的位置属性，在 Flash Professional CS5 中，每个元件都有自己的位置属性，x 指示元件的 x 轴坐标，y 指示元件的 y 轴坐标，从而定位元件在舞台的位置。

代码 stage. mouseX 和 stage. mouseY 表示舞台上鼠标的位置。

通过 ENTER_ FRAME 事件不断将鼠标的 x、y 轴坐标赋值给元件 mc 的 x、y 轴，使得元件 mc 始终和鼠标位置保持一致。最后，通过对鼠标默认图标的隐藏，效果就如同替换了鼠标图标一样，代码如下：

```
Mouse. hide ();
```

注意：“自定义鼠标光标”的功能并不是直接将默认鼠标图案替换为自定义的元件，而是首先禁止自定义元件上的鼠标事件，然后令元件与鼠标的位置时时保持一致并隐藏鼠标默认图标，使之产生自定义鼠标光标的效果。而其实鼠标本身除了被隐藏外没有任何改变。

案例：制作夜空星光

案例描述

本实例是通过代码来实现单击加载元件。本实例主要是针对代码的练习。

练习提示

打开电子资料中的 chapter \ 9. 3 \ 夜空星光 . fla，进行下面的操作。

（1）首先单击舞台，在右边的“属性”面板中将舞台大小调整为 600 ×450。

（2）单击“文件→导入→导入到库”命令，将素材导入到库中。

（3）新建“背景”图层，然后将“背景”图形元件拖入舞台，如图 9 -6 所示。

图9－6　星光背景

（4）新建图形元件“矩形”，绘制一个无边框矩形。新建按钮元件“夜空按钮”，拖放入“矩形”元件，并在第4帧处插入帧，如图9－7所示。

图9－7　夜空按钮制作

（5）新建图形元件“星光”，绘制一个直径为100的圆形。在颜色中设置其颜色类型为径向渐变，填充色为白色到浅灰色再到透明的放射性渐变色，如图9－8（a）所示。

（6）新建“图层2”，以圆心为交点，用椭圆工具，绘制两条小于圆直径的交叉渐变色图形，其笔触颜色选择空，填充颜色用径向渐变，倾斜角度为45°，如图9－8（b）所示。

（7）新建“图层3”，以圆心为交点用椭圆工具，笔触颜色选择空，填充颜色用径向渐变，绘制两条大于圆直径的交叉渐变色图形，如图9－8（c）所示。

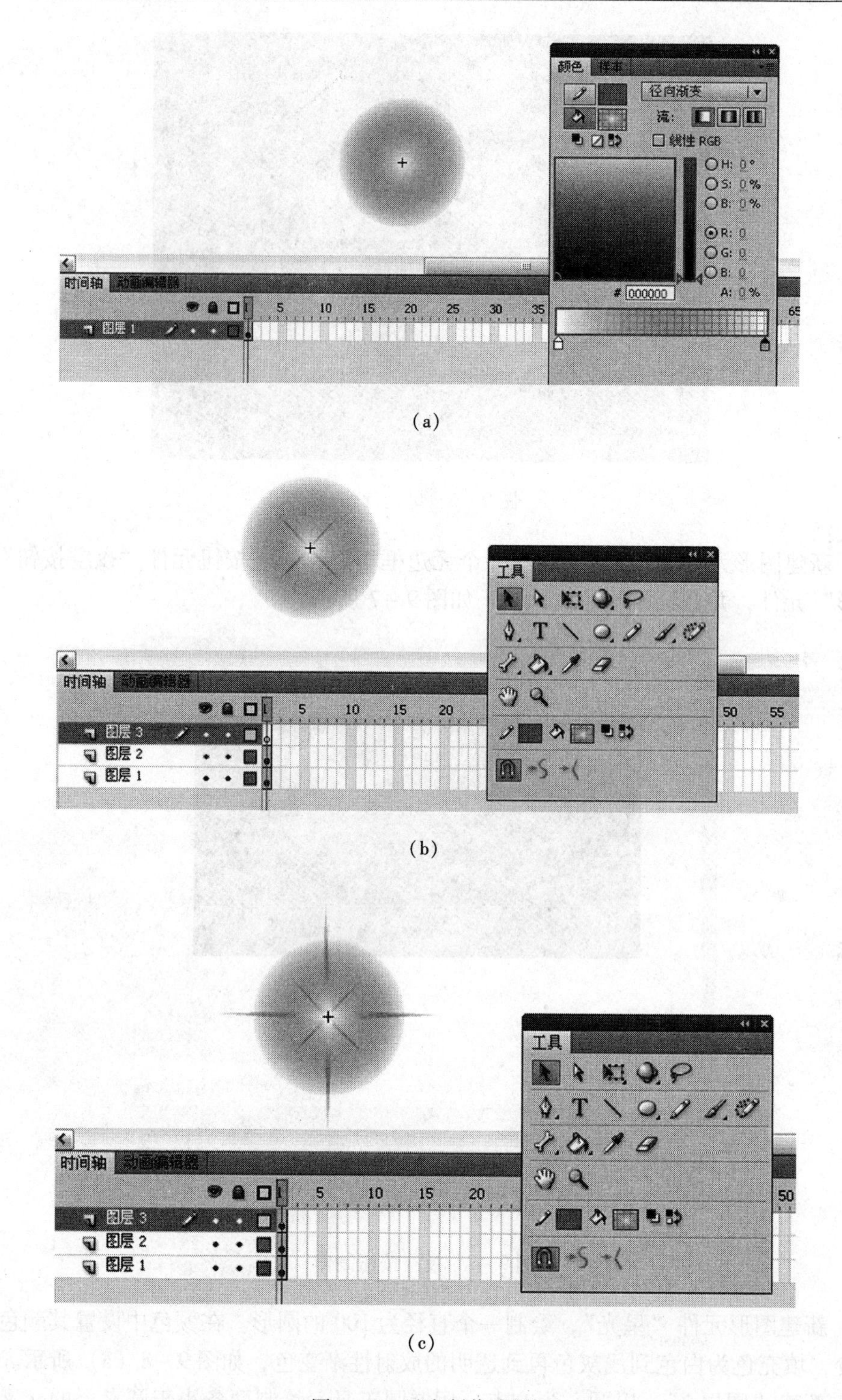

(a)

(b)

(c)

图9-8　星光制作步骤

(8) 新建元件“星星”，拖入“星光”元件，在第1帧设置其“宽度”和“高度”均为90，透明度为100%，如图9-9所示。

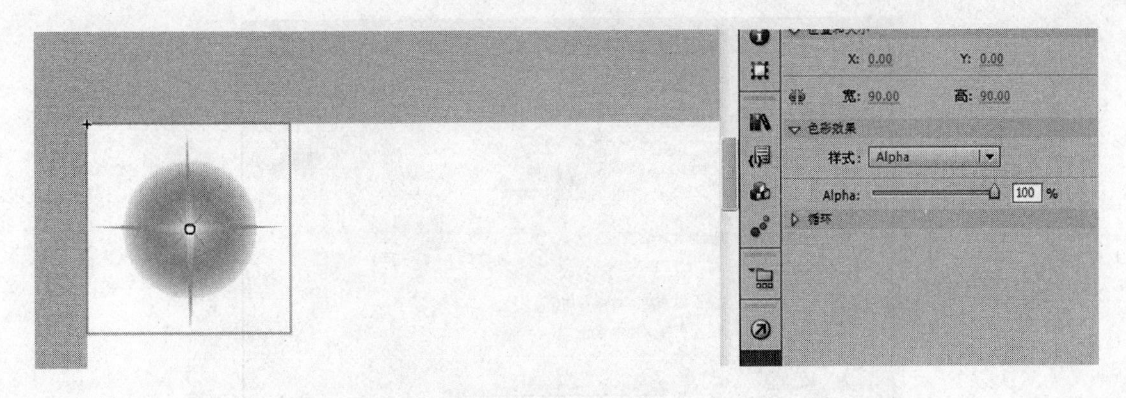

图9-9 星光元件设置

(9) 在第10、20帧处插入关键帧。创建补间动画，设置第10帧处元件的高和宽均为45，透明度为50%；第20帧与第1帧的属性一致，如图9-10所示。

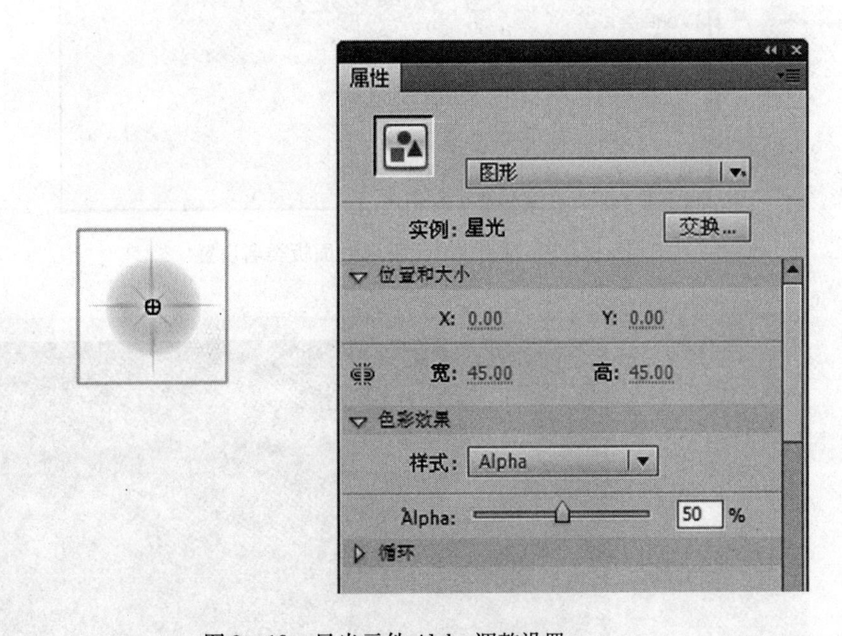

图9-10 星光元件Alpha调整设置

(10) 返回主场景，在“库”面板中，右击“星星”影片剪辑元件，从弹出的菜单中选择“属性”选项，在打开的对话框中单击“高级”按钮。勾选“为ActionScript导出”和“在帧1中导出”复选框，并在“类”文本框中输入star，设置完成后单击“确定”按钮，如图9-11所示。

(11) 新建“星光”图层，然后将“库”中的“星星”影片剪辑元件拖动到舞台外，如图9-12所示。

(12) 新建“按钮”图层，拖入“夜空按钮”元件，设置其宽为600、高为250、透明度为0，并设置实例名称为skynight，如图9-13所示。

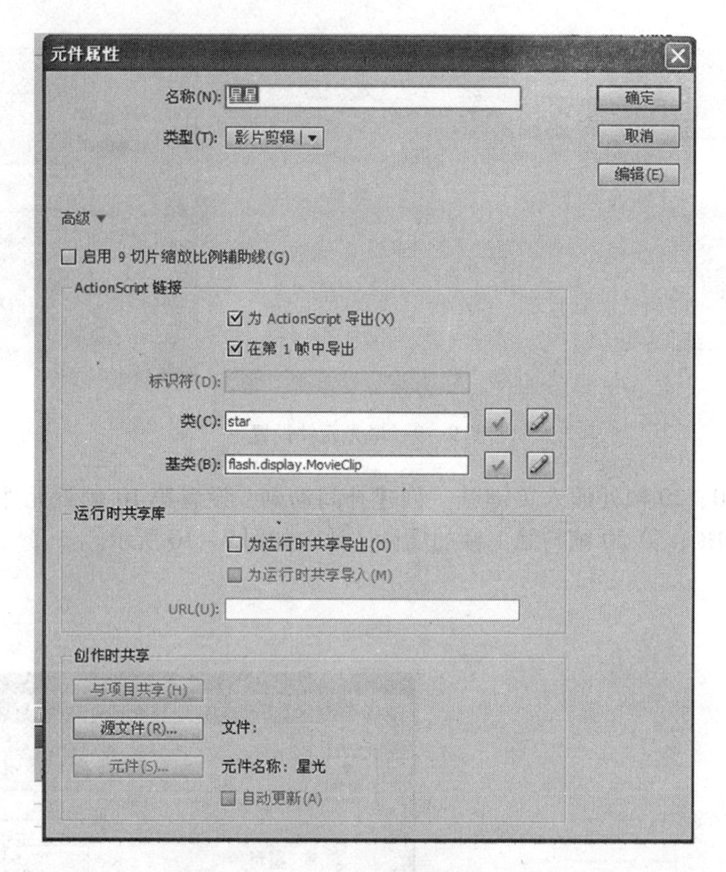

图 9－11　星光元件属性面板类名设置

图 9－12　星光元件放置舞台上

（13）选择舞台上的“夜空按钮”元件，在“代码片段”面板里“事件处理函数”文件夹中双击“Mouse Click 事件”，在方法中再添加以下代码：

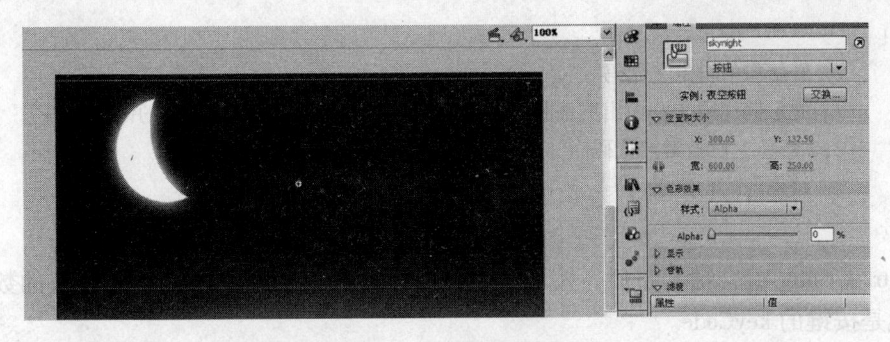

图 9-13 设置元件实例名

```
var star_ mc: star = new star ();
star_ mc. x = this. mouseX
star_ mc. y = this. mouseY
this. addChild (star_ mc);
```

以监听鼠标单击动作，实现星星闪烁的动画。至此，夜空星光动画制作完成。

9.3.2 Keyboard 类型

作为计算机最主要的两种输入设备之一，键盘的控制在 Flash 互动作品制作中也起着重要作用，通过代码片段可以实现简单的键盘控制效果。Keyboard 类型与 Mouse 类型类似，同样通过特定操作事件的监听来触发一些动作。实例如下。

双击添加“事件处理函数”文件夹中的“Key Pressed 事件”。

```
/* Key Pressed 事件
按任一键盘键时，执行以下定义的函数 fl_ KeyboardDownHandler_ 2。

说明:
1. 在以下" // 开始您的自定义代码" 行后的新行上添加您的自定义代码。
该代码将在按任一键时将执行。
* /
stage. addEventListener (KeyboardEvent. KEY_ DOWN, fl_ KeyboardDownHandler_ 2);
function fl_ KeyboardDownHandler_ 2 (event: KeyboardEvent): void
{
    // 开始您的自定义代码
    // 此示例代码在" 输出" 面板中显示" 已按键控代码:" 和按下键的键控代码。
    trace (" 已按键控代码: " + event. keyCode);
    // 结束您的自定义代码
}
```

通过注释，可以明白这段代码意义，首先对舞台添加一键盘按键监听，代码如下：

```
stage. addEventListener (KeyboardEvent. KEY_ DOWN, fl_ KeyboardDownHandler_ 2);
```

通过按下键盘，触发以下动作，代码如下：

```
function fl_ KeyboardDownHandler_ 2 (event: KeyboardEvent): void
```

```
{
    // 开始您的自定义代码
    // 此示例代码在" 输出" 面板中显示" 已按键控代码:" 和按下键的键控代码。
    trace (" 已按键控代码: " + event. keyCode);
    // 结束您的自定义代码
}
```

按 Ctrl + Enter 组合键发布后，按下键盘按键，在输出面板上就会出现相应的数值，这个数值就是按键的 keyCode。

注意： keyCode（键控代码值）是每个键盘按键被按下时所返回的一个数值，众所周知，计算机无法直接识别按键所代表的符号，所以每个键盘按键都以数值形式在系统中被甄别，因此 keyCode 在键盘类型代码片段中被广泛应用。

通过“Key Pressed 事件”测试可以得知，“←”键的 keyCode 为 37，“↑”键的 keyCode 为 38，“→”键的 keyCode 为 39，“↓”键的 keyCode 为 40。添加“动作”文件夹中的“用键盘箭头移动”。代码如下：

```
/* 用键盘箭头移动
允许用键盘箭头移动指定的元件实例。

说明:
1. 要增加或减少移动量，用您希望每次按键时元件实例移动的像素数替换下面的数字 5。
注意，数字 5 在以下代码中出现了 4 次。
*/
stage. addEventListener (KeyboardEvent. KEY_ DOWN, fl_ SetKeyPressed);
function fl_ SetKeyPressed (event: KeyboardEvent): void
{
    switch (event. keyCode)
    {
        case Keyboard. UP:
        {
            mc. y - = 5
            break;
        }
        case Keyboard. DOWN:
        {
            mc. y + = 5
            break;
        }
        case Keyboard. LEFT:
        {
            mc. x - = 5
            break;
        }
```

```
        case Keyboard.RIGHT:
         {
            mc.x += 5
            break;
         }
    }
}
```

代码中在舞台上添加了一个键控监听，代码如下：

```
stage.addEventListener(KeyboardEvent.KEY_DOWN, fl_SetKeyPressed);
```

当按下键盘按键时，触发动作，代码如下：

```
function fl_SetKeyPressed(event:KeyboardEvent):void
{
    switch(event.keyCode)
     {
        case Keyboard.UP:
         {
            mc.y -= 5
            break;
         }
        …
    }
}
```

这段代码的作用是每次按下按键后对键控代码值进行匹配，然后执行 mc.x 和 mc.y 相应的数值操作，从而实现按键控制元件 mc 移动，mc.x 和 mc.y 所加减的数值大小决定每次按键移动的距离。

下面将代码改为使用 keyCode 的键控值，代码如下：

```
stage.addEventListener(KeyboardEvent.KEY_DOWN, fl_SetKeyPressed);
function fl_SetKeyPressed(event:KeyboardEvent):void
{
    switch(event.keyCode)
     {
        case 38:
         {
            mc.y -= 5
            break;
         }
        case 40:
         {
            mc.y += 5
            break;
         }
        case 37:
         {
```

```
            mc.x -= 5
            break;
        }
        case 39:
        {
            mc.x += 5
            break;
        }
    }
}
```

按 Ctrl + Enter 组合键发布后，能够发现效果与之前相同，可见 keyCode 能够直接用于按钮事件的匹配与其他代码片段进行组合来实现不同的功能。

案例：制作钢琴键盘弹奏

案例描述

本实例是通过代码控制键盘事件获知按下的按键，然后进行程序调用播放声音。本实例主要是针对键盘事件代码的练习。

练习提示

打开电子资料中的 chapter \ 9.3 \ 钢琴键盘弹奏.fla，进行下面的操作。

（1）此文件素材曾在 5.2.4 小节练习中使用过，原先是通过鼠标单击按键进行声音播放的，现在通过键盘控制更形象化、更方便地进行钢琴的弹奏。选中文字层第 1 帧，按 F9 键插入代码。

（2）此时进行程序的初始化，调用 init () 方法，并在方法中加入对键盘的监听。

```
init ();
function init (): void
{
    //添加键盘监听
    stage.addEventListener (KeyboardEvent.KEY_DOWN, onKeyDownHandler);
}
```

（3）此时可以知道当按键按下时执行程序

```
function onKeyDownHandler (e: KeyboardEvent): void
{
    //获得键盘键值
    trace (e.keyCode) //trace () 语句可以在编译器环境输出值
}
```

(4) 根据已学习的知识，可以通过 e. keyCode 属性获知按下的按键，这里通过一个新的方法也可以获取按键的大写英文字符：

```
var keyCode: String = String. fromCharCode (e. keyCode);
```

通过 String. fromCharCode () 方法的转化，e. keyCode 作为常用键盘 ASCII 值传入方法，并直接返回一个由参数中的 Unicode 值表示的字符组成的字符串。

注意：读者在后面的 switch 循环匹配过程中会发现也可以直接通过 e. keyCode 的值进行比对，同样没有问题，在此为了提高代码可读性，因此加入该方法方便阅读。

(5) 调用 getSoundFunA 方法。getSoundFunA 这里称为方法名，方法名后直接加小括号为调用该方法，即执行后续语句"function getSoundFunA ()：void {}"大括号内的语句。可以简单理解为使用 getSoundFunA 方法的快捷方式，当然不仅仅局限于此。

```
getSoundFunA ();
```

(6) 除了调用 getSoundFunA 方法，还需要把 keyCode 变量传入 getSoundFunA 方法中，那么就需要在调用方法的时候，把需要传入的变量填写到"getSoundFunA ()"的小括号内，同时在方法"function getSoundFunA ()：void {}"的小括号内填写变量 value，用以接收传入的变量，当然最好给 value 赋予数据类型。

```
function getSoundFunA (value: String): void
{
}
```

(7) 得知按下的键后，就是匹配音乐的播放。首先，需要在库中把音乐生成类的形式，方可在后面通过程序驱动播放。选中库中的 01. mp3，右击"属性"，选中"ActionScript"选项卡，并勾选为 ActionScript 导出，将其类标识符输入 A，表示将要通过程序将此音效赋予 A 按键，如图 9 - 13 所示。按照此方式，为其他音效进行相应的类命名。

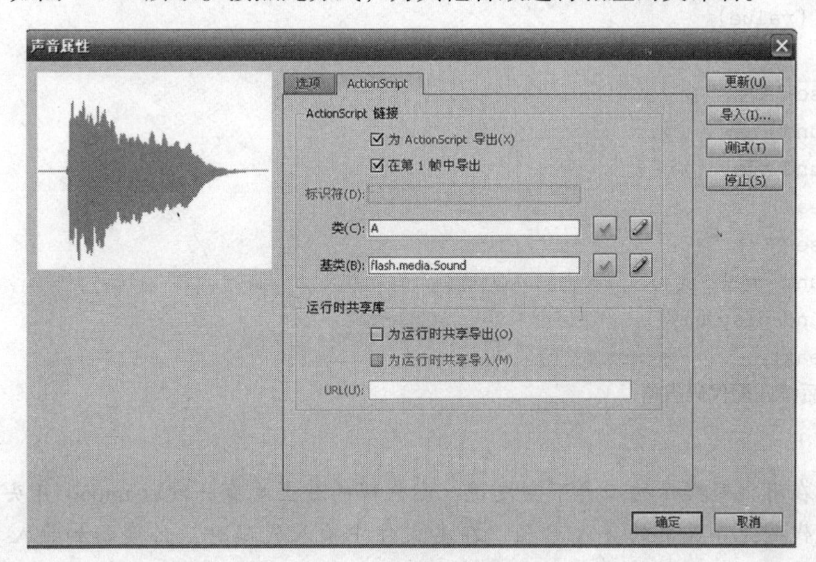

图 9 - 13　设置声音类名

（8）在getSoundFunA主体方法的大括号内，开始按下按键后的程序控制。当按下按键后，匹配：如果按下的是“A”键，则播放01. mp3；按下的是“S”键，则播放02. mp3。以此类推。首先var sound：Sound；声明一个变量为Sound数据类型。然后以switch方法进行匹配。

switch…case条件句基本上用于多重分支结构，该语句的通常用法如下：

```
//声明一个字符串变量 fruitName，并赋值为香蕉
var fruitName: String = "香蕉"
//分别判断 fruitName 的值是否与条件相当
switch (currentFruit) {
    case "苹果":
    trace ("按苹果的价格付钱") //代码一
    break
    case "香蕉":
    trace ("按香蕉的价格付钱") //代码二
    break
    default :
    trace ("免费品尝，谢谢光顾!") //代码三
    }
```

运行时，测试操作数fruitName是否与currentFruit相匹配，如匹配则运行代码一，并跳出整个结构。当value1不匹配时，继续运行代码二，之后跳出结构。如果所有都不匹配，则运行default：后的代码三，并结束整个条件判断。

根据switch...case语句的用法，可以在“function getSoundFunA（）：void {}”的大括号内进行按键与音乐的匹配。

```
var sound: Sound;
switch (value)
{
    case "A":
    sound = new A ();
    sound.play ();
    break;
    case "S":
    sound = new S ();
    sound.play ();
    break;
    //后续匹配代码省略
}
```

注意：在有代码提示的工具下会发现，在代码的最上端有一段以import开头的导入路径代码，此段代码为导入类的导入路径。在类文件中输入代码时，必须添加导入类的导入路径，在时间轴上输入代码时可以省略。

完成作品后，可以根据以下按钮弹奏旋律：kkk kkk kzhjk lll lkkkkk jjkz。

9.3.3 时间轴控制类型

Flash Professional CS5 中，时间轴和帧的概念贯穿始终，因此对于时间轴、帧的控制就显得尤为重要。在时间轴控制类型的代码片段中有停止帧运行、开始帧运行、跳转到某帧并运行等功能，这些不仅在交互作品中极为常用，同时还在动画作品中被频繁地使用。

1. 时间轴控制代码的主要类型

在时间轴控制类型代码片段中，主要涉及以下 4 条命令：

（1）play（）播放帧命令，使时间轴开始运行；

（2）stop（）停止帧命令，使时间轴停止在有该代码的帧位置；

（3）gotoAndStop（目标帧）跳转并停止帧命令，时间轴播放头跳转到目标帧并停止；

（4）gotoAndPlay（目标帧）跳转并播放帧命令，时间轴播放头跳转到目标帧并向后播放。

下面尝试使用这些帧命令来控制一个简单动画，如图 9－14 所示。

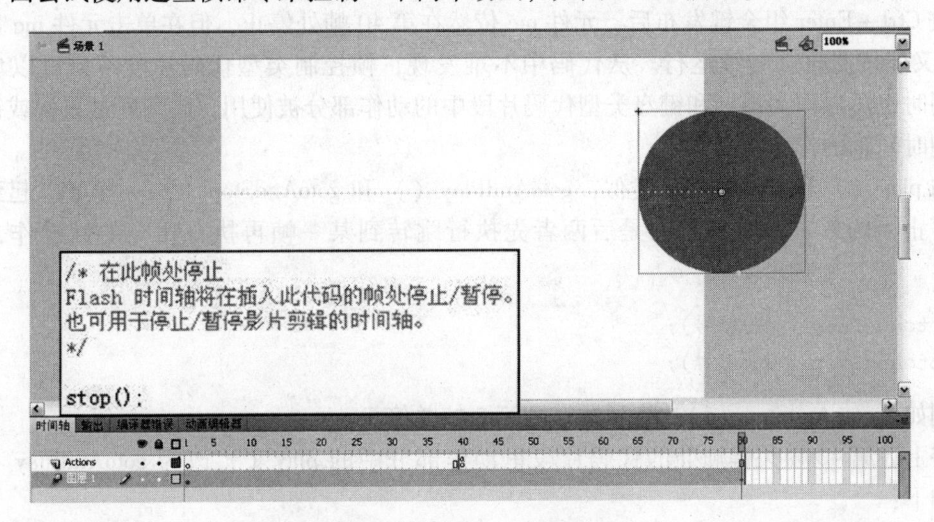

图 9－14　元件补间动画制作

新建一个文件，新建 1 个图层，将图层 2 命名为 Actions 层，在图层 1 上绘制一个圆并转换为元件，命名为 mc。在第 80 帧处插入帧，为元件 mc 创建一个补间动画。在 Actions 层的第 40 帧处插入一个关键帧，选中关键帧添加“时间轴导航”文件夹中的“在此帧处停止”。按 Ctrl + Enter 组合键发布。

元件 mc 运动到第 40 帧的位置时停止，此时就是停止帧命令“stop（）;”起到的作用。

在第 40 帧的关键帧中再添加“事件处理函数”文件夹中的“Mouse Click 事件”，并将其中动作部分的执行代码改为“play（）;”，代码如下：

```
/* 在此帧处停止
Flash 时间轴将在插入此代码的帧处停止/暂停。
也可用于停止/暂停影片剪辑的时间轴。
* /
```

```
stop ();
/* Mouse Click 事件
单击此指定的元件实例会执行您可在其中添加自己的自定义代码的函数。

说明:
1. 在以下" // 开始您的自定义代码" 行后的新行上添加您的自定义代码。
单击此元件实例时，此代码将执行。
* /
mc. addEventListener (MouseEvent. CLICK, fl_ MouseClickHandler);

functionfl_ MouseClickHandler (event: MouseEvent): void
{
  play ();
}
```

按 Ctrl + Enter 组合键发布后，元件 mc 依然在第 40 帧处停止，但在单击元件 mc 后，元件 mc 又能按照轨迹继续运行。从代码中不难发现，帧控制类型代码片段不只可以单独使用，同时也可以作为鼠标和键盘类型代码片段中的动作部分被使用，起到通过鼠标或键盘事件控制时间轴的作用。

与 play ( ) 和 stop ( ) 相类似，gotoAndPlay ( ) 和 gotoAndStop ( ) 一样可以起到播放帧和停止帧的效果，所不同的是后两者先执行跳转到某一帧再执行相应的帧操作，格式如下:

```
gotoAndPlay (目标帧号);
gotoAndStop (目标帧号);
```

例如，gotoAndStop (5); 表示跳转到第 5 帧并停止。

将上述第 40 帧关键帧处的代码片段里动作部分中的 play ( ) 改为 gotoAndPlay (80)，代码如下:

```
/* 在此帧处停止
Flash 时间轴将在插入此代码的帧处停止/暂停。
也可用于停止/暂停影片剪辑的时间轴。
* /

stop ();
/* Mouse Click 事件
单击此指定的元件实例会执行您可在其中添加自己的自定义代码的函数。

说明:
1. 在以下" // 开始您的自定义代码" 行后的新行上添加您的自定义代码。
单击此元件实例时，此代码将执行。
* /
mc. addEventListener (MouseEvent. CLICK, fl_ MouseClickHandler);
```

```
function fl_ MouseClickHandler (event: MouseEvent): void
{
    gotoAndPlay (80);
}
```

按 Ctrl + Enter 组合键发布后，在元件 mc 停止在第 40 帧位置后单击它，播放头就会自动跳转并停止到第 80 帧，略过了第 40 帧至第 80 帧之间所有的动画过程。

以此类推，很容易理解 gotoAndPlay（）的作用，执行该代码后，时间轴播放头会跳转到目标帧位置，并向后进行播放，如 gotoAndPlay（5），意思就是跳转到第 5 帧并从第 5 帧向后播放。

2. 元件内部时间轴的控制

时间轴控制代码不只可以实现对主时间轴的播放控制，同时也能够控制元件内部的时间轴，直接在元件内部时间轴上添加代码片段以控制时间轴的方式与在主时间轴上相同。那如何通过外部的时间轴来实现对元件内部时间轴的控制呢？

将上述元件 mc 的补间动画做到元件内部的时间轴中，然后在 Actions 和图层 1 上都只留下第 1 帧，如图 9－15 所示。

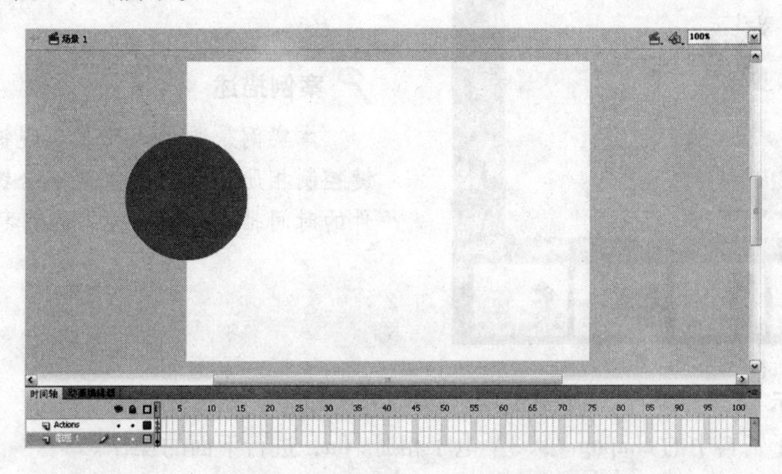

图 9－15　时间轴上动作代码插入

在 Actions 帧上添加“时间轴导航”文件夹中的“在此帧处停止”，代码如下：

```
/* 在此帧处停止
Flash 时间轴将在插入此代码的帧处停止/暂停。
也可用于停止/暂停影片剪辑的时间轴。
*/

stop ();
```

按 Ctrl + Enter 组合键发布后，可以清楚地看到，元件并没有因为时间轴上的代码片段而停止运动，这就说明了一个问题，单纯的时间轴控制代码只对其所添加帧所在的时间轴起控制作用。因此，在主时间轴上的控制代码无法停止元件 mc 内部时间轴的运行。

因此，要在主时间轴上对一个元件内部的时间轴进行控制就必须有明确的指向性，修改

Actions 层上的代码来起到控制元件内部帧的作用，代码如下：

```
/* 在此帧处停止
Flash 时间轴将在插入此代码的帧处停止/暂停。
也可用于停止/暂停影片剪辑的时间轴。
*/

mc.stop ();
```

按 Ctrl + Enter 组合键发布后，元件 mc 停止在了开始位置，对比上下两段代码，能够发现，要通过主时间轴控制一个元件的内部时间轴可以使用和添加一个监听的方式，通过以下格式："对象．控制命令"实现对元件的指向并执行命令。

这样通过主时间轴的代码来指向一个元件内的时间轴并进行控制或者直接对元件内部时间轴进行代码控制的方式就称为"元件时间轴的控制"。

案例：制作电子相册

案例描述

本实例是通过代码来实现键盘的左右按键控制相册。本实例主要综合键盘事件对元件的时间轴进行播放控制的练习。

练习提示

打开电子资料中的 chapter \ 9.3 \ 电子相册 . fla，进行下面的操作。

（1）首先单击舞台，在"属性"面板中将背景色调整为#000000 的黑色背景，并将舞台大小调整为 800 ×600。

（2）选择"文件→导入→导入到库"命令，将素材导入到库中。

（3）新建"相框"图形元件，用矩形工具绘制一个高度和宽度分别为 554 和 412 的银灰色空心（空心的高度和宽度是 500 和 375）矩形，右键将其转化为影片剪辑元件，如图 9 - 16 所示。

（4）分别将库中的图片 001 ～图片 008 转换成影片剪辑元件，命名为图片 1 ～图片 8，大小为 150 ×112. 50。

（5）在第 1 层放相框元件。

（6）新建一层，将 8 个图片的影片剪辑放在上面，并且一起转换为影片剪辑，取名为图像总和，其中每张图片之前空 10 px 的距离排列，在"属性"面板中分别将实例名称改为 pic1 ～ pic8，如图 9 - 17 所示。将图像总和的影片剪辑的实例名称改为 menu，如图 9 - 18 所示。

（7）新建一层，用矩形工具画一个 633. 75 ×169. 90 的矩形，将这一层设置为遮罩层，

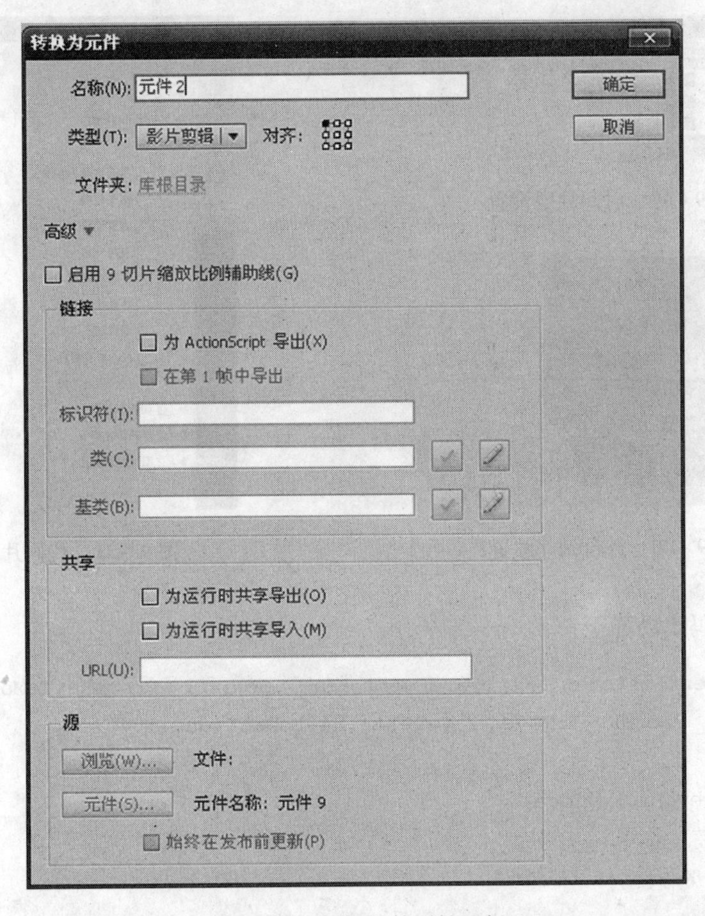

图 9－16　相框元件属性面板

用以遮罩图片层，如图 9－19、图 9－20 所示。

（8）单击图片总和的元件，在代码片段中找出“用键盘箭头移动”，以便用键盘上的左右键操作这个图片的移动，如图 9－21 所示。

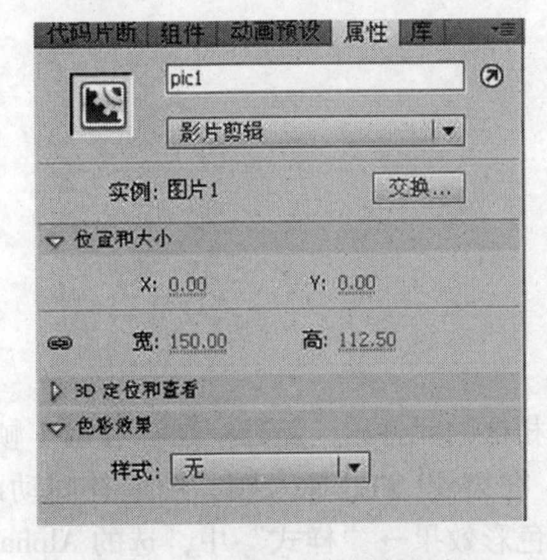

图 9－17　pic1 元件属性面板

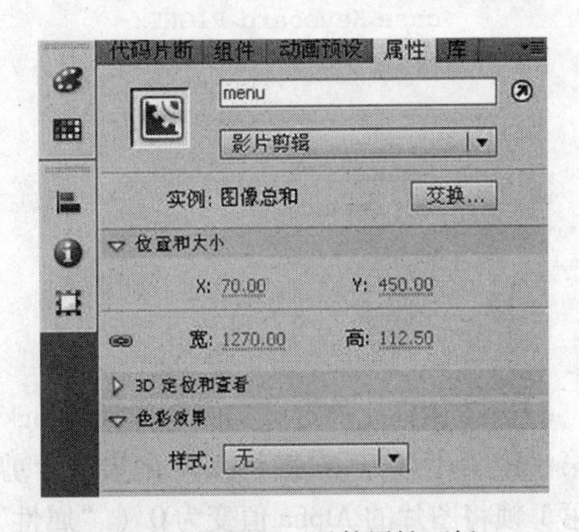

图 9－18　menu 元件属性面板

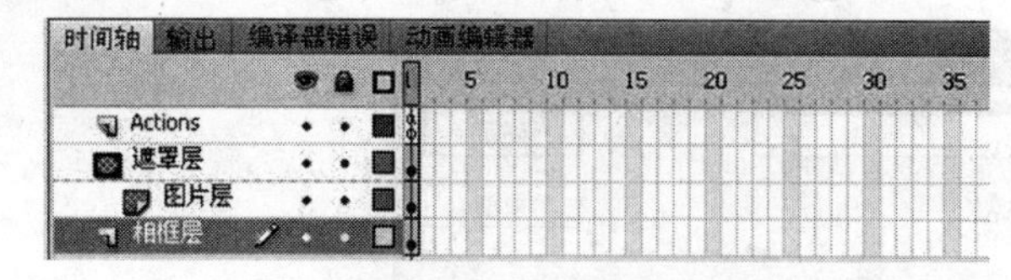

图 9－19　时间轴层设置

图 9－20　舞台元件放置

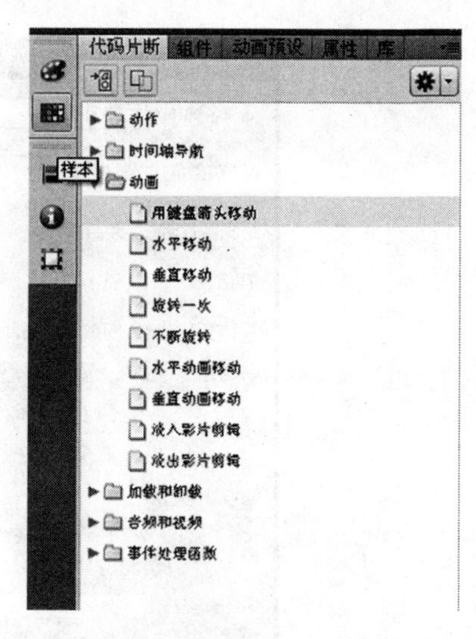

图 9－21　代码片段应用

将其中的代码改动如下：

```
stage.addEventListener (KeyboardEvent.KEY_ DOWN, fl_ PressKeyToMove_ 2);
function fl_ PressKeyToMove_ 2 (event: KeyboardEvent): void
{
    switch (event.keyCode)
     {
        case Keyboard.LEFT:
         {
           if (menu.x! = -1050)
           menu.x - = 160;
           break;
         }
        case Keyboard.RIGHT:
         {
           if (menu.x! =70)
           menu.x + = 160;
           break;
         }
     }
}
```

（9）给相框元件定义实例名称为 xiangkuang，在相框的元件内，新建一层，在第 1 帧插入第一张图片 001，右键将其转化为影片剪辑元件，在第 40 帧处插入帧，创建补间动画，在第 1 帧将图片的 Alpha 值变为 0（“属性”面板→色彩效果→“样式”中，选的 Alpha 进行调节），在第 40 帧将图片的 Alpha 值变为 100。再新建一层，在第 40 帧处插入空白关键帧，按 F9 键，写上代码 stop（）。在第 41 帧处插入空白关键帧，插入第二张图片 002，以此类推。每 40 帧插一个图片，Alpha 值由 0 变为 100，如图 9－22、图 9－23 所示。

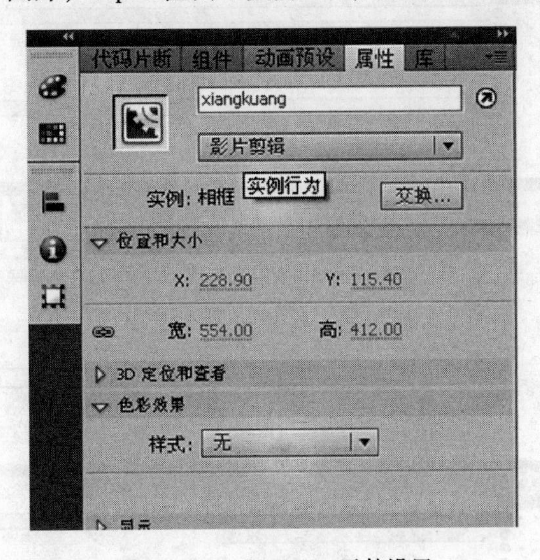

图 9－22 xiangkuang 元件设置

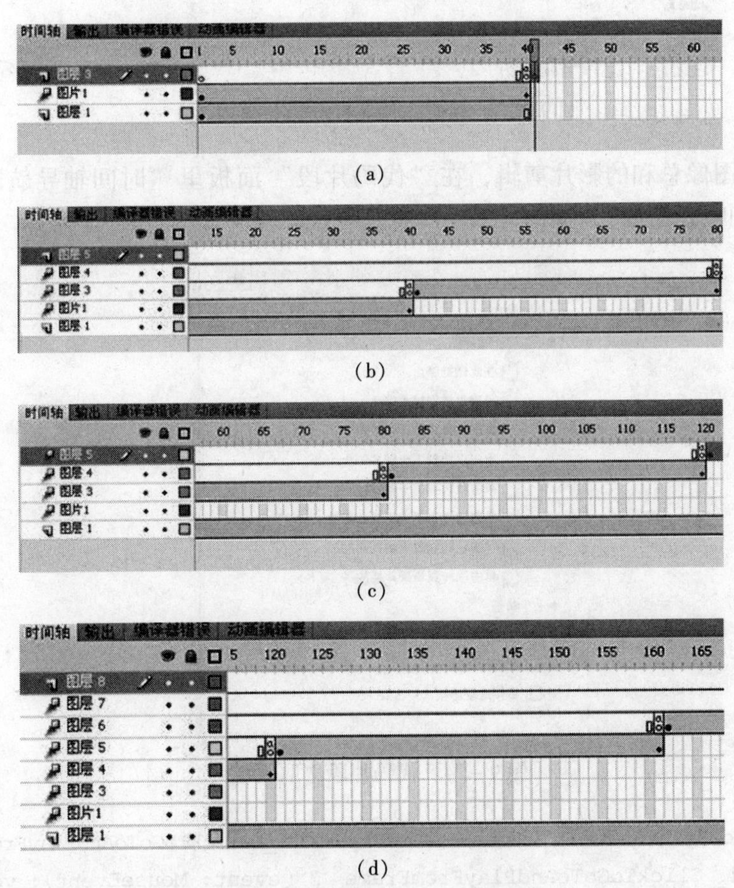

(a)

(b)

(c)

(d)

图 9－23 相册图片元件动画设置（一）

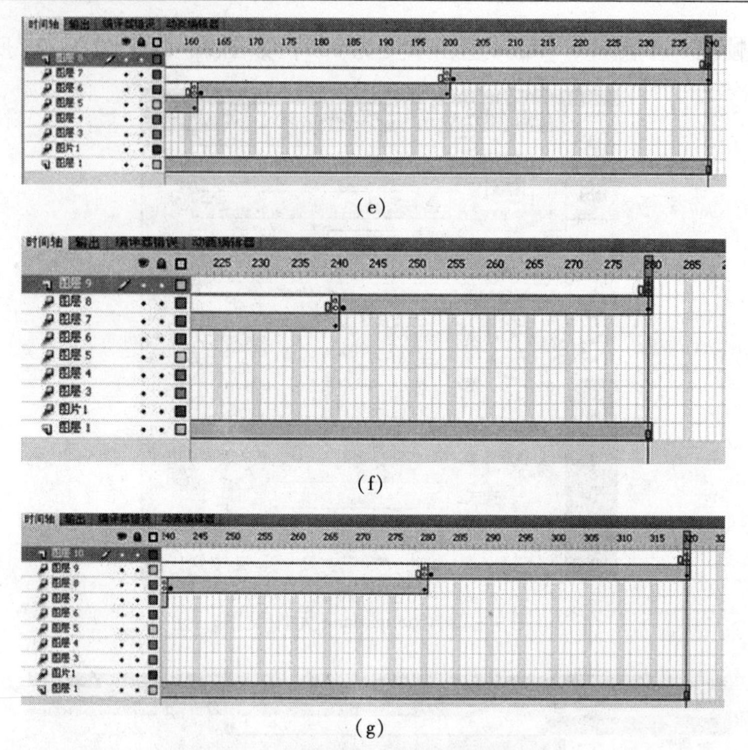

(e)

(f)

(g)

图 9－23　相册图片元件动画设置（二）

（10）选中图像总和的影片剪辑，在“代码片段”面板里“时间轴导航”文件夹中双击“单击以转到帧并播放”，如图 9－24 所示。将代码改为：

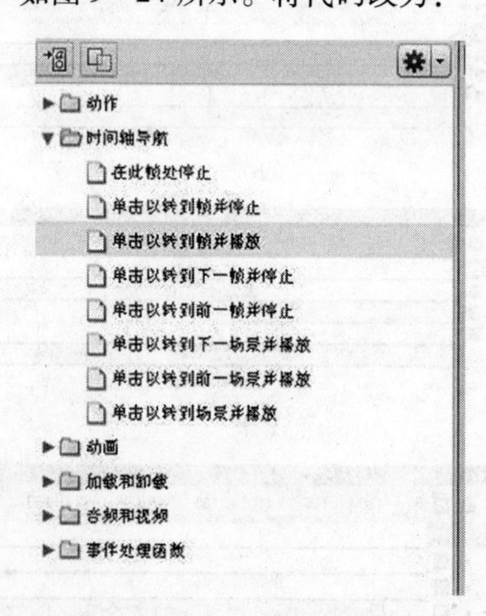

图 9－24　代码片段选取面板

```
menu.pic1.addEventListener (MouseEvent.CLICK, fl_ClickToGoToAndPlayFromFrame_3);
function fl_ClickToGoToAndPlayFromFrame_3 (event: MouseEvent): void
{
    xiangkuang.gotoAndPlay (1);
}
```

```
menu.pic2.addEventListener (MouseEvent.CLICK, fl_ ClickToGoToAndPlayFromFrame
_ 4);
function fl_ ClickToGoToAndPlayFromFrame_ 4 (event: MouseEvent): void
{
   xiangkuang.gotoAndPlay (41);
}
menu.pic3.addEventListener (MouseEvent.CLICK, fl_ ClickToGoToAndPlayFromFrame
_ 5);
function fl_ ClickToGoToAndPlayFromFrame_ 5 (event: MouseEvent): void
{
   xiangkuang.gotoAndPlay (81);
}
menu.pic4.addEventListener (MouseEvent.CLICK, fl_ ClickToGoToAndPlayFromFrame
_ 6);
function fl_ ClickToGoToAndPlayFromFrame_ 6 (event: MouseEvent): void
{
   xiangkuang.gotoAndPlay (121);
}
menu.pic5.addEventListener (MouseEvent.CLICK, fl_ ClickToGoToAndPlayFromFrame
_ 7);
function fl_ ClickToGoToAndPlayFromFrame_ 7 (event: MouseEvent): void
{
   xiangkuang.gotoAndPlay (161);
}
menu.pic6.addEventListener (MouseEvent.CLICK, fl_ ClickToGoToAndPlayFromFrame
_ 8);
function fl_ ClickToGoToAndPlayFromFrame_ 8 (event: MouseEvent): void
{
   xiangkuang.gotoAndPlay (201);
}
menu.pic7.addEventListener (MouseEvent.CLICK, fl_ ClickToGoToAndPlayFromFrame
_ 9);
function fl_ ClickToGoToAndPlayFromFrame_ 9 (event: MouseEvent): void
{
   xiangkuang.gotoAndPlay (241);
}

menu.pic8.addEventListener (MouseEvent.CLICK, fl_ ClickToGoToAndPlayFromFrame
_ 10);

function fl_ ClickToGoToAndPlayFromFrame_ 10 (event: MouseEvent): void
{
   xiangkuang.gotoAndPlay (281);
}
```

(11) 单击舞台第 1 帧的动作帧处，按 F9 键显示动作的代码，如图 9－25 所示。在“用键盘箭头移动”的代码中加入以下代码：

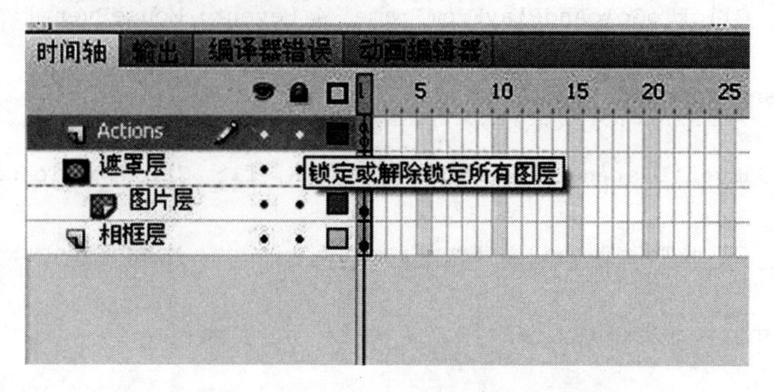

图 9－25　舞台元件时间轴层设置

```
stage. addEventListener (KeyboardEvent. KEY_ DOWN, fl_ PressKeyToMove_ 2);
function fl_ PressKeyToMove_ 2 (event: KeyboardEvent): void
{
    switch (event. keyCode)
     {
        case Keyboard. LEFT:
        {
            if (menu. x! = -1050)
             {menu. x - = 160;
            switch (menu. x)
            {
                case -90:
                xiangkuang. gotoAndPlay (41)
                break
                case -250:
                xiangkuang. gotoAndPlay (81)
                break
                case -410:
                xiangkuang. gotoAndPlay (121)
                break
                case -570:
                xiangkuang. gotoAndPlay (162)
                break
                case -730:
                xiangkuang. gotoAndPlay (202)
                break
                case -890:
                xiangkuang. gotoAndPlay (242)
                break
                case -1050:
```

```
            xiangkuang.gotoAndPlay(282)
            break
            }
        }
            break;
    }
    case Keyboard.RIGHT:
     {
        if (menu.x! =70)
        {menu.x += 160;
        switch (menu.x)
         {
            case 70:
            xiangkuang.gotoAndPlay(1)
            break
            case -90:
            xiangkuang.gotoAndPlay(41)
            break
            case -250:
            xiangkuang.gotoAndPlay(81)
            break
            case -410:
            xiangkuang.gotoAndPlay(121)
            break
            case -570:
            xiangkuang.gotoAndPlay(162)
            break
            case -730:
            xiangkuang.gotoAndPlay(202)
            break
            case -890:
            xiangkuang.gotoAndPlay(242)
            break
            case -1050:
            xiangkuang.gotoAndPlay(282)
            break
            }
         }
        break;
    }
  }
}
```

至此，电子相册效果完成。

9.3.4 Timer 和 ENTER_FRAME

Timer 和 ENTER_FRAME 是代码片段和 ActionScript 3.0 中相当重要的两个事件监听类型，为了方便一些自动监听的功能的制作，这里稍作介绍。

1. Timer 和 ENTER_FRAME 的共同点

Timer 和 ENTER_FRAME 两者都可以作为有固定执行频率的自动触发的监听事件来使用。

2. Timer 和 ENTER_FRAME 的区别

(1) Timer 类是 Flash Player 计时器的接口。添加“动作”文件夹中的“示例定时器”，从代码片段中，可以看到 Timer 定义和添加监听的完整格式。代码如下：

```
var fl_TimerInstance:Timer = new Timer (1000, 30);
fl_TimerInstance.addEventListener (TimerEvent.TIMER, fl_TimerHandler);
fl_TimerInstance.start ();
```

首先定义一个名为 fl_TimerInstance 的 Timer,代码如下：

```
var fl_TimerInstance:Timer = new Timer (1000, 30);
```

Timer（1000，30）中的数值 1 000 表示每多少毫秒执行一次的间隔定义；数值 30 表示共执行多少次，其整体意义在于定义一个 Timer，每 1 000 毫秒（1 秒）执行一次即触发一次事件，共执行 30 次，即触发 30 次事件。然后对此 Timer 添加监听：

```
fl_TimerInstance.addEventListener (TimerEvent.TIMER, fl_TimerHandler);
```

在定义和添加监听完成后，Timer 必须执行一个开始方法，才能开始运作，就像秒表设置完计数时间后必须按下开始按键才能进行计时的原理一样，代码如下：

```
fl_TimerInstance.start ();
```

当“秒表”按下后，即 Timer 开始后，监听就会按照预设的间隔进行事件触发以执行动作，代码如下：

```
var fl_SecondsElapsed:Number = 1;

function fl_TimerHandler(event: TimerEvent): void
{
    trace (" 运行秒数: " + fl_SecondsElapsed);
    fl_SecondsElapsed + +;
}
```

这段代码的意义是对一个数值进行累加，并在每次事件触发后，将该数值输出在“输出”面板上。通过整个代码片段，不难看出其作用实际上是通过 Timer 的特性制作出了一个秒数计时的效果。

（2）ENTER_FRAME 事件类型为“逐帧事件类型”，其作用是在时间轴运行时，每进入一帧触发一次事件，因此事件触发的频率和舞台属性面板中的“FPS”值相同，但是需要注意的是 ENTER_FRAME 的运行并不受时间轴控制代码的影响，即如在元件 mc 内部时间轴第1帧上添加“stop（）”代码，在同一帧添加一个 ENTER_FRAME 事件监听，则事件同样会按照同“FPS”一样的频率触发。下面通过实例来说明。

在元件 mc 上添加“动画”中的“水平动画移动”代码片段。

```
/* 水平动画移动
通过在 ENTER_FRAME 事件中减少或增加元件实例的 x 属性,使其在舞台上向左或向右移动。

说明:
1. 默认动画移动方向为右。
2. 要将动画移动方向更改为左，将以下数字 10 更改为负值。
3. 要更改元件实例的移动速度，将以下数字 10 更改为希望元件实例在每帧中移动的像素数。
4. 由于动画使用 ENTER_FRAME 事件,仅当播放头移动到新帧时动画才播放。动画播放速度也受文档帧频率的影响。
* /

mc.addEventListener (Event.ENTER_FRAME, fl_AnimateHorizontally);

function fl_AnimateHorizontally(event: Event)
{
    mc.x - = 10;
}
```

按 Ctrl + Enter 组合键发布后，可以看到元件 mc 出现自动左移的效果，现在代码最上方添加一段“mc. stop（）;”，代码如下：

```
Mc.stop ();
mc.addEventListener (Event.ENTER_FRAME, fl_AnimateHorizontally);

function fl_AnimateHorizontally(event: Event)
{
    mc.x - = 10;
}
```

按 Ctrl + Enter 组合键发布后，元件 mc 并未停止，而是继续实现不断左移的效果，可见帧控制命令无法对 ENTER_FRAME 事件产生影响。

3. Timer 和 ENTER_FRAME 的停止和移除

Timer 和 ENTER_FRAME 的优势在于可以对元件添加一个不断自动触发的监听，从而实现某些持续的动态效果。但是它们有个共同的问题，监听存在时间过长会造成内存负担过重甚至内存泄漏问题，所以及时停止和移除 Timer 和 ENTER_FRAME 的监听是必要的。

Timer 的停止和移除代码格式如下：

```
Timer名称.stop();
Timer名称.removeEventListener(TimerEvent.TIMER, 函数名)
```

首先停止Timer，然后移除这个Timer。

ENTER_FRAME的停止和移除代码格式如下：

```
对象.removeEventListener(Event.ENTER_FRAME.TIMER, 函数名)
```

通过完整的定义和添加事件监听，并及时地对这些监听进行停止和移除，可以保证运行时的流畅。

案例：制作飘雪花

案例描述

本实例是通过代码来点击按钮实现下雪的功能。本实例主要是针对代码的练习。

练习提示

打开电子资料中的chapter\9.3\飘雪花.fla，进行下面的操作。

（1）将外部素材导入库中，将背景图片拖放到舞台中。根据背景图片设置舞台大小。

（2）将雪花位图转换为元件，在元件内部做旋转动画效果，并且添加AS链接，名称为“Snow”。添加的名称可以在程序中使用，用于生成多个雪花对象。

（3）在“窗口→公共库→按钮”中任选一个按钮，拖放到舞台上，修改按钮名称，并且选中按钮，在属性面板中，为按钮添加实例名称“btStart”

（4）打开时间轴，图层2上按F9键，输入代码实现下雪功能。可以使用代码片段辅助。

首先进行游戏初始化语句，并对按钮btStart加入按钮点击事件监听：

```
import flash.events.Event;
import flash.events.MouseEvent;
init();
//初始化
function init(): void
{
    addBtListener();
}
//添加对按钮的点击监听
function addBtListener(): void
{
    btStart.addEventListener(MouseEvent.CLICK, btClickHandler);
}
```

```
//按钮点击侦听函数
function btClickHandler (e: MouseEvent): void
{
    //输入点击后执行的代码
}
```

(5) 当按钮按下后，需要让雪花无序地飘落，做两个步骤，第一，让雪花产生；第二，让雪花可以自由下落。因此，在点击按钮后执行两个方法，并且要让按钮隐藏，代码如下：

```
//按钮点击侦听函数
function btClickHandler (e: MouseEvent): void
{
    createSnow ();
    startSnow ();
    btStart.visible = false
}
//创建雪花并且随机位置添加到舞台上
function createSnow (): void
{

}
//开始下雪
function startSnow (): void
{

}
```

(6) 对于创建雪花并且随机位置添加到舞台上，需要设置一个变量，通过循环的方式添加雪花。因此，在程序最开始声明变量：

```
//雪花总数
var allSnowNum: int =100;
```

createSnow () 方法中写入：

```
function createSnow (): void
{
    for (var i: int =0; i <allSnowNum; i + +)
    {
        var sn: Sprite =new Snow ();
        sn.x =Math.random () * 700;
        sn.y = -450* Math.random ();
        this.addChild (sn);
    }
};
```

注意： 在之前的代码中我们也了解到，将库中元件通过程序的形式加载到舞台上时，需要对元件右击“属性”，为其设置 ActionScript 链接的类名。比如，此处对于雪花元件类名为 Snow，需要加载至舞台时使用。

```
var sn: Sprite = new Snow ();
this.addChild (sn);
```

两个语句。第一句代码将 Snow 类进行实例化，即从库中复制一个实例化对象。同时在 addChild 前的 this 在时间轴动作面板中指向时间轴，可以在加载后显示，另外还可以通过 stage.addChild (sn)，此时是直接加载至舞台。

(7) 在实例化出多个雪花后，需要控制不同的雪花进行下落，因此将雪花的实例化对象都放置在一个数组中，便于对后面下落的控制。

因此，在实例化雪花后，在程序开始处声明一个数组，并在循环中插入一句代码：

```
//雪花集合
var snowArray: Array = new Array ();
function createSnow (): void
{
    for (var i: int = 0; i < allSnowNum; i + +)
    {
        var sn: Sprite = new Snow ();
        snowArray.push (sn);
        sn.x = Math.random () * 700;
        sn.y = -450* Math.random ();
        this.addChild (sn);
    }
};
```

(8) 接下来就是控制雪花不断下落了，可以想象在不断下落的过程中，是通过时间间隔函数不断改变雪花的 Y 轴位置。因此，首先需要加入一个时间间隔函数，在此选择 ENTER_FRAME 事件。

```
//开始下雪
function startSnow (): void
{
    //监听帧刷新，即每一帧应该做什么
    this.addEventListener (Event.ENTER_FRAME,movingHandler);
}
//帧刷新函数，每一帧对雪花集合里的每一个元素做移动操作
function movingHandler (e: Event): void
{
}
```

(9) 在有了时间间隔函数后，只需要通过程序通知每个雪花进行 Y 轴的移动就可以了，

因此在 movingHandler（）方法中，通过对雪花数组的遍历，让雪花元件 Y 轴位置进行变化：

```
//雪花飘落速度
var vy: int =3;
//帧刷新函数，每一帧对雪花集合里的每一个元素做移动操作
function movingHandler (e: Event): void
{
    for (var i: int =0; i < snowArray. length; i + +)
     {
        var sn: Sprite = snowArray [i];
        sn. y + =vy
     }
}
```

（10）在雪花飘落后，要注意一旦雪花超出舞台的底边界，就让雪花重新回到最顶端继续飘落，所以在 movingHandler（）方法中还需要加一句判断：

```
//雪花飘落速度
var vy: int =3;
//帧刷新函数，每一帧对雪花集合里的每一个元素做移动操作
function movingHandler (e: Event): void
{
    for (var i: int =0; i < snowArray. length; i + +)
     {
        var sn: Sprite = snowArray [i];
        sn. y + =vy
    if (sn. y >450)
      {
        sn. y = -10* Math. random ();
      }
    }
}
```

9.4 案例：制作摇骰子游戏

案例描述

本实例设计的是摇骰子游戏，通过点击按钮来体验游戏，配合旋转光线效果，构成一个亮丽的画面。本实例的制作是为了加强代码片段的应用能力。

练习提示

打开电子资料中的 chapter \ 9. 4 \ 摇骰子 . fla，进行下面的操作。

（1）使用钢笔工具勾出光线的轮廓，使用渐变色填充，调整 Alpha 度，制作出光线，如图 9 – 26（a）所示。

（2）将完成的光线图形组合成放射性图形，将其转换为图形元件，再转换为影片剪辑元件，如图 9 – 26（b）所示。

（3）进入影片剪辑元件，在第 150 帧处插入关键帧，创建传统补间动画。选中补间区域的时间轴，在“属性”面板中修改“旋转”选项，如图 9 – 26（c）所示。

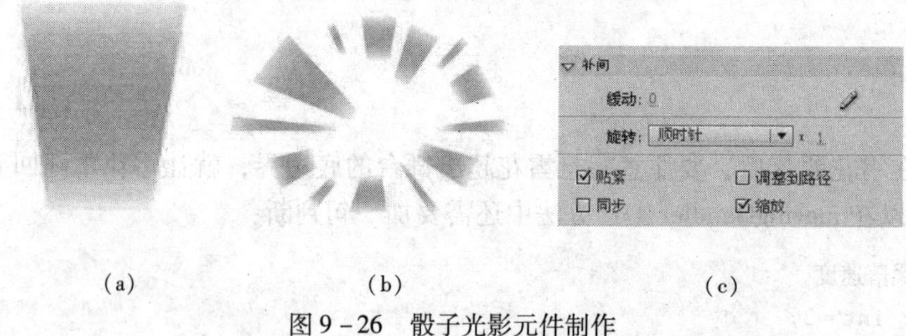

图 9 – 26　骰子光影元件制作

（4）在库中新建影片剪辑元件，进入元件，使用矩形工具绘制框架。新建图层，分 6 个关键帧，使用椭圆工具分别绘制 1 ～ 6 的对应数，如图 9 – 27 所示。

图 9 – 27　骰子制作效果

（5）使用矩形工具和文本工具绘制图形，分别转换为按钮元件，并取实例名（ting，jiXu），进入元件在内部增加文字层，输入文字，如图 9 – 28 所示。

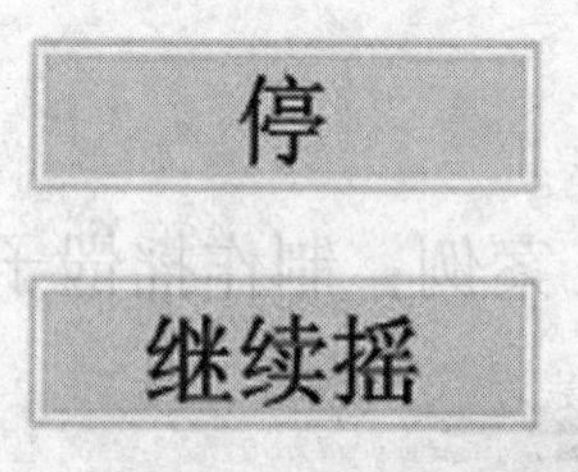

图 9 – 28　骰子按钮制作效果

（6）将背景图拖放到舞台。新建图层，将光线拖放到舞台位置。新建图层，将骰子放置 3 个在舞台上，并对其取实例名（tou1，tou2，tou3）。新建图层，将停止按钮放置于舞台上；新建图层将继续按钮放置于舞台上。新建图层，使用文本工具在舞台上输入文字，如图 9 – 29 所示。

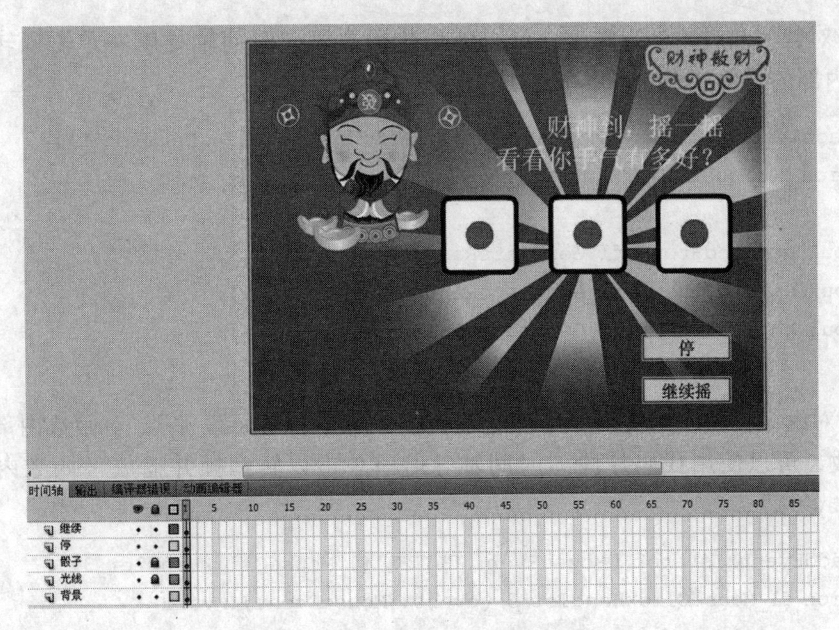

图9-29 骰子舞台整体制作效果

(7) 选中停止按钮，使用代码片段“事件处理函数—Mouse Click 事件”。

```
ting.addEventListener (MouseEvent.CLICK, fl_MouseClickHandler_1);
function fl_MouseClickHandler_1 (event: MouseEvent): void
{
    // 开始您的自定义代码
    // 此示例代码在"输出"面板中显示"已单击鼠标"。
    trace ("已单击鼠标");
    // 结束您的自定义代码
}
```

(8) 使用代码片段“动作→生成随机数”。

```
function fl_GenerateRandomNumber_2 (limit: Number): Number
{
    var randomNumber: Number = Math.floor (Math.random () * (limit+1));
    return randomNumber;
}
trace (fl_GenerateRandomNumber_2 (100))
```

(9) 将“trace (fl_GenerateRandomNumber_2 (100));”移至函数内部，删除多余部分。

```
ting.addEventListener (MouseEvent.CLICK, fl_MouseClickHandler_1);
function fl_MouseClickHandler_1 (event: MouseEvent): void
{
    trace (fl_GenerateRandomNumber_2 (100))
}
```

（10）对数值和对象进行修改，可以使用代码片段“时间轴导航→单击以转到帧并停止”函数内部的代码“gotoAndStop ()”。

```
ting.addEventListener (MouseEvent.CLICK, fl_MouseClickHandler_1);
function fl_MouseClickHandler_1 (event: MouseEvent): void
{
    tou1.gotoAndStop (fl_GenerateRandomNumber_2 (6));
    tou2.gotoAndStop (fl_GenerateRandomNumber_2 (6));
    tou3.gotoAndStop (fl_GenerateRandomNumber_2 (6));
}
```

（11）对继续按钮使用代码“事件处理函数→Mouse Click 事件”，对函数内部数值和对象进行修改，可以使用代码片段“时间轴导航→单击以转到帧并播放”函数内部的代码“gotoAndPlay ()”。

```
jiXu.addEventListener (MouseEvent.CLICK, fl_MouseClickHandler_3);
function fl_MouseClickHandler_3 (event: MouseEvent): void
{
    tou1.gotoAndPlay (1);
    tou2.gotoAndPlay (1);
    tou3.gotoAndPlay (1);
}
```

（12）输入代码以避免连续点击停止按钮产生效果。

```
var panDuan: String = "1"
ting.addEventListener (MouseEvent.CLICK, fl_MouseClickHandler1);
function fl_MouseClickHandler_1 (event: MouseEvent): void
{
    if (panDuan == "1") {
    tou1.gotoAndStop (fl_GenerateRandomNumber_2 (6));
    tou2.gotoAndStop (fl_GenerateRandomNumber_2 (6));
    tou3.gotoAndStop (fl_GenerateRandomNumber_2 (6));
    }
    panDuan = "2"
}
function fl_GenerateRandomNumber_2 (limit: Number): Number
{
    var randomNumber: Number = Math.floor (Math.random () * (limit +1));
    return randomNumber;
}
jiXu.addEventListener (MouseEvent.CLICK, fl_MouseClickHandler_3);

function fl_MouseClickHandler_3 (event: MouseEvent): void
{
```

```
    if (panDuan = = " 2") {
    tou1. gotoAndPlay (1);
    tou2. gotoAndPlay (1);
    tou3. gotoAndPlay (1);
    }
    panDuan = " 1"
}
```

9.5 本章练习

通过使用代码片段控制帧制作课件的操作如下。

（1）打开电子资料中的chapter \ 9.5 \ 制作主时间轴 . fla，对第2帧的开关按钮图形元件取实例名，使用代码片段“时间轴导航→单击以转到帧并播放”，将数值改为3。在第3帧处插入关键帧将实例名改变以避免重复单击，如图9－30所示。

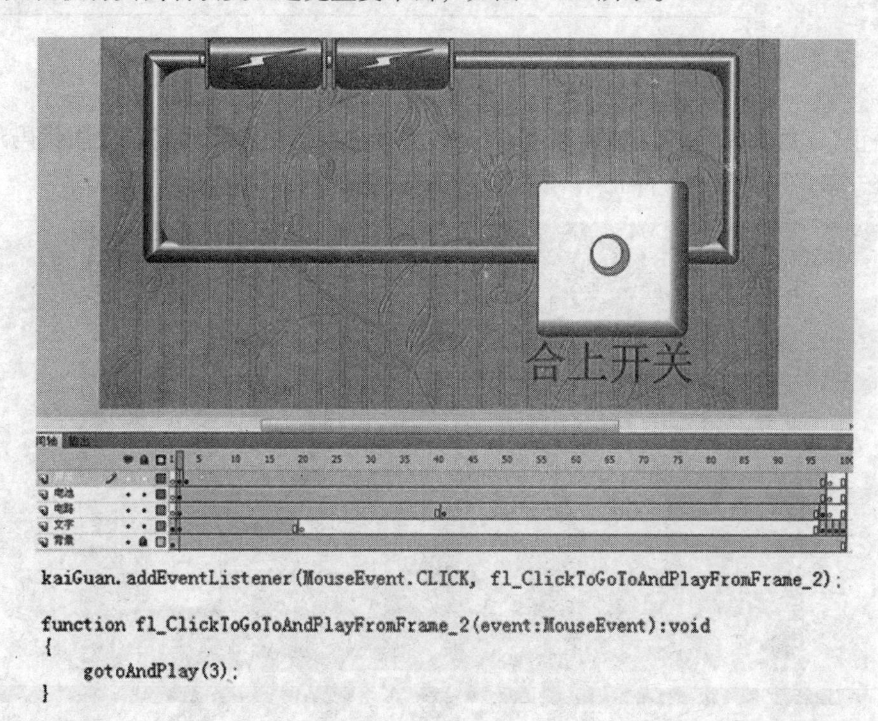

图9－30　课件效果

（2）对第1帧上进入下一帧的文本按钮元件取实例名，使用代码片段“时间轴导航→在此帧处停止、单击以转到下一帧并停止”。对第96帧上进入下一帧的文字按钮元件取实例名，使用代码片段“时间轴导航→单击以转到下一帧并停止”。对第97帧上进入下一帧的文本按钮元件取实例名，使用代码片段“时间轴导航→单击以转到下一帧并停止”，如图9－31所示。

（3）对第98帧正确答案的文本按钮取实例名，使用代码片段“时间轴导航→单击以转

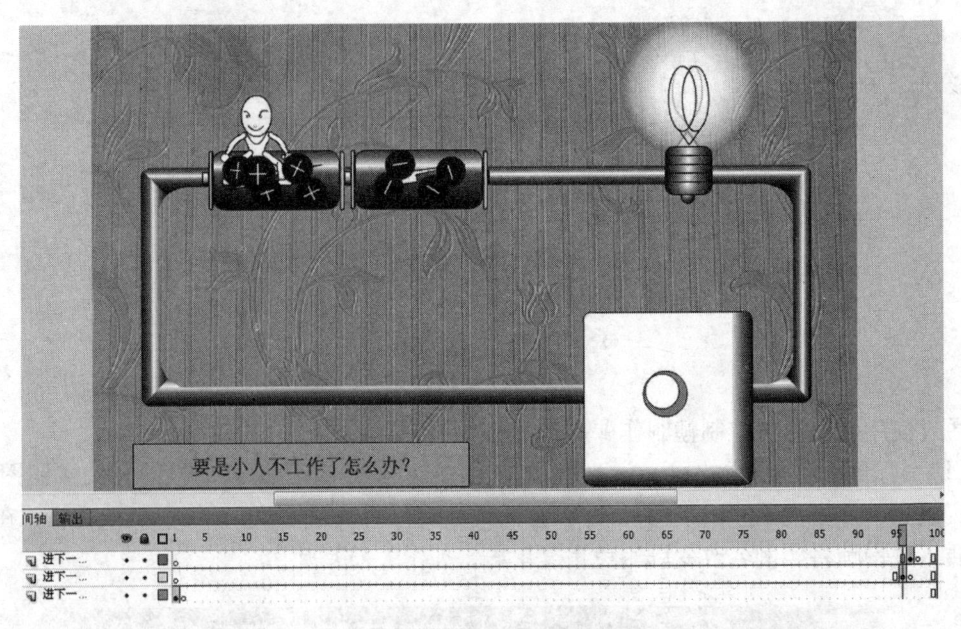

图 9－31 课件时间轴制作

到帧并停止”，数值改为 99。对第 98 帧错误的答案文本按钮取实例名，使用代码片段“时间轴导航→单击以转到帧并停止”，数值改为 100，如图 9－32 所示。

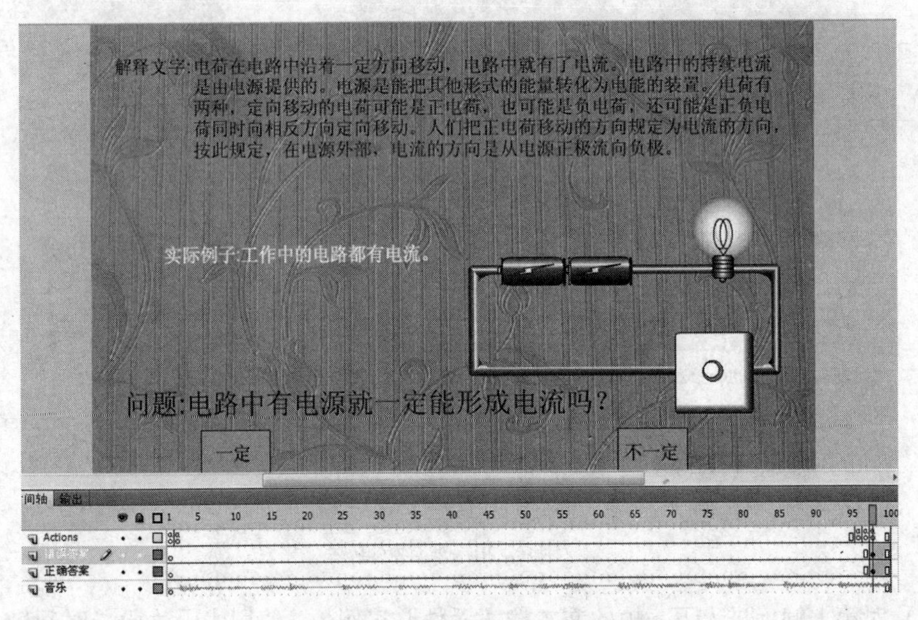

图 9－32 课件时间轴制作错误答案

第10章 综合应用

该章节综合动画及代码片段的知识，进行了实际商业应用方面的实战练习。在实战练习中有部分超出代码片段的知识也已经做了代码注释，需要仔细阅读。

10.1 案例：网站制作

案例描述

本实例综合动画元件及代码控制，制作综合类型网站。本实例主要是针对代码的练习。

练习提示

打开电子资料中的 chapter\10.1\网站制作.fla，进行下面的操作。

（1）首先点击舞台，在右边的属性面板中将舞台的底色背景调整为#3F94FB 颜色，大小调整为 980×700 像素。

通常情况下，网站的大小为 800×600 像素，或者根据目前主流显示器的选择为 980×700 像素。根据主流显示器的要求，屏幕分辨率至少为 1 024×768 像素，如果小于这个尺寸 Flash 网站旁边会产生下拉拖动条，不美观。然后还需要考虑去掉浏览器上下方的功能区域及左右边的浏览拖动条位置，所以一般考虑为 980×700 像素。当然这个值并非绝对，高要求的网站甚至会考虑做流式布局的自适应分辨率大小的网站。

（2）新建元件 mv，选择“文件→导入→导入到库”命令，选择素材中背景动画.flv，此时会弹出窗口，如图 10－1 所示。

此时有两个选择按钮，一为使用播放器组件加载外部视频，二为在 SWF 中嵌入 FLV 并在时间轴中播放。注意，通常情况下，如果希望有播放器组件进行播放的话，选择第一条，播放器组件加载进来后，会给视频自动适配播放器，并且播放器的样式可以修改；否则的话，选择第二个，可以将视频加载在时间轴中进行控制。

将库中“背景动画.flv”拖放至元件中央，此时会弹出提示框，选择是，将在时间轴上自动生成元件长度，视频平铺，并将新建元件放置在“库”面板的 bc 文件夹中。拖放至舞

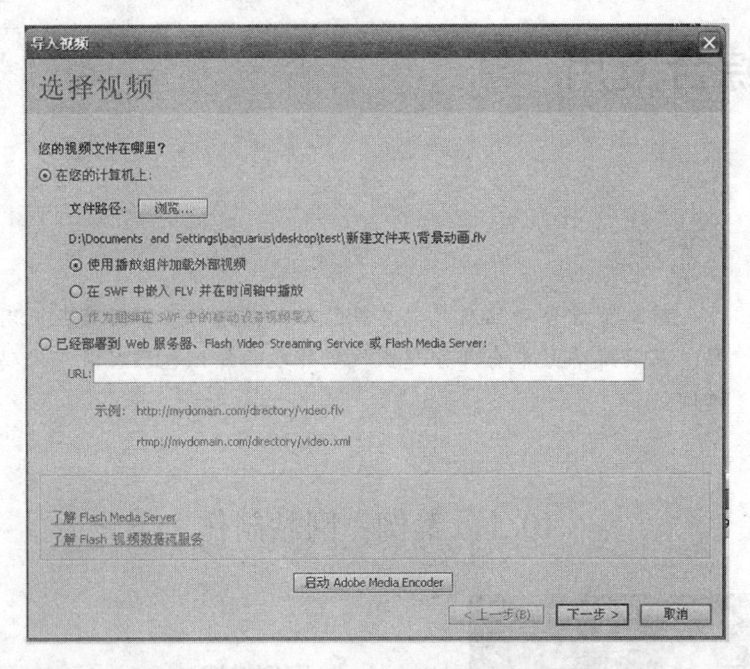

图 10－1　导入视频窗口

台，注意对齐舞台左上角。

（3）新建元件 loading，并将 loading 文字图形放入元件中，制作向左移动的补间动画，记住新建图层在最后一帧设置关键帧，写入代码 stop（），保证元件播放到最后一帧不再循环播放。再将 loading 元件拖放至舞台中央。如图 10－2 所示。

图 10－2　loading 元件

（4）新建元件 botBanner，将 botBannerBc 元件放入并设置模糊投影等变化效果，在此处通常写上公司信息等内容。将 botBanner 放置在舞台下方，并设置补间动画做出上升效果。

（5）在图层声音 1 与声音 2 中分别在“属性”面板的“声音”选项卡中选择 sound85 与 sound8，注意选择 sound85 时，设置该声音循环播放 3 次，而 sound8 将持续进行播放，因此需要选择同步开始并循环。如图 10－3 和 10－4 所示。

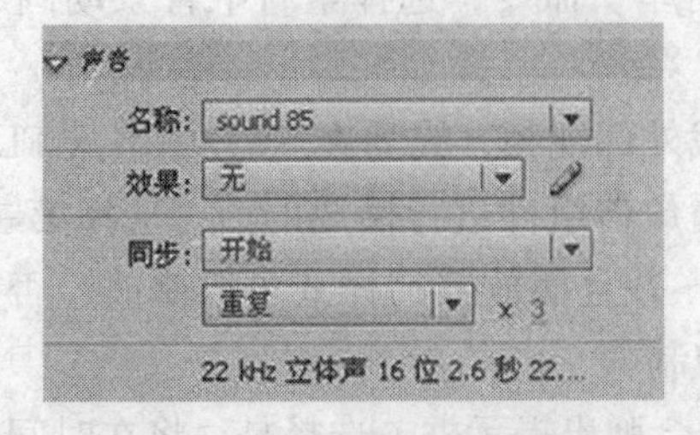

图 10－3　sound85 属性面板

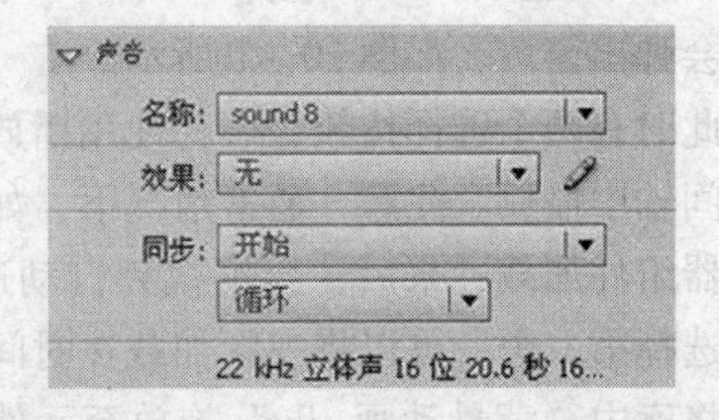

图 10－4　sound8 属性面板

(6) 在第35帧处，需要将网站名称及元件Logo显示出来。因此新建元件Logo并设置左移模糊效果动画。并在主时间轴第35帧处将Logo元件拖放至舞台右侧。

可以设置勾选HTML选项进行发布看到初步的网页效果，这时会发现整体网站居左侧显示，因此选择使用记事本形式打开website.html，找到这样两句语句：

```
<object classid =" clsid: d27cdb6e - ae6d - 11cf - 96b8 - 444553540000" width ="
980" height =" 700" id =" website" align =" middle" >
    <object type =" application/x - shockwave - flash" data =" website.swf" width
=" 980" height =" 700" >
```

将其中width与height修正为100%，即width = 100%，height = 100%再进行浏览。此时整个舞台进行页面居中。

(7) 此时，会发现舞台左右侧的元件初始位置也被显示出来，并非原来所设想的结果，如图10-5所示。

为了解决这样的问题，在图层8上设置左右两块蓝色色块，颜色与背景底色相同，已达到遮盖的效果，如图10-6所示。

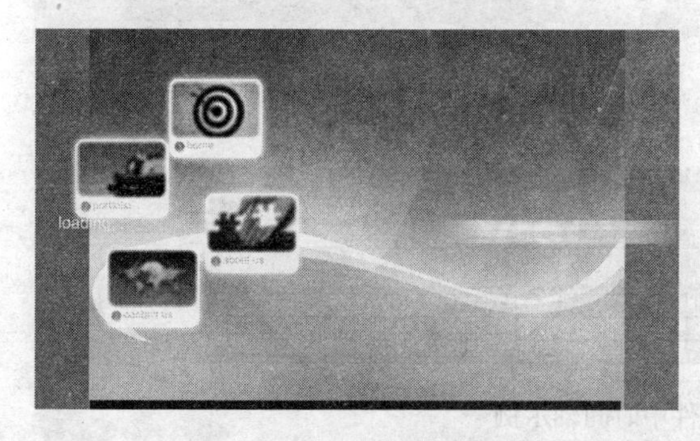

图10-5　未加左右侧色块

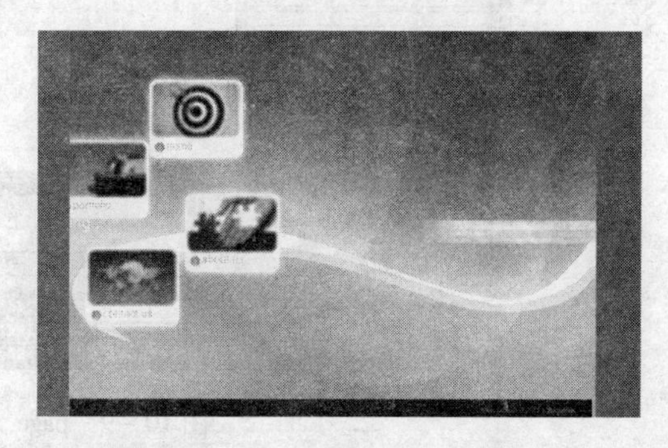

图10-6　已加左右侧色块

(8) 在website素材文件中，提供了lightState元件，此元件为圆形光影效果，将它放在图层4中适当的位置。

(9) 接下来，设置图层9上的4个按钮，在website素材文件中提供了4个按钮效果元件，但是希望读者可以根据素材自己动手制作4个素材按钮。然后新建pageWeb元件，并将4个按钮元件拖放进去，根据pageWeb元件在网站中的多种状态分别设置补间动画效果，并在结点处设置关键帧，然后选中关键帧按F9键设置代码stop()，表示在此帧处停止，接下来将根据程序去驱动元件的播放。再将pageWeb元件拖放在舞台左侧，注意在将pageWeb元件拖放上舞台后，必须在“属性”面板中实例名称处填写pageWeb，意思是将元件实例化，接下来才可以通过程序去调用驱动。如图10-7和图10-8所示。

(10) 在元件page中，设置帧帧动画，使得框体翻转动画流畅播放，当然也可以大胆尝试使用补间动画进行设置。在元件page的图层1上放置pageTxt元件，并在舞台上给该元件设置属性名为page001。在pageTxt元件中，设置4个关键帧，放置页面的具体内容。在元件page中第35帧处显示Alpha为完全，在第1帧至第34帧处酌情设置透明度。并在图层6中设置元件btBack，返回按钮元件，情况与page001相类似，也是在第35帧处显示完全。再继续新加图层action，因为在第1帧与第35帧处，需要在两个静止状态进行停顿。因此，在第 1 帧与第 35 帧处设置关键帧并按 F9 键分别写入代码 stop（），如图 10－9 所示。

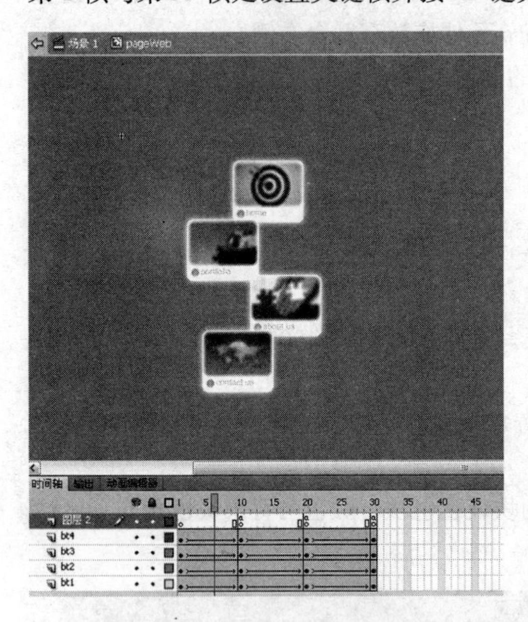

图 10－7　pageWeb 元件按钮制作

图 10－8　pageWeb 元件放置位置

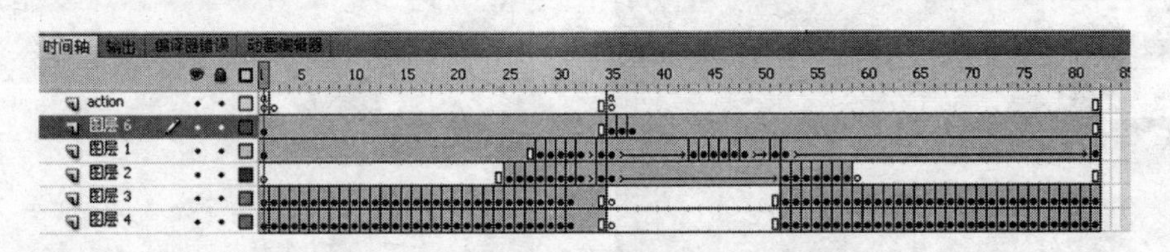

图 10－9　page 元件中时间轴示例

（11）最后在主时间轴上新加 Actions 图层，此层是专门用来进行按钮的最终控制。接下来在第 45 帧处插入关键帧，首先写入代码 stop（），让主时间轴在放至 45 帧处停止。注意在代码中/＊ …＊/与//符号皆为注释语句，不参与代码的最终编译。此时发布，在 SWF 播放时会发现元件 btBack 已经提前显示，而设想应该是在 page 元件播放至 35 帧时才显示，因此还需要添加 page. btBack. visible ＝ false 语句，让 btBack 按钮一开始先隐藏。其次，在元件 pageWeb 中的 bt1 按钮是需要点击效果的，因此加入代码：

```
pageWeb. bt1. addEventListener (MouseEvent. CLICK, openPage);
function openPage (event: MouseEvent): void
{
// 开始您的自定义代码
// 此示例代码在" 输出" 面板中显示" 已单击鼠标"。
trace (" 已单击鼠标");
// 结束您的自定义代码
}
```

也可以在“代码片段”面板里“事件处理函数”选项组下，双击“Mouse Click 事件”，加入代码，然后进行代码修正。主要修正的部分就是在 addEventListener 前的部分，一般来说这里都是指主时间轴上的元件。在元件中可以嵌套元件，比如说在 pageWeb 中嵌套一个 bt1 元件，那么要得到按下 bt1 按钮后执行的操作，代码这样来写：

```
pageWeb.bt1.addEventListener (MouseEvent.CLICK, openPage);。
```

openPage 为调用的方法名，function openPage （event：MouseEvent）：void 中 function 就是方法的意思，表明这个是 openPage 的方法。那么当单击 pageWeb. bt1 时，会调用 openPage 方法。

可以看到 pageWeb 元件中有 4 个按钮，分别为两个不同的状态，竖列排列与分散排列。因此，设置了一个变量表示按钮排列状态：

```
var bannerState: Boolean = false //判断 banner 按钮状态 false 为散开，true 为列排。
```

接下来，需要在按下 bt1 按钮时把执行的操作填写进大括号内。

```
page.gotoAndPlay (2) //设置当按下按钮时 page 元件从第 2 帧开始播放
page.btBack.visible = true//设置 page 元件中的 btBack 按钮显示
page.page001.gotoAndStop (1) //设置 page 元件中的 page001 元件跳转到第 1 帧并停止
```

接下来，在 bt1 按钮按下时，需要 banner 元件播放至第 11 帧，因此加入判断语句，当 bannerState 的状态为 false 时，执行让 4 个按钮分散排列：

```
if (bannerState = = false) {
    pageWeb.gotoAndPlay (11)
    bannerState = true
}
```

这样，第 1 个按钮的程序操控就已经完成了，那么接下来再继续设置第 2、3、4 个按钮。代码部分基本相同，注意在 page. page001. gotoAndStop （1） 处需要注意，不同的按钮需要跳转的页面也不同，因此相对应地去设置 page. page001. gotoAndStop （n） 停止在不同的帧上。

当设置好全部按钮后，需要制作返回按钮。接下来就很简单，只需要加入代码，去监听 page 元件中的 btBack 元件按钮，当被按下时执行 closeP 方法。因此，写入代码：

```
page.btBack.addEventListener (MouseEvent.CLICK, closeP);
function closeP (event: MouseEvent): void
 {
}
```

那么当按下返回按钮时，需要设置让网站各部分状态恢复至初始状态，因此在大括号内写入代码：

```
page.gotoAndPlay (36)
page.btBack.visible = false
if (bannerState = = true) {
    pageWeb.gotoAndPlay (21)
    bannerState = false
}
```

至此，简单的网站制作基本完成。

10.2 案例：制作打僵尸游戏

案例描述

本实例是通过代码来实现打僵尸的游戏功能。本实例主要是针对代码的练习。

练习提示

打开电子资料中的 chapter \ 10.2 \ 打僵尸 . fla，进行下面的操作。

（1）将底图放入舞台。

（2）新建图层僵尸 1，用来放置僵尸。

（3）新建图层计分，使用动态文本绘制一个框，作为计分用并取实例名。

（4）新建图层计时，使用动态文本绘制一个框，作为计时用并取实例名。

（5）新建图层血量，使用动态文本绘制一个框，作为计血量用并取实例名。

（6）新建图层榔头，用来放置榔头。

（7）新建图层音乐，选中帧，在“属性”面板里“声音”选项中选择背景音乐添加声音。

（8）新建图层 Actions，用来添加代码。打开动作脚本，设置得分、游戏时间和玩家血量的信息。

```
var defen: int = 0
var xueliang: int = 5
score.text = " 得分:" +defen
time.text = " 剩余时间:"
xue.text = " 血量:" + xueliang
```

（9）新建影片剪辑元件僵尸 1，将僵尸影片剪辑元件素材放入，在第 200 帧处插入帧并创建补间动画。在第 100 帧处移动僵尸至超出舞台范围，如图 10－10 所示。

图 10－10　僵尸 1 元件中补间

（10）选择僵尸，使用代码片段“动作→单击以隐藏对象”命令。增加代码，为僵尸添加血量，增加需要点击的次数；添加判断僵尸死没死的判断值，使用 if 语句根据血量来判断僵尸有没有死，如果死了，就让它隐藏，再改变它的状态值并得到 1 分，将分反馈到计分的动态文本；如果没死，就让僵尸的血量减 1。在库中，右击声音文件中的“僵尸被打中”

的属性选项，勾选“为 ActionScript 导出”，单击“确定”按钮。在 function 内设置声音的添加。

```
//僵尸血量
var blood: int = 2
//僵尸死没死
var zhuangTai: String = " 1"
movieClip_1. addEventListener (MouseEvent. CLICK, fl_ClickToHide);
function fl_ClickToHide(event: MouseEvent): void
{
    if (blood = = 0) {
    movieClip_1. visible = false;
    zhuangTai = " 2"
    parent [" defen"] + = 1
    parent [" score"] . text = " 得分:" +parent [" defen"]
    }
    var aaa: 僵尸被打中 = new 僵尸被打中 ()
    aaa. play ()
    blood - -
}
```

(11) 在代码层的第 2 帧处插入关键帧，使用代码片段“动作→显示对象”。将僵尸的血量值初始化并添加僵尸出现的声音。

```
blood= 2
movieClip_1. visible = true;
var a: 僵尸出现 = new 僵尸出现 ()
a. play ()
```

(12) 在僵尸超出舞台的那一帧处插入关键帧，添加代码用来判断玩家自己的血量并反馈到血量动态文本。

```
if (zhuangTai = = " 1" && movieClip_1. x < -858 ) {
    parent [" xueliang"] - = 1
}
```

(13) 在最后一帧插入关键帧，增加代码，恢复僵尸的死活状态判断值和从第 2 帧播放的代码。

(14) 新建影片剪辑元件鼠标，将榔头素材放入并加入停止播放代码 stop ( )。在第 2 帧处插入关键帧，改变其成为敲击状态。

(15) 将榔头影片剪辑元件放入榔头图层并取实例名，使用代码片段“动作→自定义鼠标光标”。增加代码实现敲击动作和添加发射子弹的声音。

```
stage. addEventListener (MouseEvent. MOUSE_DOWN,down)
stage. addEventListener (MouseEvent. MOUSE_UP,up)
function down (e) {
```

```
    langTou.gotoAndStop (2)
}
function up (e) {
    langTou.gotoAndStop (1)
    var a: 发射子弹 = new 发射子弹 ()
    a.play ()
}
```

(16) 在库中右击僵尸1元件，选择直接复制，修改名字为僵尸2并改变僵尸2的出现时间等。重复执行可完成多个僵尸。

(17) 将僵尸元件1放入僵尸1图层并取实例名。重复执行，增加放置僵尸的图层，每个僵尸1个图层。

(18) 在背景图层和代码层上的第2帧处插入关键帧，在文本和僵尸图层的第2帧处插入帧，如图10-11所示。

图10-11　僵尸游戏图层

(19) 在代码层上第1帧上添加帧停止代码 stop ()。

(20) 使用文本工具在背景图层的第2帧上输入文本游戏结束语和重玩的文字。

(21) 将重玩的文本转换为按钮元件并取实例名，进入元件，制作各关键帧。

(22) 在代码层第2帧增加代码，实现单击重玩按钮游戏开始。

```
replay.addEventListener (MouseEvent.CLICK, fl_ClickToGoToAndStopAtFrame);
function fl_ClickToGoToAndStopAtFrame(event: MouseEvent): void
{
    stage.removeChild (langTou);
    gotoAndStop (1);
    movieClip_1.play ()
    movieClip_2.play ()
    movieClip_3.play ()
}
```

(23) 使用代码片段“动作→定时器”，修改其代码，实现文本的显示和游戏的结束。使用 if 语句判断游戏时间，如果时间到了，显示各个动态文本的内容，让僵尸停下，跳转到主场景的第2帧结束游戏并让游戏时间停止和移除时间监听，将“add”改为“remove”即可。

```
var fl_SecondsToCountDown:int = 20;
var fl_CountDownTimerInstance:Timer = new Timer (1000);
fl_CountDownTimerInstance.addEventListener (TimerEvent.TIMER, fl_CountDown
TimerHandler);
fl_CountDownTimerInstance.start ();
function fl_CountDownTimerHandler(event: TimerEvent): void
{
    time.text = "剩余时间:" +fl_SecondsToCountDown
    xue.text = "血量:" + xueliang
    if (fl_SecondsToCountDown==0) {
        time.text = "剩余时间:" +fl_SecondsToCountDown
        score.text = "得分:" +defen
        xue.text = "血量:" + xueliang
        movieClip_1.gotoAndStop (1)
        movieClip_2.gotoAndStop (1)
        movieClip_3.gotoAndStop (1)
        gotoAndStop (2)
        fl_CountDownTimerInstance.stop ()
        fl_CountDownTimerInstance2.stop ()
       fl_CountDownTimerInstance.removeEventListener (TimerEvent.TIMER, fl_
CountDownTimerHandler);
       fl_CountDownTimerInstance2.removeEventListener (TimerEvent.TIMER, fl_
CountDownTimerHandler2);
    }
    fl_SecondsToCountDown--;
}
```

(24) 参照游戏时间的代码，实现玩家血量控制游戏的结束。

10.3 案例：制作寻找小鸟游戏

案例描述

本实例是通过代码调用键盘事件实现遮罩层移动，然后通过单击事件寻找小鸟。本实例主要是针对事件代码进行综合练习。

练习提示

打开资料中的 chapter \ 10.3 \ 寻找小鸟 . fla，进行下面的操作。

（1）单击舞台，在“属性”面板中将底色背景调整为颜色#000000 的黑色背景，并将舞台大小调整为 550×500 像素。

舞台大小可根据所选图片背景的大小而定，舞台的宽要比图片背景的宽短，舞台的高与图片的高一致。舞台的颜色可自己决定。

（2）选择文本工具，输入游戏规则，然后选择“窗口→组件→UserInterface”，选择“Button”按钮放在舞台的右下角，并设置按钮名称为：开始游戏。选中“开始游戏”按钮，选择“窗口→代码片段→时间轴导航→在此帧停止”命令，再次选择“窗口→代码片段→时间轴导航→单击以转到下一帧并停止”命令，为“开始游戏”按钮添加一段代码使单击按钮后能转到下一场景，如图 10－12 所示。

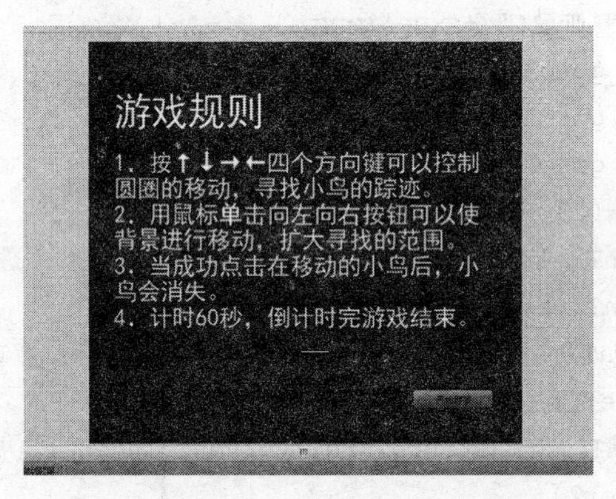

图 10－12　寻找小鸟游戏规则

（3）选择“文件→导入→导入到库”命令，然后选择电子资料中的 chapter \ 10.3 \ 天空背景 . jpg，此时这幅背景图片就存到了库中，可以从库中将其拖放到舞台中。因为设置的舞台高为 500 像素，这幅图片的高大于 500 像素，选择“修改→分离”命令，将大于舞台部分的地方切除，切除前如图 10－13 所示。

图 10－13　背景大于舞台

切除后如图 10 – 14 所示。

图 10 – 14　背景多余部分切除后

复制图片放在一边，选择“修改→变形→水平翻转”命令，再将其与原来的图片合并在一起，形成一幅整图，如图 10 – 15 所示。

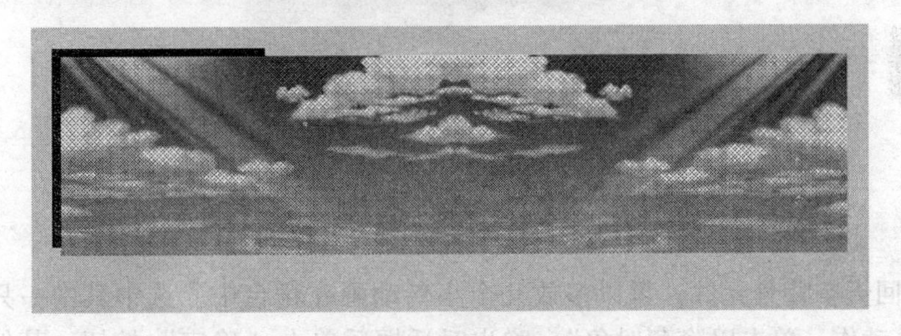

图 10 – 15　完整背景图

全部选择天空背景整合后的图片，右击选择转换为元件，名称设为天空背景，类型为影片剪辑，设置实例名为 moveSky。再次右击选择转换为元件，名称设为移动的天空背景，类型为影片剪辑，设置实例名：Sky，如图 10 – 16 所示。

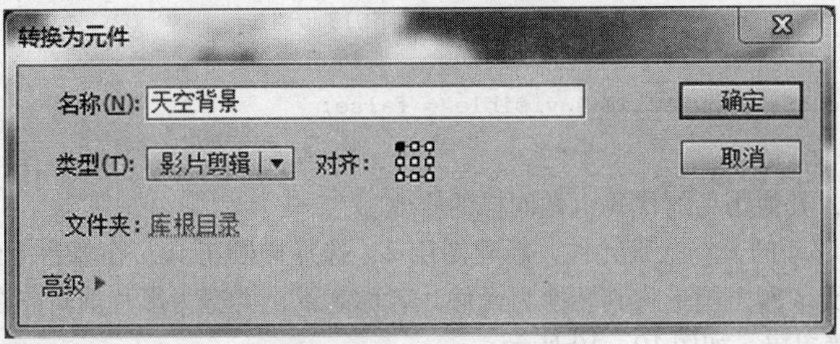

图 10 – 16　背景转换为元件

（4）在移动的天空背景元件中，将天空背景元件的左端与舞台的左端对齐，在时间轴图层 1 上第 50 帧处右击插入帧，在最后一帧处右击选择创建传统补间，并将天空背景元件向左拖放，直到其右端与舞台的右端对齐，如图 10 – 17 所示。

双击进入天空背景元件，新建图层 2，选择“文件→导入→导入到库”命令，然后选择

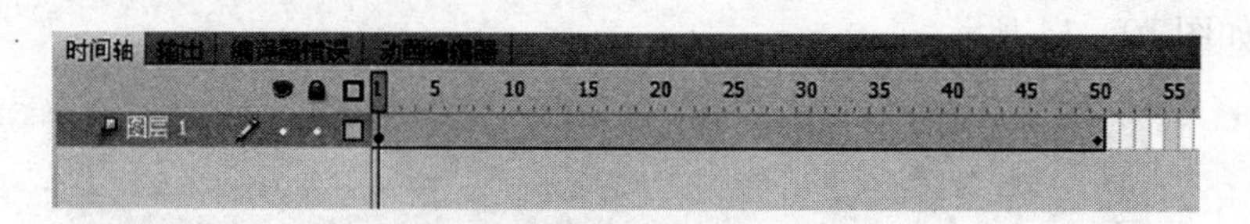

图 10－17 移动天空元件动画

素材中小鸟.png，将小鸟图片拖放到图层 2 上，将图片缩小到适应大小。右击小鸟选择转换为元件，名称设为小鸟 1，类型为影片剪辑。再次右击选择转换为元件，名称设为小鸟动画，类型为影片剪辑。

双击进入小鸟动画元件，插入帧创建补间动画，为小鸟定一个运动轨迹，如图 10－18 所示。

图 10－18 小鸟动画元件效果

（5）返回天空背景元件，可以多放几个小鸟动画在舞台中。选中其中一只小鸟，选择“代码片段→动作→单击以隐藏对象”，弹出对话框后单击“确定”按钮。其他小鸟全部依次操作。

为了使代码都在场景 1 中进行，要将代码移到外面，并在变量前加上元件实例名。故代码改为：

```
sky.moveSky.movieClip_4.addEventListener (MouseEvent.CLICK, fl_ClickToHide);
function fl_ClickToHide(event: MouseEvent): void
{
    sky.moveSky.movieClip_4.visible = false;
}
```

以此类推，其他小鸟的代码也做同样的修改。

（6）返回移动的天空背景元件，新建图层 2，选择椭圆工具，在舞台上绘制一个正圆，将笔触设置为无。右击圆形将其转换为元件，名称遮罩，类型为影片剪辑。在时间轴上右击图层 2，选择遮罩层。如图 10－19 所示。

（7）新建图层 3，选择“窗口→组件→Video”命令并展开，选择向前向后按钮，如图 10－20 所示。选中向前按钮，选择“窗口→代码片段→时间轴导航→单击以转到前一帧并停止”命令。选中向后按钮，选择“窗口→代码片段→时间轴导航→单击以转到下一帧并停止”命令，弹出对话框后单击“确定”按钮。

为了不让影片剪辑自动播放，再单击第 1 帧，选择“代码片段→时间轴导航→在此帧处停止”命令。

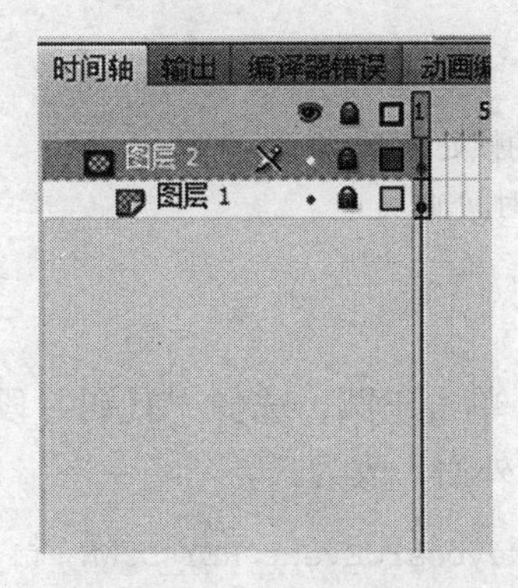

图 10 - 19　天空遮罩层制作

图 10 - 20　天空遮罩层效果

代码操作与之前一样，放在外面，改为：

```
/* 单击以转到前一帧并停止
单击指定的元件实例会将播放头移动到前一帧并停止此影片。
* /
sky.movieClip _ 1.addEventListener ( MouseEvent.CLICK,  fl _ ClickToGoToPrevious
Frame);
function fl_ClickToGoToPreviousFrame(event: MouseEvent): void
{
    sky.prevFrame ();
}
/* 单击以转到下一帧并停止
单击指定的元件实例会将播放头移动到下一帧并停止此影片。
* /
sky.movieClip_2.addEventListener (MouseEvent.CLICK, fl_ClickToGoToNextFrame);
function fl_ClickToGoToNextFrame(event: MouseEvent): void
{
    sky.nextFrame ();
```

```
}
/* 在此帧处停止
Flash 时间轴将在插入此代码的帧处停止/暂停。
也可用于停止/暂停影片剪辑的时间轴。
*/
sky.stop ();
```

（8）将图层2的锁定取消，单击正圆，选择“代码片段→动画→用键盘箭头移动”命令。代码操作与之前一样，放在外面，改为：

```
stage.addEventListener (KeyboardEvent.KEY_DOWN, fl_PressKeyToMove);
function fl_PressKeyToMove(event: KeyboardEvent): void
{
    switch (event.keyCode)
     {
        case Keyboard.UP:
         {
            sky.movieClip_3.y -= 5;
            break;
        }
        case Keyboard.DOWN:
         {
            sky.movieClip_3.y += 5;
            break;
        }

    case Keyboard.LEFT:
         {
            sky.movieClip_3.x -= 5;
            break;
        }
        case Keyboard.RIGHT:
         {
            sky.movieClip_3.x += 5;
            break;
        }
    }
}
```

（9）返回场景1，选择文本工具，设置实例名为timeTxt，文本为动态文本，字符系列为默认字体_sans，颜色为#FFFFFF的白色。选择“代码片段→动作→定时器”命令，将代码中的var fl_SecondsToCountDown_5：Number = 10改为var fl_SecondsToCountDown_5：Number = 60，倒计时时间10秒变为60秒，并在动作帧内加入stop（）语句，使得动画停在第1帧处，如图10－21所示。

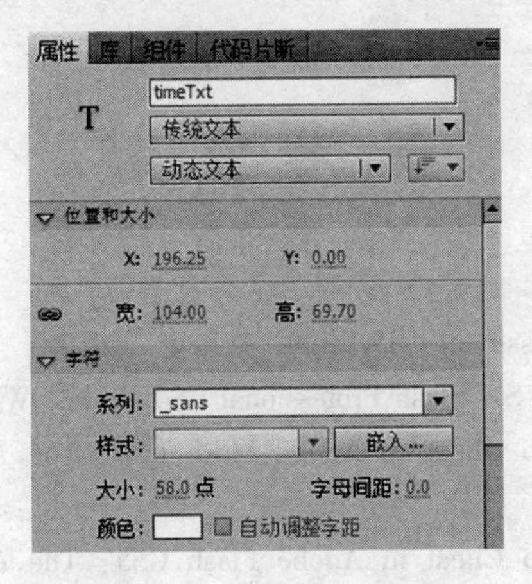

图 10－21　时间动态文本制作

在第 2 帧处插入空白关键帧，选择文本工具，在文本内输入 “Game Over”，置于舞台中央，并在第 1 帧的定时器的动作帧内加入语句：

```
if (fl_SecondsToCountDown_5 = =0) {
  gotoAndStop (2)
  }
```

用于判断定时器倒数计时停止后跳转到第 2 帧出现游戏结束画面。整体代码如下：

```
stop ()
/* 定时器
从指定秒数开始倒计时。说明：
1. 要更改倒计时长度，将以下第一行中的值 10 更改为您所需的秒数。
* /
var fl_SecondsToCountDown_5: Number = 60;
var fl_CountDownTimerInstance_5: Timer = new Timer (1000, fl_SecondsToCountDown
_5);
fl_CountDownTimerInstance_5. addEventListener (TimerEvent. TIMER, fl_CountDown
TimerHandler_5);
fl_CountDownTimerInstance_5. start ();

function fl_CountDownTimerHandler_5 (event: TimerEvent): void
{
    trace (fl_SecondsToCountDown_5 + " 秒");
    fl_SecondsToCountDown_5 - -;
    timeTxt. text = String (fl_SecondsToCountDown_5)
    if (fl_SecondsToCountDown_5 = =0) {gotoAndStop (3)}
}
```

至此，这个简单的小游戏制作完成。

参 考 文 献

[1] PERKINS T. Flash Professional CS5 Bible. Wiley，2010.

[2] REINHARDT R，DOWD S. Flash Professional CS4 Bible. Wiley，2009.

[3] GEORGENES C. How to Cheat in Adobe Flash CS4：The Art of Design and Animation. Focal Press，2009.

[4] GEORGENES C. How to Cheat in Adobe Flash CS5：The Art of Design and Animation. Focal Press，2010.

[5] ADOBE CREATIVE TEAM. Adobe Flash Professional CS5 Classroom in a Book. Adobe Press，2010.

[6] GERANTABEE F，AGI CREATIVE TEAM. Flash Professional CS5 Digital Classroom. Wiley，2010.

[7] GROVER C. Flash CS5：The Missing Manual. Pogue Press，2010.

[8] JACKSON C. Flash Cinematic Techniques：Enhancing Animated Shorts and Interactive Storytelling. Focal Press，2010.

[9] ADOBE FLASH PLATFORM. 优化 Adobe Flash Platform 的性能. http：//help. adobe. com/zh_CN/air/extensions/index. html.

[10] 孙睿，刘磊. “Flash 动画制作”课程的教学改革实践. 中国科技信息，2006（4）.

[11] Adobe 公司. Adobe Flash CS3 中文版经典教程. 北京：人民邮电出版社，2008.

[12] 金成馥，李卓奎，裴京嬉. 外行学 Flash 8 动画设计从入门到精通. 北京：中国青年出版社，2006.

[13] 胡巧玲，邹蕾. “Flash 动画制作”课程教学改革的探索. 科技风，2009（9）.

[14] 金明花，李冉，邹婷. Flash 8 从入门到精通. 北京：中国青年出版社，2006.

[15] REINHARDT R，DOWD S. Flash 8 宝典. 北京：电子工业出版社，2006.

[16] 李在容. Flash 8 完全自学手册. 北京：中国青年出版社，2006.

[17] 力行工作室. Flash CS4 动画制作与特效设计 200 例. 北京：中国青年出版社，2010.